Wolfram Schleicher

Modellierung und Berechnung von Stahlbrücken

Wolfram Schleicher

Modellierung und Berechnung von Stahlbrücken

Praxisbeispiele

Dr.-Ing. Wolfram Schleicher
Am Wasserturm 1
D -15732 Eichwalde

Dieses Buch enthält 114 Abbildungen und 23 Tabellen

Bibliografische Information Der Deutschen Bibliothek
Die Deutsche Bibliothek verzeichnet diese Publikation in der
Deutschen Nationalbibliografie; detaillierte bibliografische Daten
sind im Internet über <http://dnb.ddb.de> abrufbar.

ISBN 3-433-02846-X

© 2003 Ernst & Sohn
Verlag für Architektur und technische Wissenschaften GmbH & Co. KG, Berlin

Alle Rechte, insbesondere die der Übersetzung in andere Sprachen, vorbehalten. Kein Teil dieses Buches darf ohne schriftliche Genehmigung des Verlages in irgendeiner Form – durch Fotokopie, Mikrofilm oder irgendein anderes Verfahren – reproduziert oder in eine von Maschinen, insbesondere von Datenverarbeitungsmaschinen, verwendbare Sprache übertragen oder übersetzt werden.

All rights reserved (including those of translation into other languages). No part of this book may be reproduced in any form – by photoprint, microfilm, or any other means – nor transmitted or translated into a machine language without written permission from the publisher.

Die Wiedergabe von Warenbezeichnungen, Handelsnamen oder sonstigen Kennzeichen in diesem Buch berechtigt nicht zu der Annahme, dass diese von jedermann frei benutzt werden dürfen. Vielmehr kann es sich auch dann um eingetragene Warenzeichen oder sonstige gesetzlich geschützte Kennzeichen handeln, wenn sie als solche nicht eigens markiert sind.

Umschlaggestaltung: blotto design, Berlin
Satz: ProSatz Rolf Unger, Weinheim
Druck: Druckhaus Darmstadt GmbH, Darmstadt
Bindung: Großbuchbinderei J. Schäffer GmbH & Co. KG, Grünstadt
Printed in Germany

*Die Menschen bauen zu viele Mauern,
doch zu wenig Brücken.*

Sir Isaac Newton (1643–1727)

Vorwort

Die Anregung des Verlags Ernst & Sohn, ein Buch über die Berechnung von Stahlbrücken zu schreiben, war auf den ersten Blick überraschend. Lehrbücher über Statik und Konstruktion gibt es ausreichend. Ebenso ist die Bemessung von Stahlkonstruktionen, abgesehen bei der Einführung neuer Konstruktionsformen oder Werkstoffe, geregelt. Gleiches gilt für die Nachweise der Verbindungen im Stahlbau. Nicht zuletzt ist der Entwicklungsstand der Finite-Elemente-Methode soweit fortgeschritten, daß die alltäglichen Probleme des Stahlbrückenbaus mit den handelsüblichen FE-Programmen zu bewältigen sind. Die Erfahrungen bei der Aufstellung statischer Berechnungen von Stahlbrücken sowie die Ergebnisse bei der praktischen Umsetzung des geplanten Bauwerks durch die Bauausführung ließen jedoch auf den zweiten Blick Punkte offen, deren zusammenfassende Darstellung sich in Form eines Buches anbot.

Der inzwischen unverzichtbare Einsatz von Computerprogrammen bietet die Möglichkeit, effizient und umfassend komplexe Tragkonstruktionen zu berechnen. Die Verwendung von Rechenprogrammen liefert aber auch ein zusätzliches Potential für Fehler und Ungenauigkeiten der Ergebnisse. Insbesondere bestimmt die Idealisierung einer zu planenden Brücke in einem Berechnungsmodell – die Modellbildung – das Rechenergebnis. Im Zusammenhang mit Rechenmodellen ist in vielen Fällen der Gegensatz von richtig/falsch durch geeignet/ungeeignet bzw. zutreffend/nicht zutreffend mit den zugehörigen Einschränkungen für die Ergebnisse zu ersetzen. Das Aufstellen einer statischen Berechnung auf der Grundlage des umfangreichen deutschen Vorschriftenwerks läßt vergessen, daß die Natur die Vorschriften nicht gelesen hat. Die Wirkungen des Schweißprozesses z. B. werden vollständig dem Schweißfachingenieur überlassen, obwohl sich Schweißnahtspannungen im Tragwerk nicht immer vermeiden lassen. Im Zusammenhang mit der Bauausführung ist davon auszugehen, daß technologisch oder unplanmäßig häufig Abweichungen vom Ausführungsentwurf entstehen. Die geplante Brücke ist Theorie, das tatsächliche Bauwerk Praxis. Eine Brücke hält nicht besser durch genaueres Rechnen. Es ist im besten Fall möglich, das Versagensrisiko exakter abzuschätzen bzw. die Variationsbreite der Ergebnisse einzuschränken.

In diesem Sinn wird an Beispielen ausgeführter Stahl- bzw. Stahlverbundbrücken auf die Modellbildung, den Computereinsatz sowie die Daten-„Verarbeitung" im Zuge der statischen Berechnung eingegangen. Erweitert wird dieses durch zusätzliche Beispiele der rechnerischen Untersuchung spezieller Bauteile sowie unplanmäßiger Erscheinungen bei der Bauausführung. Ergänzend sei darauf hingewiesen, daß die Modellierungsmöglichkeiten immer von der Leistungsfähigkeit der verwendeten Software abhängen. Das Buch verfolgt den Grundgedanken, daß eine möglichst genaue Berechnung zur Erfassung aller Einwirkungen auf das Bauwerk erfolgt. Dieses darf jedoch nicht zu einer abgemagerten Dimensionierung der

Konstruktion führen, da ungewollte Beanspruchungen immer vorhanden sind. In Hinblick auch auf zukünftige Verkehrsentwicklungen ist die Wirtschaftlichkeit einer Brücke nicht anhand minimaler Blechdicken zu bewerten.

Eichwalde, Juni 2003   Wolfram Schleicher

Inhalt

1	**Einleitung**	1
2	**Besonderheiten von Stahlbrücken**	7
3	**Modellierung**	15
3.1	Geometriemodellierung	18
3.1.1	Allgemeines	18
3.1.2	Modellbildung am Beispiel einer Stabbogenbrücke	28
3.1.3	Spezielle Bauteile und Modellbildungen	35
3.1.3.1	Elastische Lagerung	35
3.1.3.2	Modellierung von Spannungsfasern oder -stäben	37
3.2	Belastung	40
3.2.1	Gesamttragverhalten	43
3.2.2	Direkte Lasteinleitung	46
3.3	Montageverfahren	47
4	**Berechnungsverfahren**	59
4.1	Statische Analysen	59
4.2	Stabilitätsuntersuchungen	71
4.2.1	Gesamtstabilität	72
4.2.2	Einzelbauteile	76
4.3	Dynamische Berechnungen	80
4.3.1	Modellierung	81
4.3.2	Brückenschwingungen bei Nutzung durch Fußgänger	85
4.3.3	Schwingungsverhalten von Einzelbauteilen	93
4.3.4	Verformungsuntersuchungen	96
4.3.5	Schwingfaktoren	103
4.4	Nichtlineare Einflüsse	110
5	**Ergebnisauswertung**	113
5.1	Schnittkraftzusammenstellung	117
5.2	Spannungsnachweise	118
5.3	Stabilitätsnachweise	120
5.4	Betriebsfestigkeitsnachweise	121
5.5	Auswertung dynamischer Berechnungen	122
5.6	Verformungen	123
5.7	Montagevorgänge	125

6	**Zusätzliche Einflüsse und spezielle Anwendungen**	129
6.1	Schweißnahtspannungen	130
6.2	Temperaturverformungen	139
6.3	Hängeranschluß	150
6.4	Lagerquerträger	175
7	**Datenaufbereitung und -kontrolle**	179
8	**Allgemeine Empfehlungen**	181

Literaturverzeichnis 189

Bildnachweis 192

Stichwortverzeichnis 193

Abkürzungsverzeichnis

3D	dreidimensional
A	Fläche
a	Schweißnahtdicke, Anhebemaß
ARS	Allgemeines Rundschreiben
α	Beiwert
AN	Anschluß
ASCII	American Standard Code for Information Interchange
B	Bundesstraße
b	Breite, Fugenbreite
BA	Bauabschnitt
BAB	Bundesautobahn
Be	Betriebsfestigkeit
Bodenbl	Bodenblech
β_R	Rechenwert der Betondruckfestigkeit
c	Knickspannungslinie
CAD	computer-aided design
cal	berechnet
D	Druck
D, DIAG	Diagonale
DASt	Deutscher Ausschuß für Stahlbau
Deckbl	Deckblech
DIN	Deutsches Institut für Normung e.V.
DS	Druckschrift
Δ	Differenz
$\varnothing$	Durchmesser, Durchschnitt
E	Elastizitätsmodul
e	Exzentrizität, Ersatzimperfektion
EC	Eurocode
EF	Eigenfrequenz
EI	Steifigkeit
ENDDIAG	Enddiagonale
EQT	Endquerträger
EÜ	Eisenbahnüberführung
Exzen	Exzentrizität
ε	Dehnung
F	Kraft
f	Frequenz, Faktor
Φ	Schwingbeiwert
FE	Finite Elemente
FF	Feste Fahrbahn

F_{schw}	Schweißnahtfläche
F_x	Normalkraft
F_y, F_z	Querkraft in y- bzw. z-Richtung
f_y	Fließgrenze
g	Eigengewicht
γ	Sicherheitsbeiwert
GV	gleitfeste Verbindung
h	Höhe
H	Hauptlasten
HORPORT	horizontaler Riegel am Endportal
HT	Hauptträger
HZ	Haupt- und Zusatzlasten
i	Trägheitsradius
ICE	InterCityExpress
φ	Verdrehung
Kn.	Knoten
k	Beiwert, Zählvariable
κ	Spannungsverhältnis Kappa
$k_{\sigma V}$	Beulwert
L, l	Länge
LF	Lastfall
LFK	Lastfallkombination
LP	Längsprofil
LR	Längrippe
l_φ	maßgebende Länge für Schwingfaktor
Λ	logarithmisches Dekrement
λ	Schlankheit
λ_1, λ_2	Beiwert
Lc	Load Case
M	Moment
Max., max	Maximum
MG	Mörtelgruppe
Min.	Minimum
M_x	Torsionsmoment
M_y, M_z	Moment um y- bzw. z-Achse
μ	Massebelegung
ν_B	Beulsicherheit
n	Zählvariable
n_0	1. Biegeeigenfrequenz
OK	Oberkante
obs	beobachtet, gemessen
PTFE	Polytetrafluorethylen
P	Verkehrslast

p	Verkehrslast
Quschn.	Querschnitt
QT	Querträger
Q	Querkraft
q	Belastung
R	Beanspruchung
RT	Randträger
ρ	Dichte
R	Rohr
Spkt	Schwerpunkt
σ_V	Vergleichsspannung
σ	Spannung
soll	Sollwert
Steif	Steife
SSW	Lastbild gemäß DS 804 für Schwerwagentransporte
SLP	Scher-Lochleibungs-Paßverbindung
σ_{Vki}	Beulvergleichsspannung
σ_{VK}	Beulspannung
σ_{x1Ki}	Einzelbeulspannung in x-Richtung
σ_{y1Ki}	Einzelbeulspannung in y-Richtung
s	Blechdicke
S, s	Schrumpfmaß
ST	Stütze
s_k	Knicklänge
Σ	Summe
T	Temperatur
t	Dicke, Zeit
Th. I. O.	Theorie I. Ordnung
Th. II. O.	Theorie II. Ordnung
τ	Schubspannung
τ_{Ki}	Einzelbeulspannung infolge Schub
u	Durchbiegung, Überhöhung, Verschiebung
UK	Unterkanten
UG	Untergurt
UIC	Internationaler Eisenbahnverband (Union Internationale de Chemins de Fer)
UP	Unter-Pulver
V	Verschubpunkt
v	Geschwindigkeit
vorh	vorhanden
VS	Verschubschritt
ω	Knicklängenbeiwert, Kreisfrequenz
WV	Windverband

WL	Widerlager
w	Durchbiegung
x, X	Achsenbezeichnung in x-Richtung
y, Y	Achsenbezeichnung in y-Richtung
z, Z	Achsenbezeichnung in z-Richtung
ZTV-K	Zusätzliche Technische Vertragsbedingungen für Kunstbauten
zul	zulässig

1 Einleitung

Die Natur ist so gemacht, daß sie verstanden werden kann.
Oder vielleicht sollte ich richtiger umgekehrt sagen,
unser Denken ist so gemacht, daß es die Natur verstehen kann.

Werner Karl Heisenberg (1901–1976)

Der primäre Zweck eines Brückenbauwerkes besteht in nur einem Ziel: der Überwindung eines Hindernisses. Unabhängig davon, ob ein Verkehrsweg, ein Tal oder ein See zu überqueren ist, je größer die zu überwindende Hürde ist, desto imposanter erscheint die Brücke. Eine mögliche Überquerung von Flußläufen oder Schluchten beflügelte sicher schon die Phantasie der allerersten Menschen. Die ersten künstlichen Brücken der Menschen sind vermutlich Steinbrücken, wie z. B. die *Tarr Steps* in England oder einfache Querungen mit Baumstämmen, wie sie heute im Industriezeitalter bei normalen Straßenbrücken seltener vorzufinden sind.

Die eigentlichen „Kunstbauwerke" begannen mit den massiven Steinbrücken, die mehr als 2000 Jahre die Brückenlandschaft dominierten und mit Holzkonstruktionen, die mehr oder weniger regelmäßig durch Hochwasser, Brände, Holzwürmer oder durch den Zahn der Zeit, von glücklichen Ausnahmen abgesehen, zerstört wurden.

Der Beginn der Industrialisierung Ende des 18. Jahrhunderts gab den Ingenieuren Raum, ihren Träumen von transparenten Brücken, großen Spannweiten, langen Überbauten oder hohen Tragfähigkeiten näher zu kommen. Der Einsatz von Eisen im Brückenbau als tragendes Element veränderte unaufhaltsam die konstruktive Ausbildung der Brücken in der ganzen Welt. Die erste, vollständig aus Eisen errichtete Großbrücke der westlichen Welt ist die *Ironbridge* über den Severn bei Coalbrookdale in Großbritannien [1, 2]. Die 7 m breite Straßenbrücke wurde von 1777 bis 1779 aus Gußeisen mit einer Hauptspannweite von 30,5 m und einer Gesamtlänge von 60 m errichtet. Das statische System ist eine eingespannte Bogenbrücke und entspricht den klassischen Vorbildern – der Bogenform der massiven Steinbrücken sowie der Verbindungen mit Zapfen und Keilen aus dem Holzbau. Die Tragwirkung nutzte jedoch die große Festigkeit des Eisens unter Druckbeanspruchung aus, so daß eine entsprechend feingliedrige Konstruktion entstand.

Die erste große Brücke, die aus Stahl hergestellt wurde, ist die am 4. Juli 1874 eingeweihte *St. Louis Brücke* in den USA [1]. Die dreifeldrige Bogenbrücke überspannt den Mississippi mit 153, 158,5 und 153 m. Die Bögen selbst bestehen aus einem Fachwerk aus Stahlrohren.

Das klassische Verfahren zur Verbindung der Stahlbauteile von Brücken war über mehr als 150 Jahre das Nieten. Obwohl bereits zu Beginn des 19. Jahrhunderts

Brücke aus Baumstämmen, Straße zwischen Victoria und Port Alberni.
Vancouver Island, Kanada 1995

Steinbrücke aus dem hohen Mittelalter. Dartmoor, England

1 Einleitung

Bogenbrücke *Ponte Rotte* (verfallene Brücke). Ein erhaltener Bogen der ältesten römischen Steinbrücke über den Tiber in Rom, Italien. Erbaut: 179 bis 142 v. Chr.

Ironbridge über den Severn bei Coalbrookdale, England. Erbaut: 1777 bis 1779

das Schmelzen von Metallen durch Lichtbogen bekannt war, waren umfangreiche metallurgische und technologische Entwicklungen notwendig, um das Schweißen im Brückenbau zu etablieren. Die erste in Deutschland ausgeführte Brücke als Schweißkonstruktion war die 1930 errichtete *Musenbachbrücke* der Eisenbahnstrecke Münster-Rheda [3].

Die Entwicklung des Brückenbaus bis zur Gegenwart ist neben herausragenden Leistungen der Brückenbauingenieure auch durch verschiedene Unfälle und Katastrophen geprägt. Grund dafür waren unter anderem nicht ausreichender technischer Wissensstand, mangelnde Erfahrung, unzureichende Sachkenntnis, persönliche Selbstüberschätzung, unsachgemäße Ausführung oder unzweckmäßige Sparsamkeit. Als Beispiel dafür sei die *Eisenbahnbrücke über den Firth of Tay* erwähnt. Diese war eine aufgeständerte Stahlkonstruktion mit 85 Öffnungen bei einer Gesamtlänge von 3264 m [1]. Der erste, eingleisig ausgeführte Brückenentwurf basierte auf nicht ausreichenden Lastannahmen für den Wind von 36 Kilogramm pro Quadratmeter ($\approx 0{,}36$ kN/m^2) Staudruck. Bereits 2 Jahre nach Vollendung des Bauwerkes stürzten die mittleren Öffnungen der Brücke bei einem Sturm mitsamt dem gerade passierenden Eisenbahnzug am 28. Dezember 1879 in die Taybucht. Für die an gleicher Stelle errichtete zweigleisige zweite Brücke wurden Windlasten von 150 kg/m^2 ($\approx 1{,}50$ kN/m^2) berücksichtigt. In den bisher gültigen deutschen Normen sind Lastannahmen für Wind bis zu 2,50 kN/m^2 vorgeschrieben.

Eine Brücke, die unter Ausnutzung aller bekannten Tragreserven nach heutigem Kenntnisstand berechnet und hergestellt wird, muß nicht besser sein als ein Bauwerk, welches mit vereinfachten Berechnungsmethoden bemessen wurde. Genau betrachtet weisen Konstruktionen, die auf Grund genauerer Berechnungsverfahren exakter (d.h. mit geringerem Materialeinsatz) dimensioniert werden, im allgemeinen weniger Reserven hinsichtlich nicht berücksichtigter Einflüsse, unvorhergesehener Situationen oder Laständerungen auf. Als (positives) Beispiel ist die 1890 fertiggestellte *Brücke über den Firth of Forth* in Schottland [1] zu nennen. Bei einer Ausführung der Brücke auf der Grundlage einer Bemessung mit heutigen Berechnungsverfahren für die damaligen Verkehrslasten mit dem Ziel einer Baukostenminimierung wäre die bisher erreichte über 110-jährige Standzeit mit der gegenwärtig vorhandenen Verkehrssicherheit nicht möglich geworden.

In gewisser Weise lassen sich die heutigen Berechnungsmethoden im Brückenbau mit

- der uneingeschränkten Nutzung von Rechenprogrammen,
- genaueren Materialkennwerten und -forschungsergebnissen,
- numerisch, meßtechnisch und experimentell untersuchten Trag- und Bruchmechanismen,
- der Ausnutzung der Lastannahmen durch Grenzzustände sowie
- rechnerisch berücksichtigten plastischen Tragreserven

1 Einleitung

mit der Entwicklung der Brückenbaus zur Zeit der Errichtung der großen *Tay-Bridge* in Großbritannien vergleichen. Zusätzlich Einflüsse, die nicht durch Vorschriften geregelt sind, werden im allgemeinen nicht genauer untersucht, denn sie erhöhen sowohl die Planungsleistungen als auch die Baukosten und mit Einhaltung der gültigen Vorschriften sind „juristisch gesehen" alle notwendigen Leistungen erbracht.

Die Einführung neuer Konstruktionsprinzipien im Brückenbau führte häufig zu folgenschweren Unfällen. Sei es der bereits erwähnte Einsturz der *Eisenbahnbrücke über den Firth of Tay* als lange Durchlaufträger-Fachwerkbrücke (1879), die *Auslegerbrücke über den St. Lorenz Strom* in Quebec (1907), der Einsturz der *Tacoma Narrows Bridge* als Hängebrücke (1940) oder die Hohlkastenträgerbrücken in Milford Haven, Wales, und Melbourne, Australien (1970).

In einer 1977 veröffentlichten Studie [4] wird die Frage aufgeworfen, ob es zufällig ist, daß sich im Schnitt alle 30 Jahre im Brückenbau große Unfälle ereignen. Immer wenn sich ein neues Konstruktionsprinzip durchsetzte, war dieses auch von Brückeneinstürzen begleitet. Das Computerzeitalter veränderte nicht die Konstruktionsprinzipien, jedoch bergen die oben angeführten Berechnungsgrundlagen und -methoden die Gefahr, den „Überblick" zu verlieren. Die großen Mengen elektronischer Berechnungsergebnisse erschweren einfache Vergleichsrechnungen oder Plausibilitätskontrollen. Ein "hübscher" Ausdruck eines Statikprogramms muß nicht korrekte Ergebnisse beinhalten. Bei der Aufstellung einer statischen Berechnung ist es zwingend erforderlich, den „roten Faden" im Auge zu behalten, um an beliebiger Stelle Kontrollen mit vereinfachten Modellen durchführen zu können.

In den folgenden Kapiteln wird an Hand von Beispielen auf ausgewählte Besonderheiten der Modellierung und Berechnung von Stahlbrücken eingegangen. Insbesondere soll der Blick auf die Genauigkeit bzw. die „Richtigkeit" der Ergebnisse und auf teilweise unerwartete Einflüsse für die Konstruktion gerichtet werden.

2 Besonderheiten von Stahlbrücken

Eisen rostet, wenn es nicht benützt wird,
Wasser wird trübe, wenn es steht
und auch unser Geist beginnt zu rosten,
wenn er zu lange nicht gebraucht wird.

Leonardo da Vinci (1452–1519)

Stahlbrücken rosten. Irgendwann. Brücken aus korrosionsträgem Stahl sogar frühzeitig. Dieser Umstand stellt jedoch im allgemeinen keine Besonderheit für die Berechnung dar, da normalerweise davon ausgegangen werden kann, daß durch Korrosionsschutzsysteme und deren Erhaltung ein dauerhafter Schutz der Stahlkonstruktion gegeben ist. In zwei Fällen wirkt sich die Stahlkorrosion jedoch auf die Berechnung aus. Zum einen bei der Nachrechnung bestehender, alter Brücken, bei denen die Pflege und Unterhaltung der Anstriche nicht ausreichen und Rostschäden die Blechdicken verringerten bzw. die Tragfähigkeit von Anschlüssen und Verbindungen reduzierten. Zum anderen, wenn planmäßig über die Nutzungsdauer eine Abrostung einkalkuliert wird und dementsprechend bei der Nachweisführung geringere Blechdicken anzusetzen sind.

Die Besonderheiten von Stahlbrücken sind ursächlich durch die Besonderheiten des Stahls selbst gekennzeichnet. Stahl besitzt für die Verwendung als Baustoff eine Vielzahl wesentlicher Eigenschaften, die sich positiv oder auch ungünstig auf das Tragverhalten auswirken. Im folgenden wird auf einige spezifische Charakteristiken eingegangen, die sowohl in der Anwendung als Brückenbaustoff als auch für die Berechnung und Konstruktion von Bedeutung sind.

Bei der Beurteilung der „klassischen" und der heute üblichen Brückenbaustoffe hinsichtlich ihrer Aufnahme von Zug- und Druckbeanspruchungen ergeben sich signifikante Unterschiede, insbesondere hinsichtlich der Festigkeiten. Für eine Vergleichbarkeit sind für alle Baustoffe „zulässige" Spannungen angegeben.

Mauerwerk
Mauerwerk aus natürlichen oder künstlichen Steinen ist praktisch nur zur Aufnahme von Druckspannungen geeignet. Setzt man die Grundwerte der zulässigen Druckspannungen nach [5] als (im günstigsten Fall) zulässige Beanspruchung an, ergibt sich ein maximal zulässiger Wert von 7,0 N/mm² bei Mauerwerk mit einer Stein-Druckfestigkeit $\geqslant 100$ N/mm² (Granit, Diabas o. dgl.) und MG III.

Beton
Unbewehrter Beton ist wie Mauerwerk nur für die Aufnahme von Druckbeanspruchungen geeignet. Bei einem B 45 z. B. ergibt sich als zulässige Spannung 12,8 N/mm² mit $\beta_R/\gamma = 27{,}0/2{,}1$ [6]. Erst durch die Kombination mit Stahl als schlaff bewehrter Stahlbeton oder als vorgespannter Beton ergibt sich ein Baustoff,

der sowohl Zug als auch Druck aufnehmen kann, wobei die zulässige Zugbeanspruchung allein durch die Menge und Güte des verwendeten Stahls bestimmt wird.

Holz
Die zulässigen Spannungen von Holz hängen sehr stark von der Beanspruchungsrichtung und -art ab. Betrachtet man nur die Werte parallel zur Faser [7], sind für die heimischen Nadelhölzer mit einer Güteklasse I für Biegung/Zug/Druck 13/10,5/11 N/mm^2 zugelassen. Exotische Hölzer erreichen Werte von maximal 25/15/20 N/mm^2.

Stahl
Der Werkstoff Stahl besitzt die Eigenschaft, gleichermaßen Zug- als auch Druckspannungen aufnehmen zu können. Die zulässigen Werte sind prinzipiell unabhängig von der Beanspruchungsrichtung, wobei jedoch Auswirkungen aus dem Walzprozeß zu beachten sind. Die zulässigen Beanspruchungen beginnen bei 160 N/mm^2 mit einer Streckgrenze von 235 N/mm^2. Die Entwicklung im Bereich der Stahlherstellung hat insbesondere in den letzten 40 Jahren eine erhebliche Steigerung der Mindestwerte der Streckgrenzen bei gleichzeitig verbesserten Verarbeitungseigenschaften ergeben. Inzwischen sind hochfeste Baustähle mit Streckgrenzen von 355 bis 1100 N/mm^2 verfügbar [8]. Ausgewählte Spannungs-Dehnungs-Diagramme sind dem Bild 2-1 zu entnehmen. Stähle mit Werten über 460 N/mm^2 haben jedoch im normalen Stahlbrückenbau bisher nur in eingeschränktem Maße Eingang gefunden. Grund hierfür sind u. a. die Anforderungen an die Betriebsfestigkeit der Konstruktion. Gebräuchliche Stahlsorten sind im deutschen Stahlbrückenbau S 235 und S 355.

Normaler, in Blechen gelieferter Stahl besitzt durch den Walzprozeß ein anisotropes Werkstoffverhalten ähnlich wie Holz, wenn auch bei weitem nicht so ausgeprägt. Im Makroschliff eines genieteten, alten Stahlbauteils (s. Bild 2-2) ist die Längsstruktur durch die starken Seigerungszonen sowohl in den Einzellamellen als auch im Niet deutlich zu sehen. Bei Beanspruchung des Materials senkrecht zur Walzrichtung wirken sich während des Walzprozesses ausgewalzte Sulfidzeilen, deren Ausmaß stark von der Stahlqualität abhängt, negativ auf den Materialzusammenhalt aus, so daß Rißflächen parallel zur Blechebene auftreten können. Aus diesem Grund ist bei der Berechnung von Stahlkonstruktionen der Einfluß aus einer Beanspruchung in Dickenrichtung zu untersuchen [10]. Die Neigung zu Terrassenbrüchen hängt vor allem von der Nahtdicke, der Nahtform, der Dicke des anzuschließenden Bauteils sowie den Steifigkeitsverhältnissen durch ggf. vorhandene Schrumpfbehinderungen ab. Durch Schweißreihenfolgen und Wärmebehandlungen läßt sich das Auftreten von Terrassenbrüchen beeinflussen. Im Ergebnis dieser Untersuchungen liegt eine Anforderung an die zu walzende Stahlqualität, die sogenannte Z-Güte vor. Bei räumlich beanspruchten Bauteilen, z. B. massiven Knoten von Raumfachwerken, werden alternativ Schmiedestücke oder Stahlgußteile eingesetzt.

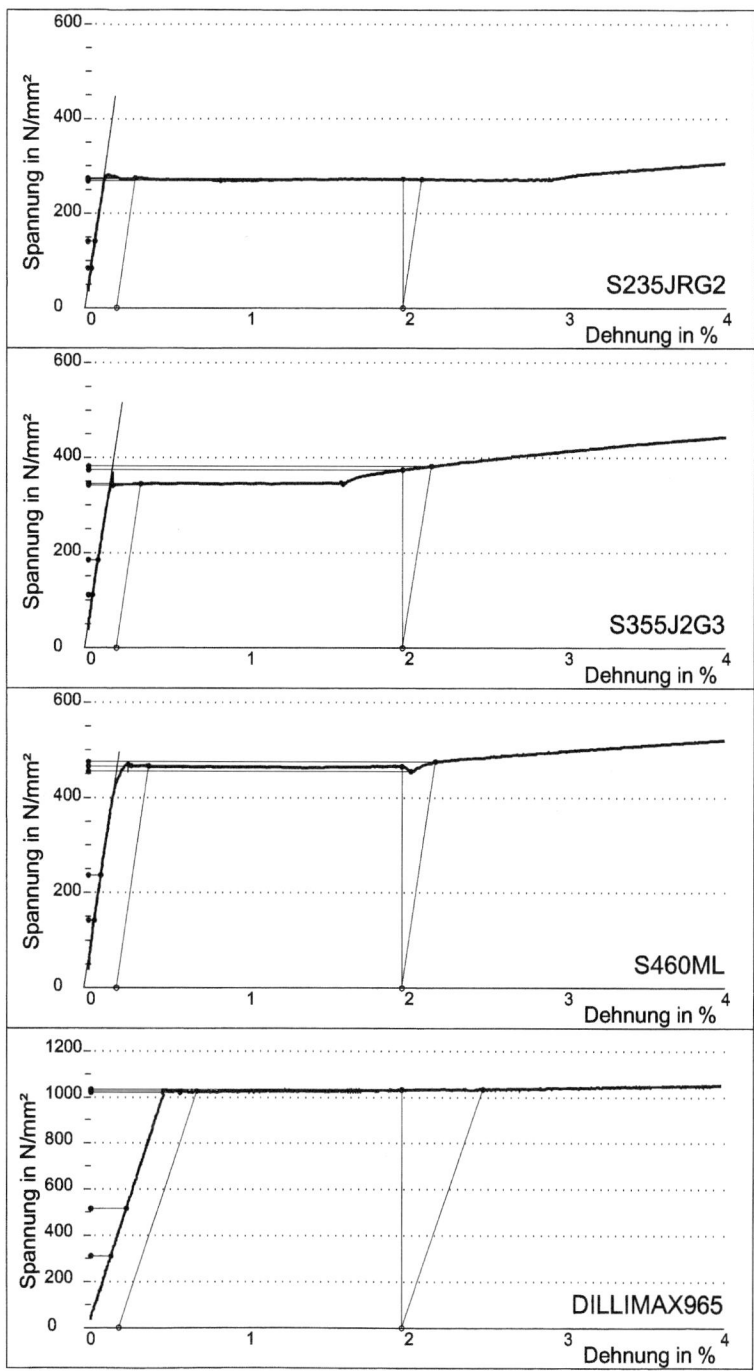

Bild 2-1. Spannungs-Dehnungs-Diagramme von unterschiedlichen Baustählen der Dillinger Hütte [9]

Bild 2-2.
Makroschliff durch Nietverbindung
der *EÜ Holzmarktstraße* von 1928
(s. Abschnitt 4.1)

Die hohen aufnehmbaren Beanspruchungen des Werkstoffes Stahl ergeben in Verbindung mit den für die Nutzung geometrisch erforderlichen Bauteilabmessungen Blechdicken, die im Verhältnis zu den Längenabmessungen sehr gering sind. Stahlbrücken werden deshalb im allgemeinen aus gewalzten Blechen zusammengesetzt. Bei Belastung von Bauteilen, bei denen die Streckgrenze überschritten wird, treten in Abhängigkeit der Belastungsart zwei verschiedene Versagensformen auf:

Zug: Die hohe Duktilität der Stähle bewirkt vor dem Bruch des Bauteils eine erhebliche Dehnung des Materials und damit Verformung der Konstruktion. Man kann hier von einem Versagen mit Vorankündigung sprechen.

Druck: Die Überschreitung einer Grenzdruckbeanspruchung unterhalb der Streckgrenze kann bei Stahlbauteilen ein Stabilitätsversagen (Knicken, Beulen, Kippen) des Gesamtbauteils oder einzelner Bleche verursachen. Diese Versagensform tritt schlagartig ohne Vorankündigung ein.

Zur Verbindung von Stahlbauteilen stehen unterschiedliche Methoden zur Verfügung: Nieten, Schrauben und Schweißen. In den ersten 150 Jahren des „Eisenbrückenbaus" waren Nietverbindungen die gängige Fügemethode. In den 30er Jahren des vorigen Jahrhunderts begann der Einsatz von Schweißverbindungen im Brückenbau, der heute den Normalfall darstellt. Schraubanschlüsse werden insbesondere bei Montagestößen oder bei Lagerbefestigungen verwendet. Für die Berechnung der Verbindungsmittel sind einige wesentliche Unterschiede zu nennen:

- Niet- oder Schraubverbindungen
    - Am Stoß treten Querschnittsschwächungen durch Lochabzug auf.
    - Bei Blechstößen werden die Bauteildicken durch zusätzliche Lamellen größer.
    - In unsymmetrischen Stößen sind Last- und Bauteilexzentrizitäten zu berücksichtigen.

2 Besonderheiten von Stahlbrücken

- Für den Nachweis der Betriebsfestigkeit sind klar definierte Randbedingungen vorhanden.

- Schweißverbindungen
  - Schweißnähte weisen bei entsprechender Qualität die gleichen Materialeigenschaften auf wie das Grundmaterial.
  - Bei nicht durchgeschweißten und nicht geprüften Schweißnähten sind die zulässigen Spannungen gegenüber dem Grundmaterial abgemindert.
  - Beliebige Stahlbauteile können miteinander verbunden werden. Beanspruchungsbedingte Verstärkungen am Stoß sind nicht erforderlich.
  - Die Verbindung von Bauteilen über Schweißnähte bewirken Verformungen, Schrumpfungen und Spannungen in den betroffenen Bauteilen. Diese sind abhängig von allen Faktoren des Schweißvorgangs (Nahtvorbereitung, Schweißverfahren, Temperaturen, Reihenfolgen usw.).
  - Für den Nachweis der Betriebsfestigkeit gibt es in Abhängigkeit der Schweißnahtformen und Beanspruchungsarten eine Vielzahl von sog. Kerbgruppen bzw. Kerbfällen, die durch Schweißnahtnachbehandlungen zusätzlich beeinflußt werden können.

Die Plastifizierung des Stahls bei Erreichen der Streckgrenze ermöglicht prinzipiell die Ausnutzung des Materials bis zur plastischen Grenztragfähigkeit. Die Anwendung der entsprechenden Tragsicherheitsnachweise nach den Verfahren Elastisch-Plastisch und Plastisch-Plastisch [11] sind im allgemeinen Stahlbau eingeführt. Bei Stahlbrücken werden die Nachweise im Hinblick auf die für die Betriebsfestigkeit relevanten Verkehrslasten nach der Elastizitätstheorie geführt. Schnittkraftumlagerungen treten rechnerisch nur bei Stahlverbundbrücken durch das zeitabhängige Verhalten und die Rißbildung des Betons auf.

Der Nachweis der Betriebsfestigkeit bestimmt in großem Maß die Dimensionierung einer Stahlbrücke. Für Eisenbahnbrücken waren bisher die Bemessungsvorschriften in der DS 804 [12] geregelt, für Straßenbrücken galt die DIN 18809 [13]. Mit Einführung europäischer Normen sind für die Berechnung von Brücken die DIN-Fachberichte 101 bis 104 maßgebend. Die Fortschritte in der Stahlherstellung hinsichtlich der Streckgrenzen (s.o.) und der Verarbeitungsqualitäten haben bisher keinen Eingang in die Betriebsfestigkeitsnachweise von Stahlbrücken gefunden. Insofern werden bei den durch Verkehr direkt belasteten Bauteilen die Betriebsfestigkeitsnachweise maßgebend und die Verwendung von höherfestem Material als S 235 nur bei gleichzeitig besonderen temporären Lastzuständen (Montage, kurzzeitige Sonderlasten, Beanspruchung bei Lagerwechsel) sinnvoll. Ein weiterer Fall für die Verwendung von S 235 ist die Einhaltung bestimmter Durchbiegungsbeschränkungen unter Verkehr durch die dazu benötigte Steifigkeit des Gesamtquerschnitts.

Durch die Verwendung von Stahl lassen sich Brücken entwerfen, die durch minimale Bauteildicken bei gleichzeitig großen Verkehrsflächen außerordentlich filigran wirken. Derartige Bauwerke bzw. einzelne Bauteile können jedoch bei Belastung infolge von Straßenverkehr, Fußgänger oder Wind zu Schwingungen angeregt werden. Ebenfalls beachtenswert sind die Temperaturbeanspruchungen der relativ dünnen Stahlbauteile insbesondere für Montagezustände. Stahlträger, die einer einseitigen Sonnenbestrahlung bei der Vormontage ausgesetzt sind, können erhebliche temperaturbedingte Querverformungen aufweisen. Ein Verschweißen in solchen vorverformten Zuständen bewirkt wesentliche Zusatzspannungen sowie mitunter unerwartete Ergebnisse bei der Vermessung der fertigen Stahlkonstruktion. Das Abfallen des Elastizitätsmoduls von Stahl mit ansteigender Temperatur spielt bei den für Brücken üblichen Temperaturen keine Rolle.

Die Berechnung kompakter Bauteile eines Überbaus, wie z.B. die Lagerknoten, erfolgt in Verbindung mit Überlegungen zur Zusammenbau- und Schweißreihenfolge. Die konstruktive Festlegung des Zusammenbaus bestimmt die Ausführbarkeit möglicher Schweißnahtformen, diese wiederum die zulässigen Spannungen. Durch die Form der Nähte entstehen in Verbindung mit den Schweißbedingungen ungewollte Schweißverformungen und/oder -beanspruchungen. Ein Teil dieser unplanmäßigen Auswirkungen des Schweißprozesses wird technologisch berücksichtigt, Restanteile verbleiben zwangsläufig in der Konstruktion. Insofern beeinflussen Überlegungen zur Montage- und Zusammenbaureihenfolge schon bei der statischen Berechnung das Auftreten von Schweißverformungen und -beanspruchungen.

Moderne Brücken werden größtenteils im Werk vorgefertigt. Ziel der Montageplanung ist die Reduktion der Schweißverbindungen auf der Baustellen auf ein notwendiges Minimum. Das Ergebnis sind große Montagebaugruppen, die teilweise mit Sondertransporten oder per Schiff zum Einbauort transportiert werden. Die Baustellenmontage kann in Endlage erfolgen, oft wird jedoch auf einem Vormontageplatz der Zusammenbau vorgenommen. Die endgültige Position der Brücke auf den Pfeilern und Widerlagern wird mit unterschiedlichen Verschubverfahren erreicht. Sowohl der Transport als auch die Verschub- und Montagezustände beanspruchen die Bauteile bzw. den Gesamtüberbau. Teilweise werden diese für die Dimensionierung der Blechdicken oder für die Materialauswahl maßgebend. Die Ausführungsplanung eines Stahlüberbaus muß praktisch immer unter gleichzeitiger Berücksichtigung der Montagezustände durchgeführt werden.

Die Verwendung von Stahl als Baustoff erfordert die Einhaltung geometrischer Randbedingungen und Konstruktionsgrundsätze. Mindestabstände für die Ausführung von Schweißnähten sowie für die Zugänglichkeit der Konstruktionsteile in Hinblick auf den Korrosionsschutz müssen eingehalten werden. Nicht mehr zugängliche Konstruktionsteile sind gasdicht zu verschweißen. Die Neigungen von Gurten sowie die Verbindungen von Blechen müssen so ausgeführt werden, daß ggf. anfallendes Wasser abfließen kann und sich keine Ansammlungen von Verunreinigungen bilden, die andernfalls die Ursache für spätere Korrosionsschäden sind.

2 Besonderheiten von Stahlbrücken

Ein wesentlicher Vorteil von Stahlbrücken ist die Möglichkeit, auch nach einem großen Nutzungszeitraum bei Schäden einzelne Bauteile auszutauschen zu können oder die Konstruktion bei Bedarf zu verstärken. Ein Anschweißen zusätzlicher Bauteile, die Schweißbarkeit vorausgesetzt, ist praktisch jederzeit möglich. Bei Erreichen der Nutzungsdauer kann nach Abbruch der Brücke der verwendete Stahl vollständig der Wiederverwertung zugeführt werden.

3 Modellierung

Der Anfang ist der wichtigste Teil der Arbeit.
Plato (427–347 v. Chr.)

Das Ergebnis einer „Handrechnung" wird im allgemeinen nach folgenden 3 Kriterien bewertet:

1. Stimmt das Vorzeichen?
2. Ist die Größenordnung korrekt?
3. Von den Zahlen sind die ersten 3 bis 4 Ziffern relevant.

Mehr oder weniger werden diese Punkte, mitunter unbewußt, bei jeder Berechnung geprüft. Bei komplexen Berechnungsmodellen kann im Detail schon die Frage nach dem richtigen Vorzeichen weitergehende Überlegungen erfordern.

Bild 3-1 zeigt zwei Modelle. Das erste Modell, ein eingespannter Balken mit einer Einzellast, ist den Anfängen der mathematischen Beschreibung mechanischer Probleme zuzuschreiben. Die rechte Darstellung zeigt ein typisches Berechnungsmodell für eine Brücke mit einem räumlichen Finite-Elemente-Programm.

Nach korrekter Ermittlung und Aufstellung der Angaben

1. Geometrische Abmessungen
2. Statisches System
3. Berechnungsformeln
4. Materialkennwerte
5. Lastannahmen
6. Zahlenrechnung

ist bei Untersuchung des Kragarms mit großer Wahrscheinlichkeit ein Ergebnis zu erwarten, welches die Realität hinreichend genau abbildet. (Galileo Galilei selbst stellte Proportionalitätsbeziehungen auf, mit denen die Ermittlung der korrekten Tragfähigkeit noch nicht möglich war, da das elastische Materialverhalten in den Berechnungsansätzen fehlte.)

Für das Finite-Elemente-Modell der Brücke könnte obige Aussage bei Einhaltung der oben genannten 6 Punkte analog zutreffen. Im Vergleich zum eingespannten Stab sind jedoch neben einer Unmenge an Fehlermöglichkeiten eine ungleich größere Anzahl von Idealisierungen, Berechnungsannahmen und Vereinfachungen notwendig, weshalb auch bei „korrekter" Dateneingabe über die Qualität der Ergebnisse und deren Übereinstimmung mit der Realität nachzudenken ist. Bei dem Einsatz von Berechnungsprogrammen ist in jeder Phase der Berechnung, das Ziel: „Welches Ergebnis ist erforderlich?" im Auge zu behalten. Denn das Ergebnis kann nicht besser sein als das Berechnungsmodell.

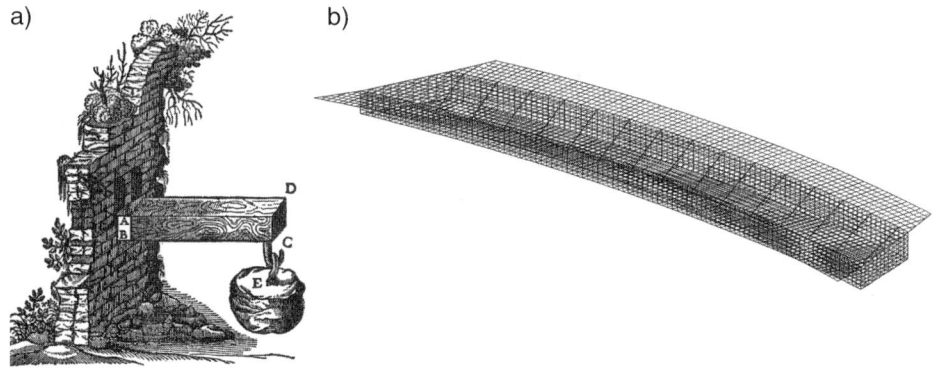

Bild 3-1. Berechnungsmodelle
a) Eingespannter Balken nach Galilei [14]
b) Straßenbrücke über den Spreebogen in Berlin

Vom bautechnischen Entwurf einer Brücke bis zum realistischen Berechnungsmodell sind verschiedene „Modellierungsschritte" abzuarbeiten. Eine allgemeine Formulierung der Algorithmen zur Aufstellung des Berechnungsmodells ist im folgenden enthalten.

Zu allererst ist eine Entscheidung über das zu verwendende statische Ersatzmodell, angefangen beim Einfeldträger bis hin zum räumlichen Finite-Elemente-Netz, zu treffen. Unter Umständen ist zur hinreichend genauen Erfassung aller Einflüsse die Aufstellung mehrerer, unterschiedlicher Modelle erforderlich. Weiterhin ist in Abhängigkeit des Systems die Vernetzung mit 1-, 2- und/oder 3-dimensionalen Elementen festzulegen. Unabhängig von der geometrischen Modellierung ist ggf. zusätzlich unter verschiedenen Berechnungsarten, lineare oder nichtlineare statische bzw. dynamische Berechnung, auszuwählen. Bei bestehenden Bauwerken muß die Entstehungsgeschichte der Konstruktion mit ihrem Einfluß auf den gegenwärtigen Schnittkraftzustand durch das Berechnungsmodell erfaßt werden. Bau- und Montagereihenfolgen sowie deren Auswirkungen auf den Endzustand sind bei der Modellbildung zu berücksichtigen.

Nicht zuletzt erfolgt die Modellbildung aus der Kenntnis heraus, daß die Genauigkeit einer Berechnung mit Hilfe der Finite-Elemente-Methode durch das Berechnungsmodell bestimmt wird, wie auch aus der Notwendigkeit, die Ergebnisse der elektronischen Berechnungen ausreichend, d.h. durchgängig nachvollziehbar, zu dokumentieren.

Unabhängig davon, ob eine bestehende Konstruktion nachzurechnen oder ein Bauwerk neu zu berechnen ist, sind zur wirklichkeitsnahen Abbildung des Tragwerks im Rechenmodell bestimmte Arbeitsschritte beim Aufstellen des Modells abzuarbeiten. Wesentliche Punkte enthält Bild 3-2.

3 Modellierung

Nachrechnung einer bestehenden Konstruktion	Neubau eines Tragwerks
⇩	⇩
Ziel: Nachweis der Tragfähigkeit Lasteinstufung Verstärkung der Konstruktion	Ziel: Dimensionierung Nachweisführung

⇩

Aufgabenstellung: Nachweis der Tragfähigkeit/Nutzungsfähigkeit
- Statische Berechnung
- Stabilitätsuntersuchungen
- Dynamische Untersuchungen

⇩

Berechnungsverfahren:
  Handrechnung – Tabellenwerte – Berechnungsprogramme

⇩

Ersatzmodell für das Berechnungsprogramm:
- 1-, 2- und/oder 3-dimensionale Elemente mit den zugehörigen Freiheitsgraden
- Festlegung der Eigenschaften dieser Elemente
- Eingabe der Geometrie
- Berücksichtigung von Imperfektionen
- Modellierung von Anschlüssen
- Vereinbarung spezieller Bauteile (Seile, Kontaktstellen usw.)
- Lagerungsbedingungen
- Materialeigenschaften
- Idealisierung der Lasten
- Berücksichtigung der Montagereihenfolge bzw. „Lastgeschichte"

⇩

Berechnungsmethode:
  Lineare oder nichtlineare statische bzw. dynamische Analyse

⇩

Ergebnisauswertung:
- Überlagerung unterschiedlicher Modelle
- Auswertung von Lastfällen und Berechnungsmethoden
- Wahl der Form der Ergebnisdarstellung
- Genauigkeitseinschätzung
- Plausibilitätskontrollen (z.B. Summe der Stützkräfte)
- Vergleich mit überschläglichen Berechnungen

⇩

- Tragfähigkeit (nicht) gegeben - Festlegung der Belastbarkeit - Verstärkung der Konstruktion	- Nachweisführung - Änderung von Abmessungen bzw. Materialeigenschaften
⇩	⇩

Bei Bedarf erneuter Berechnungslauf

Bild 3-2. Grundsätze bei der Modellbildung (nach [15])

3.1 Geometriemodellierung

*Die Neugier steht immer an erster Stelle des Problems,
das gelöst werden will.*

Galileo Galilei (1564–1642)

3.1.1 Allgemeines

Die Idealisierung eines realen Tragwerks durch ein mathematisches Modell ist der erste Schritt der Standsicherheitsnachweise, der die Qualität der Berechnungsergebnisse entscheidend beeinflußt. In diesem Abschnitt wird die geometrische „Modellbildung" des Stahlüberbaus unter Berücksichtigung von Einzelbauteilen im Gesamttragverhalten der Brücke beschrieben. Zuerst wird jedoch ein Brückentyp angeführt, bei dem im Zuge der statischen Berechnung die Computeranwendung von untergeordneter Bedeutung sein sollte.

Die *Eisenbahnüberführung über die Delitzscher Straße* in Halle besteht zur Einführung in den Hauptbahnhof aus insgesamt 12 einfeldrigen Stahlbrücken. Seit 2000 werden die alten, genieteten Überbauten abschnittsweise durch Neubauten

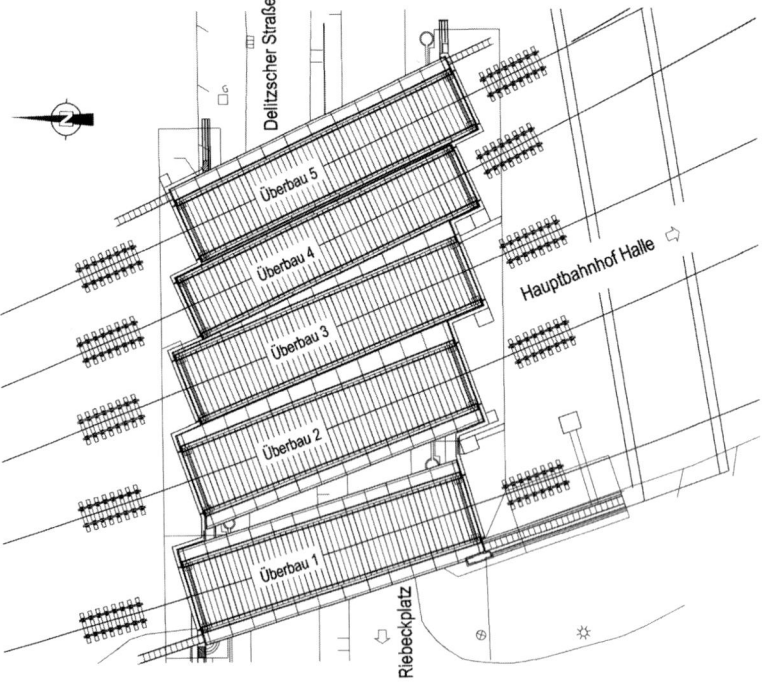

Bild 3-3. Lageplan des Bauabschnitts Ost der *EÜ Delitzscher Straße*

ersetzt [16]. Zur Ausführung kommen Stahltrogbrücken mit geneigten Hauptträgern. Der Oberbau besteht aus einem Schotterbett mit reduzierter Bauhöhe und Schienen S 54 auf Stahlschwellen. Die Gleisführung im Bereich der Überbauten ist für die einzelnen Brücken unterschiedlich. Dadurch ergeben sich unterschiedliche Stützweiten zwischen 24,50 und 28,00 m mit zum Gleis orthogonalen Fahrbahnübergängen. Der Achsabstand der Hauptträger variiert zwischen 4240 und 4840 mm. Die Fahrbahn wird nur durch Querträger ausgesteift. Die Brücken liegen in Längsrichtung horizontal. Die Entwässerung erfolgt über das Fahrbahnblech und über die wasserdichten Fugenübergänge hinter die Widerlager. Das Lagerungssystem ist horizontal statisch bestimmt, d.h. es sind ein allseits festes, ein querfestes sowie 2 allseits bewegliche Lager vorhanden. Die Bemessung der Brücken wurde für die Lastbilder UIC 71 und SSW gemäß DS 804 [12] bei einer zulässigen Streckengeschwindigkeit von 120 km/h durchgeführt.

Bild 3-4. Montage des 2. Überbaus vom Bauabschnitt Ost in der Nacht vom 16. zum 17. November 2002

Die Entscheidung für ein Berechnungsmodell fiel zugunsten der „Handrechnung" als Einfeldträger der Haupt- und Querträger mit den jeweils zutreffenden mittragenden Breiten des Fahrbahnbleches aus. Auch wenn häufig für einfachste statische Systeme bereits Rechenprogramme eingesetzt werden, ist eine „Handrechnung" übersichtlicher, effizienter und leichter zu prüfen.

Tabelle 3-1. Berechnungsmodelle

Hauptträger		Querträger	
Statisches System	Querschnitt	Statisches System	Querschnitt
		Anschluß an HT: 50% von M_{Feld} gemäß [12, Abs. 187]	

Modellierungsgrundsätze

Die Modellierung beginnt damit, nachzudenken. In welchem Umfang ist der Einsatz von Rechenprogrammen für die statische Berechnung sinnvoll?

Die Wahl des Berechnungsmodells ergibt sich im wesentlichen aus der Geometrie der zu untersuchenden Brücke. Prinzipiell gilt: Die räumliche Ausdehnung des Tragwerks muß durch das Rechenmodell abgebildet werden. Die Schnittkräfte für einen Überbau mit einem kompakten Querschnitt und vergleichsweise großer Längenausdehnung, z. B. eine eingleisige Hohlkastenbrücke über mehrere Felder, lassen sich mit (eindimensionalen) Balkenelementen hinreichend genau ermitteln. Nicht zu vernachlässigen ist dabei, daß in Abhängigkeit der Lage des Berechnungsquerschnitts in Längsrichtung rechnerisch nicht immer der gesamte Querschnitt angesetzt werden darf. Zur Berücksichtigung von ungleichförmigen Normalspannungsverteilungen im Querschnitt sind mittragende Breiten bei der Querschnittsermittlung zu berücksichtigen. Sobald mehrere Hauptträger und Querträger mit unterschiedlichen Anteilen an der Lastabtragung beteiligt sind, ist zumindest die Aufstellung eines Berechnungsmodells als Trägerrost erforderlich. Für räumliche Tragwerke sollten auch räumliche Modelle verwendet werden. Der Aufwand zur Erstellung realistischer ebener Berechnungsmodelle einzelner Baugruppen (z. B. der Hauptträger einer Fachwerkbrücke mit Ober- und Untergurt sowie mit den Diagonalen) ist erheblich aufwendiger und unter Umständen auch ungenauer, da sowohl die elastische Lagerung aus der Ebene heraus über die Anschlußbauteile als auch die zugehörigen Belastungsanteile zu berücksichtigen sind.

Bei symmetrischen oder doppeltsymmetrischen Überbauten ist die Ausnutzung von Symmetriebedingungen bei der Modellierung nur in Einzelfällen zu empfehlen. Im allgemeinen werden zumindest die Lasten ungleichförmig auftreten. Weiterhin sind bei den meisten Brücken die Lagerungsbedingungen nicht symmetrisch. Die Erfassung des gesamten Tragwerks bietet zudem die Kontrollmöglichkeit, daß bei symmetrischen Belastungen die Schnittkraftverteilung im Überbau ebenfalls symmetrisch sein muß. Ein Beispiel, bei dem die Ausnutzung der Symmetrie sinnvoll angewendet wurde, ist im Abschnitt 6.2 beschrieben. Bei der dort behandelten Stahlverbundbrücke war die Ursache einer unplanmäßigen, symmetrischen Verformung herauszufinden. Die Modellierung wurde mit einer engen Vernetzung über finite Elemente und Balkenelemente vorgenommen, so daß die Berücksichtigung nur einer symmetrischen Hälfte eine erhebliche Reduzierung der Rechen- und Bearbeitungszeit bei vollem Informationsgehalt bedeutete.

Zur Entscheidung der Vernetzung, d.h. Aufteilung der Bauteile in 1-, 2- oder 3-dimensionale finite Elemente sind neben der Geometrie auch die Art der einzugebenden Lasten sowie die Ergebnisauswertung zu berücksichtigen. Stabförmige Bauteile, wie z.B. Fachwerkstäbe, Längsrippen und Querträger von Fahrbahnen, Querverbandsstäbe oder Trapezhohlsteifen von Hohlkästen, sind effektiv mit Balkenelementen zu beschreiben. Die Unterteilung eines Stabes in ggf. mehrere Balkenelemente mit Zwischenknoten muß in Abhängigkeit der Ergebnisse des Berechnungsprogramms erfolgen. Entscheidend ist dabei, daß die maßgebenden Schnittkräfte im Bereich der gesamten Stablänge ermittelt und für die Bemessung ausgegeben werden. Flächenartige Bauteile, wie die Stege und Gurte sowie die Fahrbahn großer Hohlkastenbrücken, sind mit 2-dimensionalen finiten Elementen zu modellieren. Theoretisch wäre es möglich, Stahlbrücken vollständig mit Flächenelementen zu vernetzen. Unter Berücksichtigung der üblichen Anwendungsregeln von finiten Elementen (Seitenverhältnisse, Mindestanzahl von Elementen über Steghöhe oder Gurtbreite) ergeben sich entsprechend große Berechnungsmodelle, die jedoch aufwendiger auszuwerten sind und deren Ergebnisse qualitativ nicht besser sind. Volumenelemente sind für die Schnittkraftermittlung einer gesamten Brücke von untergeordneter Bedeutung. Sie kommen im Stahlbrückenbau bei der Untersuchung von Einzelbauteilen, z.B. bei der Berechnung der Spannungsverteilung in Stahlgußknoten räumlicher Fachwerke zum Einsatz.

Die Definition der Geometrie im Berechnungsprogramm erfolgt erstens über Eingabe von Koordinaten in Form geometrischer Bezugsknoten bzw. direkter Knotenkoordinaten eines Finite-Elemente-Netzes. Zweitens werden die Beziehungen zwischen den Knoten eingegeben (geometrische Linien, Flächen oder Volumenkörper, auf denen das FE-Netz generiert wird bzw. finite Elemente mit den zugehörigen Elementknoten). Die Lage der Knotenkoordinaten bestimmt die Lage der rechnerischen Systemlinien – der Schwer- bzw. Bezugsachsen der Stäbe und Flächenelemente. Durch Querschnittswechsel in stabförmigen Bauteilen sowie Blechdickenwechsel sind im allgemeinen Sprünge in den tatsächlichen Schwerachsen vorhanden. Eine exakte Beschreibung der Schwerachsen im Berechnungsmodell ist praktisch nicht möglich. In Abhängigkeit der geometrischen Randbedingungen der Querschnitts- oder Blechdickenwechsel sowie der erforderlichen Ergebnisse sind folgende Varianten der Modellierung möglich:

1. Eingabe der möglichst genauen Schwerachsengeometrie. Das Berechnungsmodell wird im Bereich der Querschnittsänderungen entsprechend aufwendiger. Restdifferenzen zwischen Realität und Modell sind abzuschätzen.

2. Definition von gemittelten Stab- oder Elementachsen. Die Versatzschnittkräfte sind getrennt zu ermitteln und bei der Auswertung zusätzlich zu berücksichtigen.

Die 1. Variante ist bei der Schnittkraftermittlung von Einzelbauteilen oder Teilbereichen eines Überbaus anzuwenden, bei der die Auswirkungen lokaler Beanspruchungen zu untersuchen sind. Für die allgemeine Schnittkraftermittlung des Gesamttragwerkes ist die 2. Variante vorzuziehen. Bei der Festlegung der Achsen von Stabwerken ist darauf zu achten, daß diese auf der sicheren Seite vorgenommen werden. Der Abstand z. B. von Ober- und Untergurt eines parallelgurtigen Fachwerkes im Berechnungsmodell sollte für den geringsten Schwerpunktabstand der beiden Gurte festgelegt werden.

Fahrbahnen reiner Stahlbrücken bestehen aus einem Fahrbahnblech, welches im allgemeinen durch Längs- und Querträger sowie durch Längsrippen ausgesteift ist. Die Ausführung von 150 bis 250 mm dicken Stahlfahrbahnen ohne Aussteifungen, die gleichzeitig das Haupttragwerk für Brücken kürzerer Stützweite bilden, ist ebenfalls möglich [17], jedoch für die Diskussion von Berechnungsmodellen nicht relevant. Die Stahl- oder Spannbetonfahrbahnen von Stahlverbundbrücken ersetzen das Fahrbahnblech mit den Aussteifungsrippen.

Bei der Modellierung der Fahrbahn im räumlichen Gesamtsystem sind folgende Gesichtspunkte zu berücksichtigen:

- Die Fahrbahn ist mehrachsig beansprucht.
- Die Fahrbahn trägt die direkten Lasten ab und wirkt gleichzeitig in der Gesamttragwirkung mit.
- Für unterschiedliche Tragwirkungen sind verschiedene Schwingbeiwerte zu berücksichtigen.
- Bei Betonfahrbahnen von Stahlverbundbrücken sind zusätzlich zeitlich differenzierte sowie lastabhängige Tragverhalten vorhanden.

Eine gleichermaßen für alle Anwendungen zu empfehlende Modellierungsmethode für die Fahrbahn mit den Längsrippen und Querträgern läßt sich nicht angeben. Im folgenden sind einige Varianten mit ihren Vor- und Nachteilen aufgeführt.

Variante 1: Vollständige Modellierung mit finiten Elementen

Das Fahrbahnblech, die Stege und Gurte der Querträger sowie die Längsrippen werden mit finiten Elementen vernetzt.

Vorteile: Das tatsächliche Tragverhalten wird in allen Beanspruchungsrichtungen bei ausreichender Vernetzung ohne zusätzliche Maßnahmen korrekt wiedergegeben. Örtliche Spannungsverteilungen, z. B. an Freischnitten, können ebenfalls erfaßt werden. Eine Ermittlung mittragender Breiten von stabförmigen Bauteilen ist nicht erforderlich. Die Spannungsverteilung im Querschnitt wird über die finiten Elemente ermittelt.

3.1 Geometriemodellierung

Nachteile: Das gesamte Berechnungsmodell wird hinsichtlich der Element- und Knotenanzahl umfangreich, da durch die erforderliche feine Elementteilung der Bauteile der Fahrbahn ebenfalls eine entsprechend feine Vernetzung der anschließenden Bauteile notwendig ist. Neben Verformungen liegen als Berechnungsergebnisse Schnittkräfte und Spannungen der finiten Elemente vor. Nachweise sind im allgemeinen mit diesen zu führen. Ggf. erforderliche „Stabschnittkräfte" von Querträgern usw. müssen durch Nachbereitung der Elementschnittkräfte erzeugt werden. Eine Trennung der Beanspruchungen infolge Eigengewicht anteilig für die Gesamttragwirkung und die direkte Lasteinleitung ist nicht möglich. Für Betriebsfestigkeitsnachweise müssen dementsprechend zusätzliche Berechnungen vorgenommen werden. Bei Stahlverbundbrücken kommen in Abhängigkeit der Lastfälle sowohl isotrope als auch orthotrope Steifigkeiten und Materialeigenschaften der Fahrbahnelemente vor.

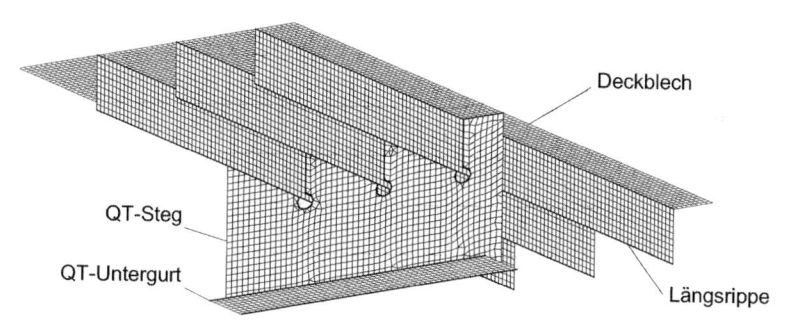

Bild 3-5. Berechnungsmodell eines Fahrbahnbereiches mit finiten Elementen

Variante 2: Fahrbahnblech mit finiten Elementen, Längsrippen und Querträger als exzentrische Stäbe

Vorteile: Das tatsächliche Tragverhalten wird in allen Beanspruchungsrichtungen bei ausreichender Vernetzung ohne zusätzliche Maßnahmen korrekt wiedergegeben. Eine Ermittlung mittragender Breiten von stabförmigen Bauteilen ist nicht erforderlich. Die Spannungsverteilung im Fahrbahnblech bzw. in der Fahrbahnplatte wird über die finiten Elemente ermittelt. Durch die Definition der Bauteile unter der Fahrbahn als Stäbe ist eine erhebliche Reduzierung der Knoten und Elemente des Gesamtmodells gegenüber Variante 1 vorhanden.

Nachteile: Die Auswertung der Stabschnittkräfte der Querträger und Längsrippen muß unter Berücksichtigung der Schnittkraftanteile des Obergurtes (Fahrbahnblech) erfolgen. Durch die erforderliche Elementteilung

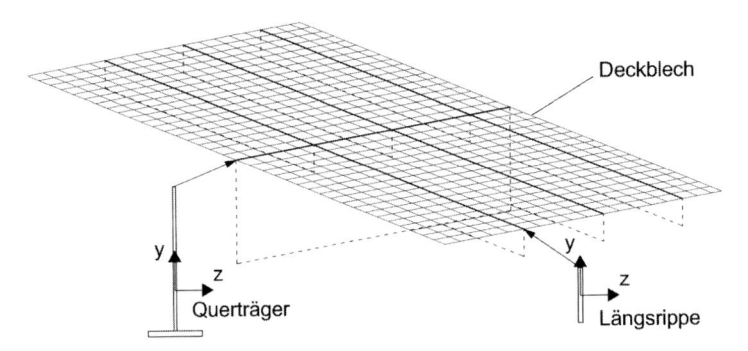

Bild 3-6. Berechnungsmodell eines Fahrbahnbereiches mit finiten Elementen und exzentrischen Stäben

des Fahrbahnbleches sind die Schnittkräfte aus Gesamttragwirkung und direkter Lasteinleitung nicht zu trennen. Bei Stahlverbundbrücken gilt der Hinweis gemäß Variante 1.

Variante 3: Fahrbahnblech mit finiten Elementen, Längsrippen und Querträger mit mittragenden Breiten, Schwerachse in Höhe des Fahrbahnbleches

Vorteile: Das Tragverhalten des Fahrbahnbleches im Gesamtsystem ist in allen Richtungen korrekt abgebildet. Die Nachweise werden mit den Stabschnittkräften der Querträger und Längsrippen geführt.

Nachteile: Die Schwerpunktlage der Längsrippen und Querträger im Gesamtsystem entspricht nicht der tatsächlichen Höhenlage. Die Querschnittsfläche des Fahrbahnbleches muß bei den Querträgern und Längsrippen abgezogen werden, da dieses über die finiten Elemente bereits vorhanden ist. Die Querbiegesteifigkeiten der Querträger und Längs-

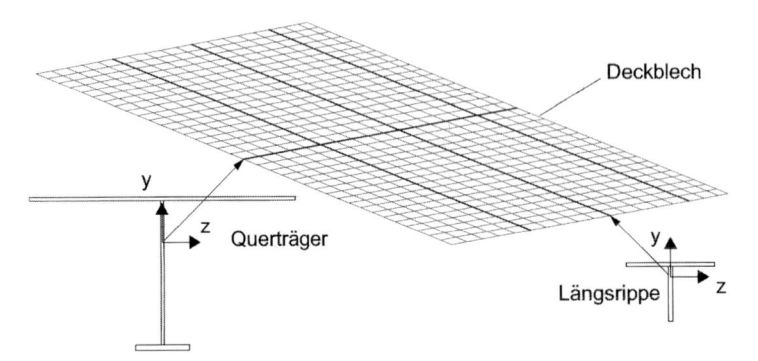

Bild 3-7. Berechnungsmodell eines Fahrbahnbereiches mit finiten Elementen und Stäben mit mittragenden Breiten

3.1 Geometriemodellierung

rippen müssen soweit reduziert werden, daß sie ohne Einfluß auf die Gesamtquersteifigkeit des Überbaus sind, da diese durch die bereits vorhandenen finiten Elemente erfaßt wurden. Bei Stahlverbundbrücken gilt der Hinweis gemäß Variante 1.

Variante 4: Trägerrost, Längsrippen und Querträger mit mittragenden Breiten sowie mit erhöhten Querbiegesteifigkeiten

Vorteile: Die Elementanzahl kann auf ein für die Geometrie- und Lasteingabe notwendiges Minimum beschränkt werden. Die Nachweise werden mit den Stabschnittkräften der Querträger und Längsrippen geführt. Eine Trennung zwischen direkter Lasteinleitung und Gesamttragwirkung ist ohne weitere Berechnungen möglich. Orthotrope Steifigkeiten sind durch die entsprechenden Stabsteifigkeiten berücksichtigt.

Nachteile: Die Schwerpunktlage der Längsrippen und Querträger im Gesamtsystem entspricht nicht der tatsächlichen Höhenlage. Die Querbiegesteifigkeiten aller Stäbe in der Fahrbahnebene müssen soweit erhöht werden, daß die Gesamtquersteifigkeit des Überbaus abgebildet wird. Eine korrekte Abbildung der Schubsteifigkeit der Fahrbahn im Berechnungsmodell ist nicht möglich.

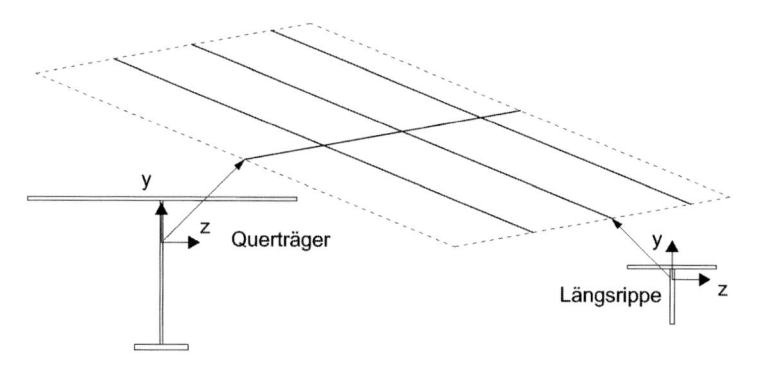

Bild 3-8. Berechnungsmodell eines Fahrbahnbereiches als Trägerrost

Die o.g. Nachteile der unterschiedlichen Berechnungsmodelle sind hinsichtlich ihrer Einflüsse auf die Ergebnisse bis zu den Standsicherheitsnachweisen zu verfolgen. Häufig wird es erforderlich sein, mehrere Modelle – unterschiedliche Varianten bzw. einzelne Varianten mit verschiedenen Steifigkeitsverteilungen – aufzustellen. Dieses ist bei unterschiedlichen Montage- und Belastungszuständen sowie zur unabhängigen Kontrolle des Berechnungsmodells selbst erforderlich. Zur Überprüfung des Berechnungsprogramms sind zusätzlich Vergleichsrechnungen an einfachen Modellen durchzuführen, die sowohl die Geometrie als auch diffe-

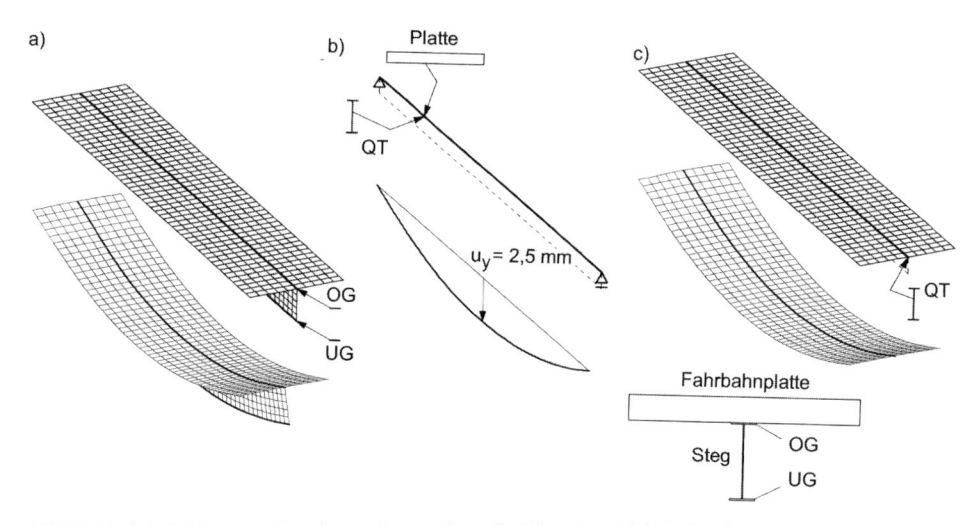

Bild 3-9. Modellierung des Querträgers einer Stahlverbundfahrbahnplatte
a) Fahrbahn und QT-Steg mit finiten Elementen, Ober- und Untergurt des Stahlquerträgers mit Balkenelementen
b) Fahrbahnplatte und exzentrischer Stahlquerträger mit Balkenelementen
c) FE-Fahrbahnplatte mit exzentrischen Balkenelementen des QT

renzierte Belastungen (Kräfte, Temperaturen usw.) beinhalten. In Bild 3-9 sind verschiedene Modelle für einen Querträger einer Stahlverbundbrücke als Einfeldträger dargestellt. Als Belastung wurde einer Abkühlung der Fahrbahnplatte um 10 K angesetzt. Die Ergebnisse der Verformungen weisen keine relevanten Differenzen auf. Weitere Modellierungsmöglichkeiten des Systems „Plattenbalken" sowie die zugehörige Diskussion zu deren Genauigkeit sind in [18] enthalten.

Die Notwendigkeit, unterschiedliche Schwingbeiwerte für Verkehrslasten bei Belastung einzelner Bauteile zu berücksichtigen (z. B. [12, 19]), erfordert, die entsprechenden Schnittkraftanteile getrennt zu bestimmen. Der Einfluß der Haupttragwirkung auf die Querträger von Stahlbrücken ist bei den meisten Tragwerken (z. B. gerade Fachwerküberbauten, Bogenbrücken) von untergeordneter Bedeutung, so daß auf der sicheren Seite die Querträgerschnittkräfte des Gesamtsystems mit den zugehörigen Schwingbeiwerten der Querträger verwendet werden können. Fahrbahnbleche, Längsrippen und Längsträger der Fahrbahnkonstruktion tragen einerseits die direkten Lasten ab. Andererseits wirken sie mittragend im Gesamttragwerk. Zur Bestimmung der einzelnen Schnittkraftanteile sind folgende 2 Methoden anwendbar.

1. Methode: Die Verkehrslast wird im Gesamtmodell als erster Lastfall so aufgetragen, daß das zu untersuchende Bauteil (z. B. die Längsrippe) normal belastet ist. Als zweiter Lastfall werden die Verkehrslasten nur auf die anschließenden Bauteile (für den Fall der Längsrippen auf

3.1 Geometriemodellierung

die Querträger) aufgebracht. Dieser Lastfall liefert die Schnittkräfte der Gesamttragwirkung. Die Differenzschnittkräfte beider Lastfälle ergeben die Beanspruchungen aus direkter Lasteinleitung.

2. Methode: Die Verkehrslast wird im Gesamtmodell so aufgetragen, daß nur die anschließenden Bauteile belastet werden. Diese Berechnung ergibt die Beanspruchung aus der Gesamttragwirkung. Zur Bestimmung der Schnittkräfte aus der direkten Lasteinleitung werden Ersatzmodelle (z. B. Durchlaufträger oder elastisch gelagerter Balken für die Längsrippen) aufgestellt. Der Vorteil dieser Methode ist die einfache Berechnung der Schnittkräfte aus direkter Lasteinleitung ohne zusätzliche Lastfälle im Gesamtmodell mit nachträglicher Superposition. Nachteil dieser Methode ist, daß die tatsächlich vorhandene elastische Lagerung der Bauteile nur näherungsweise erfaßt werden kann.

Für die Modellierung der Anschlüsse der Stäbe im Gesamtmodell gibt es einen einfachen Grundsatz: Nicht planmäßig gelenkige Bauteile sind praktisch biegesteif mit einer der Verbindung entsprechenden Steifigkeit angeschlossen. Das heißt, wenn einzelne Freiheitsgrade zwischen Bauteilen nicht durch spezielle konstruktive Maßnahmen wie Gelenke oder Lager freigegeben sind, können die einzelnen Schnittkräfte übertragen werden. Dies gilt sowohl für Schweißkonstruktionen als auch für geschraubte oder genietete Bauteile. Schraubverbindungen im Brückenbau werden normalerweise als SLP- oder GV-Verbindung ausgeführt. Bei SL-Verbindungen wird das geringe Lochspiel im ungünstigsten Fall durch eine Maximalbeanspruchung aktiviert. Die Schraubverbindung bleibt dann durch Kontakt „aktiviert", da im allgemeinen rückstellende Kräfte fehlen. Nietkonstruktionen zur Nachrechnung bestehender Brücken sind durch die Stauchung des Nietschaftes sowie die klemmende Wirkung der Niete (s. Bild 3-10) praktisch schlupffrei. Wenn in Sonderfällen Schädigungen vorhanden sind, so daß real ein Lochspiel existiert, sollte vor einer rechnerischen Untersuchung überlegt werden, die Schäden zu beseitigen. Steifigkeitsreduzierungen im Anschlußbereich von Stäben (z. B. Knotenbleche) sind durch zusätzliche Elemente zu modellieren. Bei großen Steifigkeitsunterschieden zwischen Stab und Knotenblech kann eine Freigabe des entsprechenden Freiheitsgrades für das angeschlossene Bauteil ausreichend sein, die Beanspruchung des Knotenbleches ist dann jedoch gesondert zu analysieren.

Bei Fachwerkbrücken wird in den Berechnungsvorschriften (z. B. in [12]) für den allgemeinen Spannungsnachweis eine Schnittkraftermittlung am Gelenkfachwerk zugelassen, wenn die Lasten über die Fachwerkknoten eingetragen werden. Für die Betriebsfestigkeitsnachweise sind die Biegespannungen aus der Rahmenwirkung jedoch zu berücksichtigen. Da die Nebenspannungen tatsächlich auftreten und nur bei Erreichen der Fließspannungen ein Plastifizieren des Materials hervorrufen, ist eine Schnittkraftermittlung am Fachwerk mit biegesteifen Knoten für alle Nachweise zweckmäßig.

a)   b)

Bild 3-10. Genietetes Lamellenpaket aus 5 Blechen der *2. Brücke über die Holzmarktstraße in Berlin* [20]
a) Ausschnitt eines Gurtes des demontierten Überbaus
b) Schnitt durch das genietete Lamellenpaket

3.1.2 Modellbildung am Beispiel einer Stabbogenbrücke

Man kann nicht denken, wenn man es eilig hat.

Plato (427–347 v. Chr.)

Konstruktionsbeschreibung

Der Neubau der *Neckarbrücke Wohlgelegen* erfolgte als einfeldrige Stahlverbundbrücke, die als Bogenbrücke ausgeführt wurde. Für die Fahrspuren und den Personenverkehr wurde ein gemeinsamer Überbau errichtet. Die Gehwege liegen innerhalb der beiden Bögen. Im Grundriß weist der Überbau schräge Fahrbahnübergänge mit ca. 67,4° Schiefe auf. Die Bögen sind dadurch um 5,50 m in Längsrichtung versetzt. Die Stabbogenbrücke besitzt eine Stützweite von 93,5 m. Der Stich von Mitte Versteifungsträger bis Mitte Bogen beträgt 15,45 m bei einer Gesamthöhe von 16,85 m. Die Versteifungsträger werden durch je 16 Hänger in einem Abstand von 5500 mm gehalten. Der Querträgerabstand entspricht dem halben Hängerabstand. Die Konstruktionshöhe der Bögen des Überbaus beträgt im mittleren Brückenbereich konstant 900 mm und wird in den ersten 5 Hängerfeldern zum Auflager auf 1240 mm aufgeweitet. Das Lagerungssystem ist horizontal statisch bestimmt mit einem Festpunkt, einem querfesten Lager und 2 allseits beweglichen Lagern. Die Entwässerung der Fahrbahnplatte erfolgt über Quergefälle zu den Schrammborden und dann über Entwässerungsleitungen in Quer- und Längsrichtung über je eine Sammelleitung in der Brückenachse zu beiden Widerlagern. Dementsprechend weist die Fahrbahnplatte eine variable Dicke zwischen 29 und 38 cm auf. Der Fahrbahnbelag besteht aus Gußasphalt mit einer Gesamtstärke von 9 cm, in den Gehwegbereichen ist Beton mit eine Dicke von 21 cm vorhanden.

3.1 Geometriemodellierung

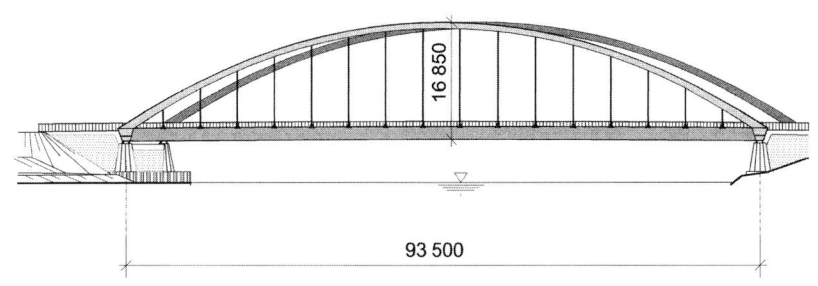

Bild 3-11. Ansicht der Neckarbrücke Wohlgelegen

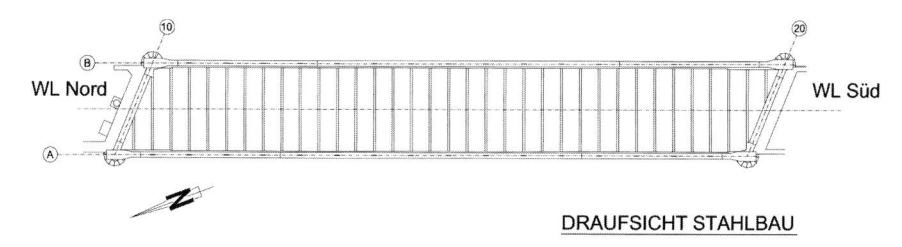

Bild 3-12. Grundriß der Neckarbrücke Wohlgelegen

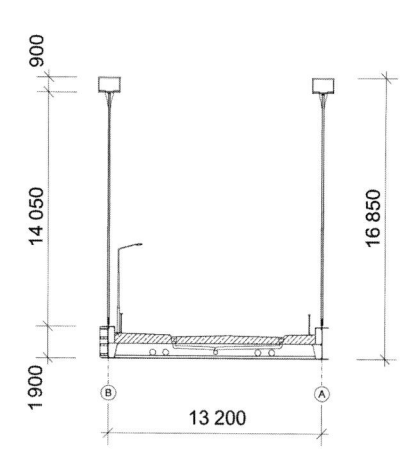

Bild 3-13. Querschnitt der Neckarbrücke Wohlgelegen

Berechnungsmodell

Die Schnittkräfte für das Gesamttragwerk wurden prinzipiell mit einem räumlichen FE-Modell bestimmt. Das Modell wurde für die unterschiedlichen Montage- und Endzustände durch Änderung von Materialeigenschaften und Querschnittskennwerten so variiert, daß das jeweils zutreffende Tragverhalten abgebildet wurde.

Es wurden folgende Idealisierungen vorgenommen:

Modellabgrenzung
Die Modellierung des Überbaus beinhaltet die vollständige Geometrie bis zu den Lagerachsen. Der Fahrbahnüberstand wurde bei der Lasteingabe berücksichtigt. Die Unterteilung in finite Elemente erfolgte so, daß die Schnittkräfte aus der Gesamttragwirkung bestimmt werden konnten. Beanspruchungen aus der direkten Lasteintragung auf die Stahlbetonfahrbahn wurden unabhängig an Ersatzmodellen bestimmt.

Geometrie
Die Lage der idealisierten Schwerachsengeometrie wurde aus bereits vorliegenden digitalen Planunterlagen generiert. Der im Aufriß gekrümmte Verlauf der Versteifungsträger parallel zur Fahrbahngradiente konnte dadurch ohne zusätzlichen Eingabeaufwand im Modell mit erfaßt werden.

Schwerachsenlage
Die Schwerachse der Versteifungsträger lag im Berechnungsmodell in der halben Versteifungsträgerhöhe. Die Differenz vom tatsächlichen Verlauf der Schwerachse betrug maximal 50 mm bei einer Gesamthöhe von 1900 mm. Die Schwerachse des Bogens wurde ebenfalls in halber Querschnittshöhe definiert, wobei der tatsächliche Schwerpunkt 1% höher lag. Die Querträger und Endquerträger wurden in eine Ebene mit den Versteifungsträgern gelegt, wobei in Abhängigkeit der entsprechenden Modellvariante zusätzlich Stabexzentrizitäten zu berücksichtigen waren.

Vernetzung
Für die Vernetzung, d.h. die Aufteilung eines geometrischen Körpers in finite Elemente, (im vorliegenden Fall in Stab- oder Flächenelemente) sind neben der korrekten Schnittkraftermittlung auch Randbedingungen für eine effiziente Belastungseingabe und Ergebnisauswertung zu beachten. Die automatische Schnittkraftauswertung wurde an den Elementknoten durchgeführt. Es erfolgte eine entsprechend feine Unterteilung der Bogen- und Hängerstäbe, wodurch eine ausreichende Genauigkeit für die Ermittlung der Schnittkräfte aus Eigengewicht gegeben ist.

Modellierung der Fahrbahn
Für die Fahrbahn existieren 3 unterschiedliche Tragzustände. Im Bau- und Betonierzustand sind nur die Querträger vorhanden. Das Eigengewicht wird über die Dichte der Profile ermittelt. Die Betonierlasten werden über Filigranplatten direkt auf die Querträger übertragen. Im Berechnungsmodell sind die Querträger mit den Querschnittswerten der Stahlprofile definiert. Die weiter unten aufgeführten Elemente der Fahrbahn sind ebenfalls vorhanden, jedoch quasi ohne Steifigkeit. Die Schwerachsen der Querträger liegen rechnerisch in Höhe der angenommenen Versteifungsträgerachsen.

3.1 Geometriemodellierung

Für die Verkehrs- und Zusatzeigenlasten im Endzustand wurden die Querträger mit den mittragenden Breiten der Fahrbahnplatte als Verbundquerschnitt idealisiert. Die horizontale Steifigkeit der geschlossenen Stahlbetonfahrbahn wurde durch eine erhöhte Quersteifigkeit der Querträger sowie der Versteifungsträger angenähert. In Brückenlängsrichtung liegt die Fahrbahn im Zugbereich. Der Bewehrungsanteil der Fahrbahn wurde durch zusätzliche Zugstäbe parallel zur Brückenachse berücksichtigt. Der in der Gesamttragwirkung mittragende Betonfahrbahnanteil der gerissenen Fahrbahn (vgl. [21]) wurde bei der Bemessung der Fahrbahnplatte untersucht. Der Ansatz des Längsbewehrungsanteils ohne eine Erhöhung infolge einer anteiligen Zugübertragung über den Beton liegt für den Nachweis der Stahlkonstruktion auf der sicheren Seite.

Für den Lastfall Schwinden und Kriechen des Betons weist die Fahrbahnplatte in Längs- und Querrichtung die gleiche Steifigkeit auf. In diesem Zustand wurde die Fahrbahn über finite Elemente mit exzentrisch angeschlossenen Querträgern modelliert.

Stabanschlüsse
Die Stabelemente wurden im allgemeinen biegesteif verbunden. Ausgenommen waren die Zugstäbe der Bewehrung, die durch die Definition als Zug-Druck-Stäbe je Anschluß nur die 3 Verschiebungen als Freiheitsgrad aufweisen. Die verhältnismäßig weichen Anschlüsse einzelner Bauteile, z.B. die Verbindung der Hänger mit den Bögen und Versteifungsträger über Knotenbleche, wurden über zusätzliche Stäbe und Querschnitte modelliert (s. Bild 3-14).

Vertikaler Versatz im Lagerpunkt
Die Schwerachsen von Bogen und Versteifungsträger schneiden sich nicht in der Lagerachse. Im Schnittpunkt von Bogen und Lagerachse ist ein vertikaler Versatz von ca. 950 mm vorhanden, der im Berechnungsmodell abzubilden war. Über

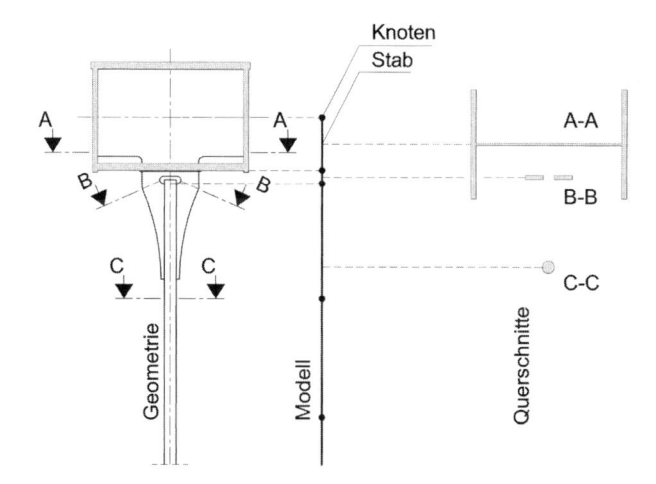

Bild 3-14. Hängeranschluß am Bogen

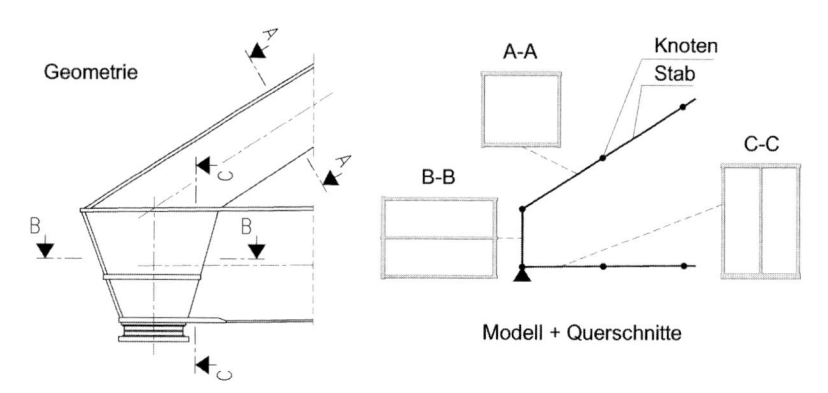

Bild 3-15. Bogenfußpunkt

dem Lagerpunkt wurde ein senkrechter Stab gemäß Bild 3-15 zwischen Versteifungsträger und Bogen eingegeben.

Querschnittsdefinitionen

Falls im Berechnungsprogramm die verschiedenen Querschnitte nur über eine laufende Numerierung identifiziert werden, ist es für die Schnittkraftauswertung zweckmäßig, zusätzlich eine Definition der unterschiedlichen Querschnitte über Namen zu schaffen. Für den Überbau gelten im Montagezustand die Querschnittsbezeichnungen des Bildes 3-16.

Da die Stabbogenbrücke keinen oberen Windverband aufweist, erfolgte die Schnittkraftermittlung am räumlichen System unter Berücksichtigung geometri-

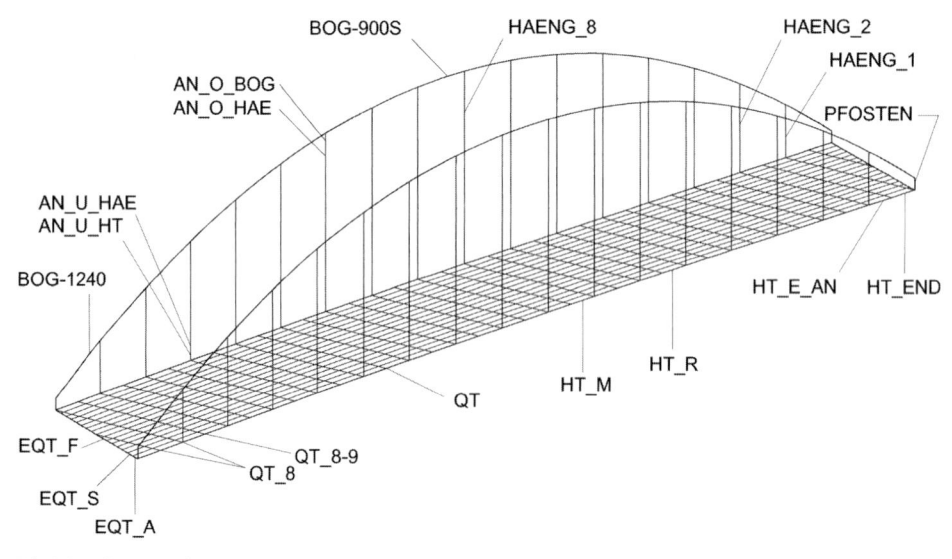

Bild 3-16. Berechnungsmodell mit Querschnittszuordnung

3.1 Geometriemodellierung

scher Ersatzimperfektionen gemäß DIN 18800–2, [22, Abs. 6.3]. Maßgebend ist das Knicken rechtwinklig zur Bogenebene. Für die geschweißten Bogenquerschnitte gilt die Knickspannungslinie c gemäß Tabelle 5 der DIN. Als Ersatzimperfektion ist nach [22, Tab. 24]

$$\begin{aligned} e &= \sqrt{20 \cdot l}/200 \\ &= \sqrt{20 \cdot 93{,}5}/200 \cdot 1000 = 216 \text{ mm} \end{aligned}$$

anzusetzen. Die Ersatzimperfektion wurde im geometrischen Modell folgendermaßen eingegeben:

- Verformungsberechnung des Überbaus mit einer Zwangsverformung in den Bogenscheiteln von 216 mm nach innen,
- gelenkiger Anschluß der Bogenhänger am Bogen und am Versteifungsträger,
- Behinderung der Verdrehung der Bogenfußpunkte um die Tragwerkslängsachse.

Das so ermittelte verformte System wurde als neues spannungsloses Ausgangssystem verwendet. Die überhöhte Darstellung der vorverformten Geometrie ist dem Bild 3-17 zu entnehmen.

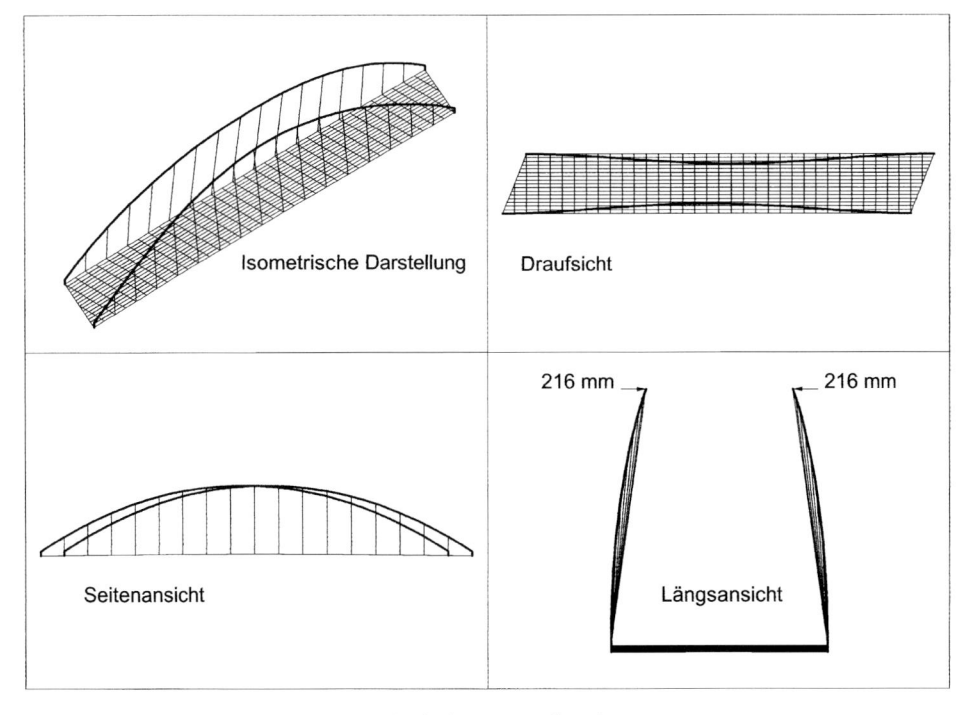

Bild 3-17. Vorverformtes System (überhöhte Darstellung)

Für die Standsicherheitsnachweise wurden insgesamt 5 Modellvarianten erforderlich. Diese waren einerseits durch den Baufortschritt und andererseits durch verschiedene Last- und Lagerungszustände bestimmt. Die Schnittkräfte und Verformungen wurden mit folgenden Berechnungsmodellen ermittelt:

Modell M0
Geometrie: Reines Stahlsystem mit zusätzlichen Montageaussteifungen, Elemente und Stäbe der Betonfahrbahn deaktiviert
Belastung: Verschubzustände

Modell M1
Geometrie: Reines Stahlsystem, Elemente und Stäbe der Fahrbahn deaktiviert
Belastung: Stahleigengewicht, Bau- und Betonierzustand in Endlage

Modell M2
Geometrie: Verbundsystem, Bewehrungsstäbe längs aktiviert, finite Elemente inaktiv, Fahrbahn über mittragende Breiten
Belastung: Zusatzeigengewicht, Verkehrslasten, Wind- und Temperaturlasten

Modell M3
Geometrie: Verbundsystem, Bewehrungsstäbe und finite Elemente aktiv, Querträger exzentrische Stahlquerschnitte
Belastung: Schwinden und Kriechen, Temperaturlasten

Modell M4
Geometrie: Auflagerung auf den Pressenansatzpunkten
Verbundsystem, Bewehrungsstäbe längs aktiviert, finite Elemente inaktiv, Fahrbahn über mittragende Breiten, EQT als Stahlquerschnitt mit Bewehrung der Fahrbahnplatte
Belastung: Umlagerung der Eigenlasten des Stahltragwerkes und der Fahrbahnplatte, Zusatzeigengewicht, Verkehrslasten, Wind- und Temperaturlasten

Generell waren in allen Modellen jeweils alle Knoten und Elemente definiert. Bei Bauteilen, die noch nicht vorhanden bzw. für das betreffende Modell unzutreffend waren, erfolgte eine Deaktivierung über die Querschnitts- und Materialkennwerte. Lediglich in den Verschubzuständen wurden zusätzliche Stäbe – Montageaussteifungen für die Bogenscheiben – eingegeben. Die Schnittkräfte und Spannungen der unterschiedlichen Modelle wurden getrennt ermittelt und bei der Nachweisführung superponiert.

3.1.3 Spezielle Bauteile und Modellbildungen

Die logische Einfachheit ist der einzige Weg,
auf dem wir zu tiefen Erkenntnissen geführt werden.

Albert Einstein (1879–1955)

3.1.3.1 Elastische Lagerung

Die Schnittkraftermittlung von Stahlüberbauten wird häufig unter der Annahme einer starren Auflagerung in den Lagerpunkten durchgeführt. Für die Nachgiebigkeit des Baugrundes werden, wenn erforderlich, getrennte Lastfälle mit Stützpunktsenkungen untersucht. Die Nachgiebigkeit der Lager ist, insbesondere bei statisch bestimmten Brücken, von untergeordneter Bedeutung. In bestimmten Fällen hat der Einfluß der elastischen Lagerung jedoch nicht zu vernachlässigende Auswirkungen auf das Berechnungsergebnis. Als Beispiel sei die im Abschnitt 4.3.4 beschriebene *Straßenbrücke über den Hohenzollerndamm* angeführt. Der Überbau besitzt Endquerträger mit einer Vielzahl von Lagerpunkten, die als Elastomerlager ausgeführt sind. Die beiden Endquerträger weisen im Grundriß jeweils einen geringen Knick von ca. 3° auf.

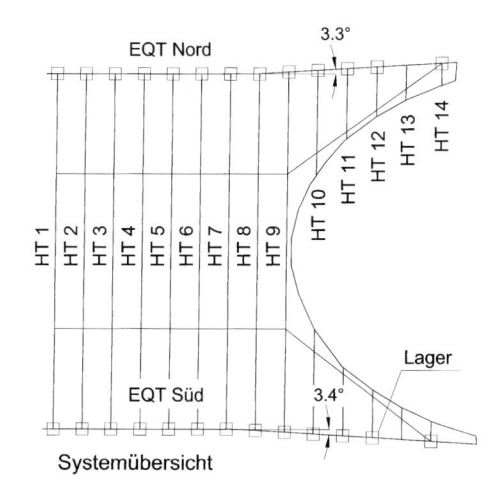

Bild 3-18. Draufsicht auf den 1. Bauabschnitt der *Hohenzollerndammbrücke*

Bei einer starren vertikalen Auflagerung in den Lagerpunkten treten bei der Belastung des Tragwerks erhebliche Lagerkraftdifferenzen im Bereich der Knickpunkte der Endquerträger auf. Zum Vergleich sind die Stützkräfte für den Lastfall Gleichflächenlast von 3 kN/m² in Tabelle 3-2 aufgeführt.

Eine Modellierung ohne Ansatz der elastischen Lagerung liefert falsche Berechnungsergebnisse. Insbesondere betrifft dieses die Lagerkräfte sowie die Beanspruchung der Endquerträger. Bemerkenswert ist, daß neben einer maximalen Abweichung der Lagerkräfte von 184% (!) auch theoretisch abhebende Kräfte in den Lagerpunkten vorhanden sind. Die vertikalen Lagerverformungen bei einem Berechnungsmodell mit elastischer Lagerung waren vergleichsweise gering. So betrug die Verformung am Widerlager Nord unter dem Hauptträger 8 bei einer Lagerkraft von 145 kN (s. Tabelle 3-2) nur 0,16 mm.

Tabelle 3-2. Lagerkräfte des 1. BA der *Hohenzolerndammbrücke* unter Gleichlast 3 kN/m^2

	Widerlager Süd			Widerlager Nord		
	Lagerung		Lagerkraft-	Lagerung		Lagerkraft-
	elastisch	starr	unterschied	elastisch	starr	unterschied
Lager	F_y [kN]	F_y [kN]	[%]	F_y [kN]	F_y [kN]	[%]
HT 1	93	70	26	92	66	28
HT 2	104	159	−53	105	161	−54
HT 3	99	77	22	101	78	23
HT 4	98	90	8	101	91	9
HT 5	87	90	−4	86	97	−12
HT 6	102	3	**97**	95	83	13
HT 7	134	258	−93	113	**−18**	116
HT 8	123	131	−7	145	412	**−184**
HT 9	79	53	34	85	**−33**	138
HT 10	52	47	11	52	41	21
HT 11	33	18	47	32	16	51
HT 12	28	29	−6	26	35	−32
HT 14	37	41	−13	31	37	−17

Im vorliegenden Fall sind die Stützkräfte bei Ansatz einer starren Lagerung derart signifikant falsch, daß eine Korrektur des Berechnungsmodells im Zuge der Standsicherheitsnachweise zwangsläufig notwendig wurde. Bei weniger gravierenden Auswirkungen ist ein „Übersehen" auch maßgebender Einflüsse nicht unwahrscheinlich. Insofern ist es zwingend erforderlich, beim Erstellen des Berechnungsmodells neben den Setzungen der Unterbauten auch den Einfluß von Lagerverschiebungen und -verformungen auf den Überbau abzuschätzen und, wenn erforderlich, in das Modell zu integrieren.

3.1.3.2 Modellierung von Spannungsfasern oder -stäben

Räumliche FE-Modelle mit einer großen Anzahl von Flächenelementen werden dann erforderlich, wenn eine Idealisierung als räumliches Stabwerk das Tragverhalten nur unzureichend beschreibt. Der wesentliche Vorteil der 2-dimensionalen Elemente bei Stahlbrücken besteht darin, daß praktisch alle Bauteile aus Blechen geometrisch direkt abgebildet werden können. Nachteilig ist der mitunter erhöhte Aufwand zur Auswertung der Spannungen und Schnittkräfte. Eine Methode, die Schnittkräfte und Spannungen der Flächenelemente zusammen mit denen der Stabelemente auszuwerten, ist die zusätzliche Definition von sog. Spannungsfasern oder -stäben. In den später auszuwertenden Bereichen der Brücke werden zusätzlich zu den finiten Elementen Zug-Druck-Stäbe bzw. Balkenelemente eingegeben. Sie erhalten die Materialeigenschaften der betreffenden Bauteile, jedoch eine Steifigkeit, die das Gesamttragverhalten praktisch nicht beeinflußt. Als Zug-Druck-Stab ist z.B. ein 1 mm²-Stab und als Zusatzbalken ein Querschnitt mit der Höhe der Blechdicke t und einer Breite von 1/10 mm geeignet.

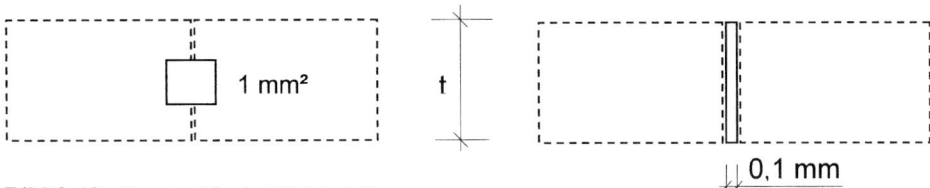

Bild 3-19. Zusatzstäbe in FE-Modellen

Die Spannungen und Schnittkräfte der so definierten zusätzlichen Stäbe können unabhängig von den FE-Ergebnissen superponiert und ausgewertet werden. Als Beispiel wird das Berechnungsmodell einer statischen Berechnung verwendet, welches im Zuge einer Angebotsbearbeitung aufgestellt wurde.

Konstruktionsbeschreibung

Der geplante Neubau der *Spreeuferbrücke* in Berlin-Mitte gehört zum Stadtquartier Lehrter Bahnhof. Der Amtsentwurf sah eine Einfeldbrücke mit einem 12 m breiten Hohlkasten und beidseitig 6 m auskragenden Konsolen vor. Die Stege des Hohlkastens stehen senkrecht. Beide Endquerträger sind einander entgegengesetzt schief. Die Fahrbahn verläuft entlang der Gradiente mit einem Stich symmetrisch zur Brückenmitte, der Hohlkastenuntergurt ist mit einem Stich von 300 mm versehen. Dementsprechend ist die Höhe des Hohlkastens variabel. Die Stützweite Nord beträgt 84,4 m, die Stützweite Süd 92,4 m. Querträger und Querrahmen sind im Abstand von ca. 2,9 m vorhanden, wobei jeder zweite Rahmen zusätzlich durch Diagonalen ausgesteift ist. Die Fahrbahn ist als orthotrope Platte ausgebildet. Der Überbau ist horizontal statisch bestimmt gelagert.

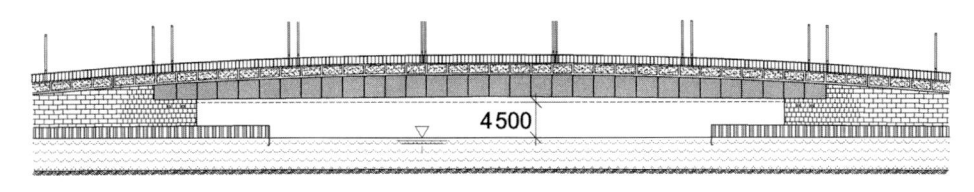

ANSICHT

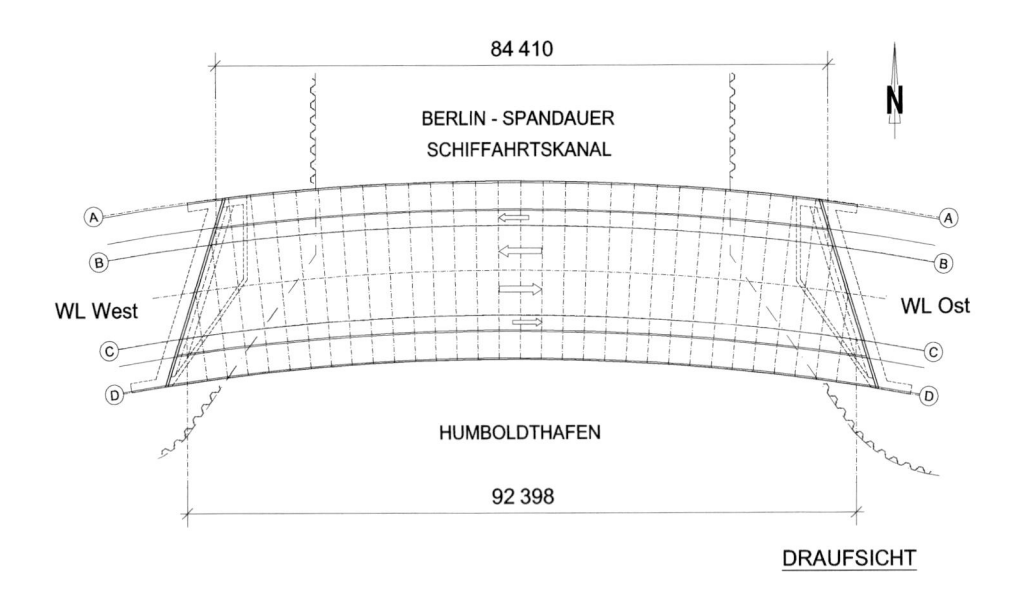

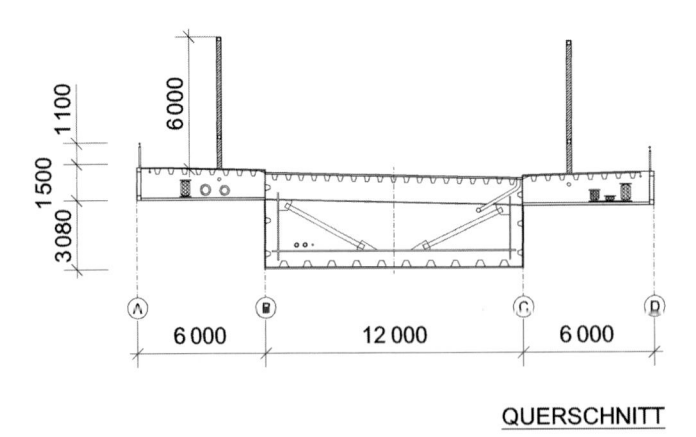

DRAUFSICHT

QUERSCHNITT

Bild 3-20. Entwurf der *Spreeuferbrücke* gemäß [23]

3.1 Geometriemodellierung 39

Modellierung

Die Geometrie des Überbaus erforderte ein Berechnungsmodell, welches alle maßgebenden Einflüsse erfaßt. Durch die gegenläufigen, schiefwinkligen Auflagerlinien sowie die variablen Trägerhöhen liegt eine Idealisierung als räumliches Modell mit finiten Elementen auf der Hand. Die Fahrbahn, das Bodenblech, die Stege sowie die Schotte der Endquerträger wurden mit 4-knotigen Elementen vernetzt.

Folgende Annahmen wurden getroffen:

- Modellierung des Überbaus bis zur Lagerachse
- Verschmierung der Trapezhohlsteifen in den finiten Elementen zur Mitwirkung bei der Gesamttragwirkung
- Definition der Querträger mit mittragenden Breiten unter Abzug der Flächen des Fahrbahnanteils im QT-Schwerpunkt (durch die Modellierung mit finiten Elementen bereits enthalten)
- Stäbe mit biegesteifen Anschlüssen
- Schwerachsen der Querträger in einer Ebene des Deckbleches
- Lage der Randträger exzentrisch
- Eingabe der Querrahmen über exzentrische Stäbe
- Querdiagonalen als räumliche Balken
- separate Schnittkraftermittlung aus direkter Lasteintragung an Ersatzmodellen

Parallel zur Haupttragwirkung wurden Spannungsfasern mit einem Querschnitt von 1 mm^2 als Zug-Druck-Stäbe eingegeben. Die Definition erfolgte an den für die Gesamttragwirkung maßgebenden Stellen. Sie befinden sich an den HT-Stegen am Ober- und Untergurt sowie mittig in der Brückenachse im Deck- und im Bodenblech. Dadurch konnten zusammen mit der Auswertung der Querträger- und Querrahmenstäbe gleichzeitig die orthogonalen Beanspruchungen in Brückenlängsrichtung ermittelt werden.

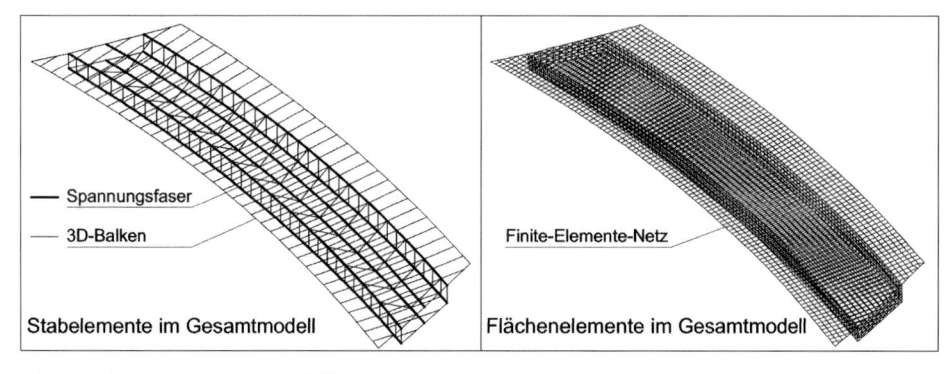

Bild 3-21. Berechnungsmodell

3.2 Belastung

*Nichts ist so schwer,
daß es nicht durch Kraft erreicht werden kann.*

Gajus Julius Cäsar (100–44 v. Chr.)

Die Bemessung einer Brücke wird auf der Grundlage der zu erwartenden Belastungen durchgeführt. Diese sind für einen Großteil der auftretenden Lasten in Vorschriften enthalten. Dabei ist es unerheblich, ob die Lasten an Hand der Normen zur Bemessung nach dem Spannungskonzept (z. B. DIN 1072 [19], DS 804 [12]) oder zur Bemessung nach Grenzzuständen (DIN-Fachbericht 101 [24]) ermittelt wurden. Letztendlich geht es um die Erfassung aller tatsächlichen Belastungen, die auf die Brücke einwirken. Neben den durch die Normen direkt geregelten Lasten sind Beanspruchungen vorhanden, die sich aus den „Normlasten" ableiten lassen, die durch die Montage, Herstellung bzw. Konstruktion bedingt sind oder die in den Vorschriften nicht enthalten sind. Zusätzliche Regelungen in den Vorschriften in Form von Faktoren für die eigentlichen Lasten dienen der Berücksichtigung weiterer Einflüsse. Dazu zählen Schwingbeiwerte für die Verkehrslasten oder Beiwerte für die Betriebsfestigkeitsnachweise. In ergänzenden Vorschriften und Richtlinien sind für spezielle Bauteile, Bauverfahren oder Montagezustände weitere Belastungsvorgaben, wie z. B. anzusetzende Höhentoleranzen für Verschubzustände von Brücken in den ZTV-K [25] enthalten. Der Sicherheitsfaktor gegenüber dem Versagen der Konstruktion, der bei dem Spannungskonzept in den zulässigen Beanspruchungen integriert ist, wird bei Bemessung nach Grenzzuständen auch auf der Belastungsseite über Teilsicherheitsbeiwerte angesetzt. Eine Übersicht zu den Lasten ist in Tabelle 3-3 enthalten, wobei insbesondere neben den allgemein vorkommenden äußeren Lasten auch seltener auftretende Lasten (z. B. Eisdruck) oder systembedingte Kräfte (z. B. Stabilisierungskräfte) aufgeführt sind. Alle Lastwirkungen müssen in den Standsicherheitsnachweisen untersucht werden. Dieses erfolgt einerseits durch die Berücksichtigung im Berechnungsmodell über

- äußere Lasten,
- Berechnungsverfahren bzw.
- die Modellbildung

sowie andererseits bei der Nachweisführung mit Lastfaktoren und den entsprechenden Nachweisverfahren. Durch die jeweilige Lage eines Bauteils im Gesamttragwerk erhält dieses Beanspruchungen aus der Gesamttragwirkung und/oder aus der direkten Lasteinleitung. Durch unterschiedliche Schwingbeiwerte für verschiedene Bauteile ist es erforderlich, die Beanspruchungen aus direkter und globaler Tragwirkung getrennt zu ermitteln. Im Abschnitt 3.1 wurden bei der Darstellung der Geometriemodellierung bereits zwei Methoden für die separate Ermittlung der Schnittkräfte aus direkter Lasteinleitung erläutert. Im weiteren wird von getrenn-

3.2 Belastung

Tabelle 3-3. Lastannahmen für Brücken

Belastung	
Abtriebskräfte, z.B. bei Verschub eines Hohlkastens mit geneigtem Untergurt	
Anfahren und Bremsen von Verkehrslasten	
Ausfall von Bauteilen, z.B. Hängerausfall einer Stabbogenbrücke	
Baugrundbewegungen, wahrscheinliche sowie unplanmäßige	
Belastungsvergrößerung aus Theorie II. Ordnung	
Betonierzustand, zusätzliche Verkehrslasten und spezifische Eigengewichtsannahmen	
Eigengewicht	
Eisdruck im Trog von Kanalbrücken oder bei Überbauten, die im Hochwasserbereich liegen	
Entgleisen von Eisenbahnfahrzeugen	
Erdbebenlasten	
Fahrzeuganprall auf dem Bauwerk bzw. an das Bauwerk	
Fliehkräfte aus Verkehrslasten	
Imperfektionen, planmäßig bzw. unplanmäßig	
Lagerkräfte infolge Temperaturschwankungen Schiene/Tragwerk	
Lasteinleitungsexzentrizitäten durch Lagerverschiebungen	
Lastexzentrizitäten von schienengebundenen Lasten bei beliebigen Gleislagen	
Reibungskräfte, z.B. bei Montagevorgängen	
Resonanzerscheinungen, z.B. Fußgängerbrücken oder Seile und Hänger von Brücken	
Schiffsanprall	
Schnee	
Schweißnahtspannungen und -verformungen	

Tabelle 3-3. (Fortsetzung)

Belastung	
Schwerpunktverschiebung von schienengebundenen Lasten mit Gleisüberhöhung	
Schwinden und Kriechen von Betonbauteilen bei Verbundbrücken	
Seitenstoß der Schienen- oder Straßenverkehrslasten	
Stabilisierungskräfte	
Staudruck	
Strömung	
Stützenhebungen und -senkungen zur planmäßigen Schnittkraftumlagerung	
Temperaturlasten	
Trägheitskräfte bei Montage durch Hub- oder Verschubvorgänge bzw. bei Klappbrücken	
Verkehrsbelastung durch Fahrzeuge	
Verkehrsbelastung durch Fußgänger	
Verschiebungen beim Auswechseln von Lagern	
Verschiebungs- und Verformungswiderstände der Lager	
Vorspannkräfte in Seilkonstruktionen oder Spannbetonfahrbahnplatten	
Wasser, Wellen	
Wind	
Zwangsverformungen bei Verschub und Montage	
Zwängungskräfte aus Mittragwirkung von Verbänden in der Gesamttragwirkung	
Zwängungskräfte aus statisch unbestimmten Lagerungssystemen	
„..."	?

ten Berechnungsmodellen für Gesamttragwirkung und direkte Lasteinleitung ausgegangen. Die Beanspruchungen aus beiden Lastwirkungen sind bei der Nachweisführung zu überlagern.

3.2.1 Gesamttragverhalten

Berechnungsprogramme bieten unterschiedliche Möglichkeiten, Belastungen einzugeben. Dazu zählen

- Knotenkräfte und Momente
- Linien- oder Flächenlasten
- Eigenlasteingaben über Materialdichten und Gravitation
- Stützpunktverschiebungen
- Temperaturlasten

Geometrische Imperfektionen können direkt oder über Zwangsverformungen mit anschließender Veränderung der Knotenkoordinaten definiert werden. Für nichtlineare und dynamische Berechnungen stehen in Abhängigkeit des Programms unterschiedlichste Lasteingabemöglichkeiten zur Verfügung.

Vor Lasteingabe ist über die Behandlung der einzelnen Lastanteile in Verbindung mit der Nachbereitung der Ergebnisse im Zuge der Auswertung zu entscheiden.

Grundlastfälle: Die Definition von Grundlastfällen für die einzelnen Lastanteile stellt den Normalfall dar. Durch Superposition werden aus den Grundlastfällen alle erforderlichen Lastfallkombinationen gebildet. Jeder Grundlastfall läßt sich getrennt prüfen sowie die Summe der Stützkräfte kontrollieren. Der Anteil einer einzelnen Belastung an der Gesamtbeanspruchung kann bestimmt werden.

Min/Max-Lastfälle: Einige Berechnungsprogramme bieten für Verkehrslasten die Ausgabe ausgewerteter Schnittkräfte an. Nach Eingabe einer Verkehrslast wird ein definierter Lastbereich für die Verkehrslast untersucht. Das Ergebnis sind minimale und maximale Schnittkräfte, die im weiteren zur Kombination mit anderen Belastungen als Grundlastfall behandelt werden können. Für eine Prüfung dieser Grundlastfälle ist die Kenntnis der zugehörigen Laststellungen erforderlich.

Gesamtlastfälle: Alternativ zu Grundlastfällen für einzelne Lastanteile lassen sich diese zu Gesamtlastfällen mit allen Belastungen in einem Lastfall zusammenfassen. Insbesondere für Montage- und Verschubzustände von Überbauten ist dieses sinnvoll, da in diesen

Fällen im allgemeinen die Änderung der Lagerungsbedingungen für die Untersuchung entscheidend ist.

Einflußfunktionen: Die Auswertung von Einflußfunktionen für Verkehrslasten bietet zwei Vorteile. Erstens können die maßgebenden Laststellungen genau ermittelt werden. Zweitens liegen Einflußlinien vor, die bei einer nachträglichen Untersuchung veränderter Verkehrslasten verwendet werden können, ohne eine erneute Schnittkraftermittlung des Tragwerks durchführen zu müssen. Nachteilig ist der wesentlich höhere Aufwand der Ergebnisauswertung in Kombination mit der Überlagerung mit den anderen Grundlastfällen.

Das Eigengewicht der Stahlkonstruktion läßt sich am einfachsten über die Dichte der Querschnitte mit Angabe der Erdbeschleunigung im Berechnungsprogramm definieren. Die Querschnitte der stabförmigen Bauteile gehen im Modell bis zum jeweiligen rechnerischen Knoten. Die tatsächliche Stabgeometrie entspricht insbesondere in den Anschlußbereichen nicht dieser Idealisierung. Weiterhin sind Schotte, Steifen und zusätzliche konstruktive Bauteile vorhanden. Für Anstriche und Verbindungsmittel sind ebenfalls Zuschläge zu berücksichtigen. Erfahrungsgemäß ist die Stahlmenge nach Massenermittlung auf Grundlage der Werkstattplanung ca. 5–10 % höher als die rechnerische Gesamtmasse nur über die Querschnittsflächen der Stäbe im Berechnungsmodell.

Äußere Lasten, wie Zusatzeigengewichte, Verkehrslasten oder Wind werden über Knotenkräfte oder Linien- und Flächenlasten eingegeben. Hinsichtlich der Genauigkeit der Ergebnisse sind die durch die Lasteingabe entstehenden maßgebenden Schnitte bei der Schnittkraftauswertung mit zu erfassen, so daß z. B. bei Einzel- oder Teilstreckenlasten innerhalb von Stäben dort auch die Beanspruchungen auszuwerten sind. Wenn ein aus Längs- und Querträgern bestehender Überbau als Trägerrost modelliert wird, bietet die zusätzliche Eingabe von quasi steifigkeitslosen Flächenelementen die Möglichkeit, die Belastungen als Flächenlasten einzugeben. Dieses bietet sich insbesondere bei einer unregelmäßigen Grundrißgeometrie an, da dadurch eine gleichmäßige Belastung automatisch entsprechend der zugehörigen Flächenanteile auf die Knoten aufgeteilt wird.

Äußere Zwangsbeanspruchungen ergeben sich durch erwartete bzw. ungewollte Baugrundbewegungen, durch die planmäßige Veränderung von Auflagerhöhen oder im Zuge von Montage- und Verschubvorgängen. Die Eingabe im Berechnungsprogramm wird über die Lagerungsbedingungen bzw. über definierte Knotenverschiebungen vorgenommen. Temperaturbelastungen erzeugen neben Verformungen in Abhängigkeit des statischen Systems zusätzlich Zwangsbeanspruchungen. Die Temperatureingabe erfolgt in Abhängigkeit der Programmierung des Berechnungsprogrammes z. B. über Knoten- oder Elementtemperaturen mit den zugehörigen Temperaturausdehnungskoeffizienten.

3.2 Belastung

Schweißnahtspannungen und -verformungen lassen sich über innerhalb der Bauteile definierte Knotenverschiebungen oder -kräfte bzw. fiktive Temperaturen von finiten Elementen eingeben. Im Abschnitt 6.3 wird an Hand eines Beispiels auf diese Möglichkeiten zur Modellierung der Lasteingabe näher eingegangen.

Ein Teil der Belastungen kann über Lastfaktoren von bereits definierten Lastfällen bei der Superposition der Grundlastfälle behandelt werden. Dazu zählen die Vertikallastanteile aus Wind auf das Verkehrsband oder aus Fliehkraft bzw. Seitenstoß sowie die Schwerpunktverlagerungen und Exzentrizitäten von schienengebundenen Verkehrslasten. Seitenkräfte erzeugen ein vertikales Kräftepaar. Bei einer eingleisigen Eisenbahnbrücke mit der Annahme von gelenkig gelagerten Querträgern ergibt sich folgendes Belastungsbild:

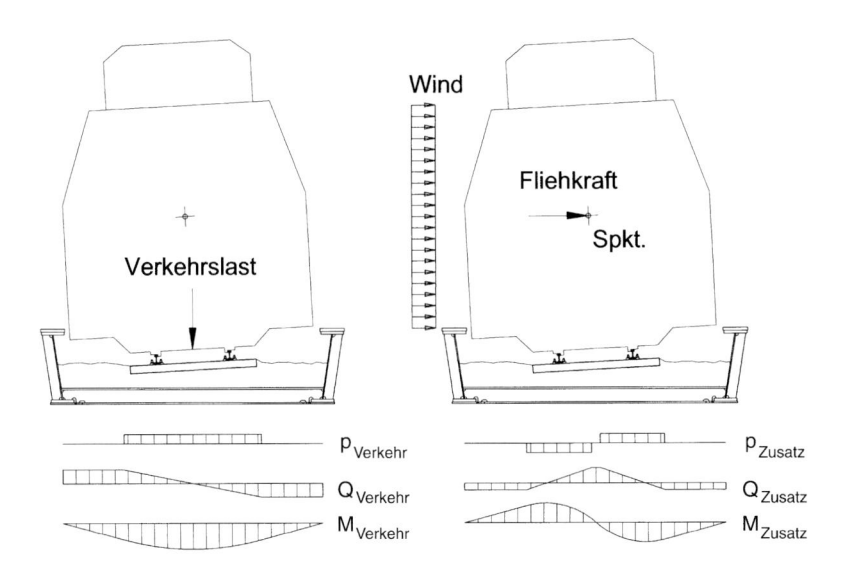

Bild 3-22. Vergrößerung der Vertikalbelastung durch Horizontallasten

An der Stelle des maximalen Moments aus Verkehr ergibt sich durch die zusätzliche Horizontalbelastung keine Änderung des Moments. Die Querkraft im Querträger wird um den Faktor

$$f_{Q,Zusatz} = (Q_{Verkehr} + Q_{Zusatz})/Q_{Verkehr}$$
$$= f_{Gesamt}$$

vergrößert. Der gleiche Faktor ergibt sich für die Auflagerkraft auf dem Hauptträger, so daß dieser Wert für die Gesamtbelastung des Haupttragwerks sowie für die Lagerkräfte zu verwenden ist.

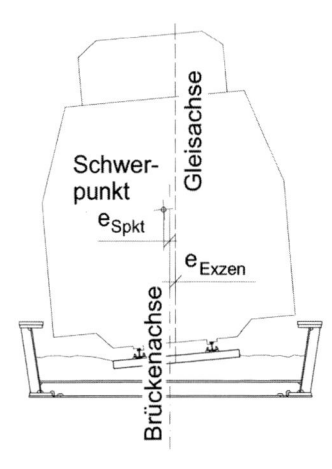

Bild 3-23. Exzentrizitäten der Verkehrsbelastung

Ebenso verhält es sich bei den Exzentrizitäten von Verkehrslasten (s. Bild 3-23). Die Momentenbeanspruchung der Querträger ist bei mittiger Gleislage maximal. Bei der außermittigen Gleislage vergrößert sich die maximale Querkraft der Querträger mit dem Faktor

$$f_{Q,Exzen} = (l_{QT} + 2 \cdot e_{Exzen})/l_{QT}$$

Die Verlagerung des Schwerpunktes in entgegengesetzter Richtung bei statischer Verkehrsbelastung erfordert einen Lastfaktor von

$$f_{Q,Spkt} = (l_{QT} + 2 \cdot e_{Spkt})/l_{QT}$$

Der größere Wert wird maßgebend. Für die Gesamttragwirkung gilt der Erhöhungsfaktor gleichermaßen. Falls die Exzentrizität bzw. die Schwerpunktverschiebung über die Brückenlänge veränderlich ist, liegt der Faktor für den Maximalwert auf der sicheren Seite. Für mehrgleisige Überbauten gelten die Überlegungen analog.

3.2.2 Direkte Lasteinleitung

Bei einer separaten Aufstellung von Berechnungsmodellen für die direkte Lasteinleitung können die Schnittkräfte für einfache Ersatzmodelle häufig Berechnungstabellen entnommen werden. Für elastisch gebettete Träger oder Platten oder aufwendigere Berechnungsmodelle von Fahrbahnteilen sind die Lasten wie im Gesamtmodell einzugeben.

3.3 Montageverfahren

*Gebt mir einen Hebel, der lang genug,
und einen Angelpunkt, der stark genug ist,
dann kann ich die Welt mit einer Hand bewegen.*

Archimedes (285–212 v. Chr.)

Das Ziel der Bemessung einer Brücke ist eine wirtschaftliche Tragkonstruktion für die vorgesehenen Verkehrslasten im Nutzungszeitraum. Das Berechnungsmodell wird vorerst für den Gebrauchszustand in Endlage aufgestellt. Die Vorfertigung von Stahlbrücken erfolgt im Werk. Kleinere Brücken werden oft komplett im Werk hergestellt, zur Baustelle transportiert und mit Mobilkränen eingehoben. Die Überbauten größerer Brücken werden in Montagesegmenten zur Baustelle transportiert und dort zusammengesetzt. Die Montageverfahren vor Ort reichen vom Zusammenbau in Endlage auf Unterstützungspunkten oder im Freivorbau über Taktschiebeverfahren bis zum Montieren auf einem Vormontageplatz mit nachfolgendem Einbau. Alle Montagezustände bedeuten eine zusätzliche Beanspruchung der Stahlkonstruktionen, da die statischen Systeme der Montagevorgänge häufig erheblich von dem statischen System des Endzustandes abweichen. Aus diesem Grund werden die endgültigen Blechdicken und Stahlgüten des Überbaus auch durch die Bauzustände bestimmt. Zusätzlich kommen Montagehilfsmittel wie Vorbauschnäbel, Druckaussteifungen von Hängern, Hilfspylone oder Abspannungen zum Einsatz. Alle Montagevorgänge sind hinsichtlich zweier Ziele statisch zu beurteilen:

1. Standsicherheit
Über den gesamten Montagezeitraum ist die Standsicherheit für alle Bauzustände nachzuweisen.

2. Verformungen
Die Ermittlung der Verformungen der Stahlkonstruktion über den Zeitraum der Montage ist einerseits für die Sicherung des Montageverfahrens selbst erforderlich. Zum Beispiel bestimmt die Durchbiegung der Spitze eines Vorbauschnabels vor Erreichen eines Pfeilers die konstruktiven Maßnahmen am Vorbauschnabel und in der Verschubstation des Pfeilers, um die Höhendifferenz auszugleichen. Andererseits sind zur Sicherung der planmäßig herzustellenden Geometrie z. B. bei einem Taktschiebeverfahren die Anbauhöhen und -winkel für das nächste zu montierende Bauteil exakt zu ermitteln.

Der Umfang der erforderlichen statischen Berechnung hängt vom Montageverfahren ab. In einfachen Fällen wie dem Einhub eines vollständigen Überbaus ist der Nachweis eines einzelnen Montagezustands ausreichend. Bei einem taktweisen Anbau von Bauteilen sind die einzelnen Bauphasen zu untersuchen. Für einen kontinuierlichen Verschub ist es häufig erforderlich, den gesamten Verschubvorgang mit einem ausreichend dichten Verschubraster rechnerisch abzubilden. Für alle Montagevorgänge sind neben den planmäßigen Lasten (Eigengewicht, Wind, Verkehr) auch Zusatzlasten zu betrachten. Für Havariesituationen, die einen Einfluß auf die Standsicherheit haben (z.B. Platzen von hydraulischen Schläuchen der Hubpressen), sind entsprechende Vorkehrungen für die Erstellung des Montagekonzeptes vorzuschreiben.

Für Montagekonzepte gibt es keine fertigen Lösungen. Jedes Bauwerk erfordert durch dessen Konstruktionsart in Verbindung mit den örtlichen Gegebenheiten ein spezielles Montageprojekt mit den zugehörigen Standsicherheitsnachweisen. Im weiteren werden einige wesentliche Aspekte der statischen Berechnung von Verschubvorgängen behandelt. Die Statik eines Brückenverschubs muß neben dem Berechnungsmodell des Tragwerks folgende Punkte berücksichtigen:

- Bauwerksgeometrie im Grund- und Aufriß vom Vormontageplatz bis zum Endzustand
- Verschubgradiente
- spannungslose Werkstattform
- zulässige Beanspruchung des Gesamttragwerks
- zulässige Beanspruchung der Verschubpunkte/Lasteinleitungsstellen
- zulässige Verformungen des Überbaus
- Lage der Unterstützungspunkte

Zur Erläuterung wird der Verschub eines relativ weichen Durchlaufträgers betrachtet.

Die Stahlkonstruktion einer 7-feldrigen Verbundbrücke gemäß Bild 3-24 wird in Schüssen hinter einem Widerlager vorgefertigt, mit dem bereits montierten Teil verbunden und abschnittsweise verschoben. Der Einbau der Ortbetonfahrbahnplatte wird nach dem Verschub der vollständigen Stahlkonstruktion vorgenommen. Der Überbau mit konstanter Bauhöhe weist unterschiedliche Stützweiten mit entsprechend verschiedenen Überhöhungen auf. Die Brücke verläuft horizontal in einer Geraden, so daß sich als Verschubgradiente ebenfalls eine Gerade ergibt. Die Stahlkonstruktion der Brücke besteht aus einem trapezförmigen Hohlkasten, der im Verschubzustand durch die fehlende Fahrbahnplatte relativ biegeweich ist. Zum Verschub wird der Einsatz eines 25 m langen Vorbauschnabels vorausgesetzt. Auf den Pfeilern und dem Widerlager sind Verschubstationen vorhanden. Zusätzlich ist auf dem Vormontageplatz im Abstand von 40 m hinter dem Widerlager eine weitere Verschubstation vorhanden. Als Startposition für den Verschub wird der Zustand betrachtet, wenn der erste 80 m-Abschnitt mit Vorbauschnabel montiert ist und auf den Verschubstationen am Widerlager und auf dem Vormontageplatz liegt.

1. Verschub
Die Phase 1 des ersten Verschubs ist ein statisch bestimmter Einfeldträger mit je einem vorderen und hinteren Kragarm, deren Länge sich während des Verschubs kontinuierlich ändert. Bei Erreichen des ersten Pfeilers in Achse 20 weist der

3.3 Montageverfahren

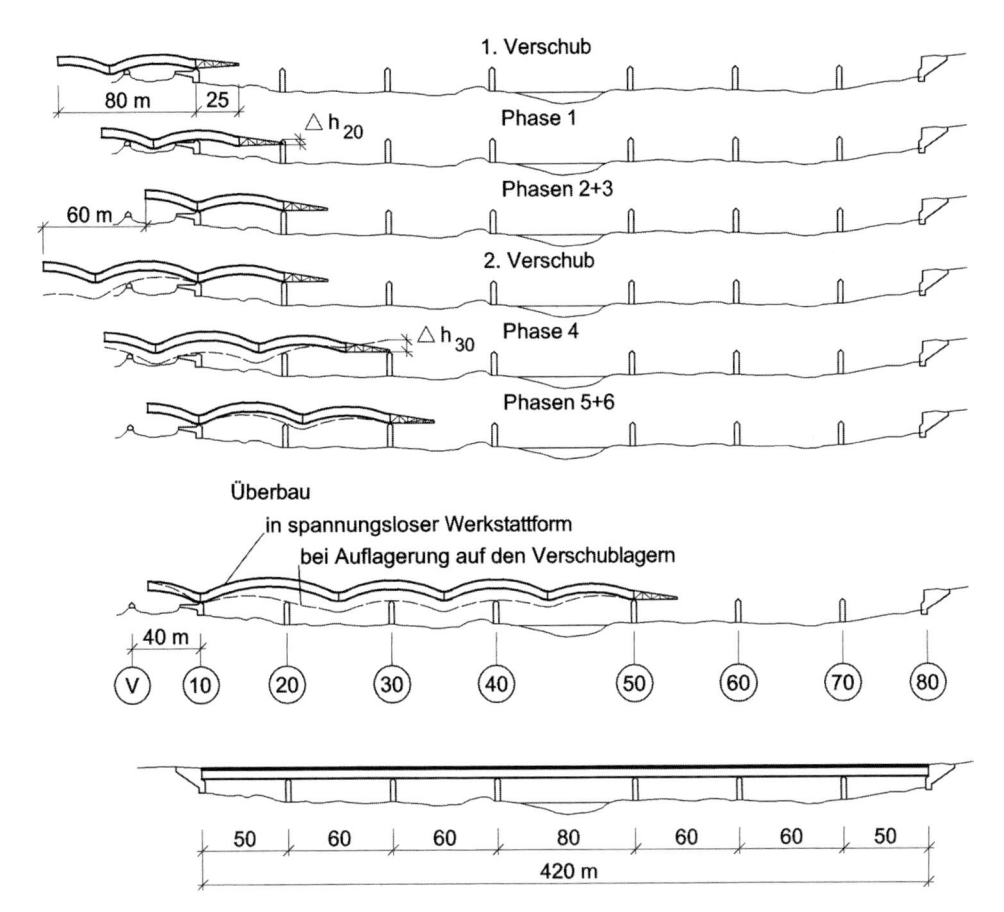

Bild 3-24. Verschub des Stahltrogs einer Talbrücke (schematische, überhöhte Darstellung)

Vorbauschnabel eine Durchbiegung Δh_{20} auf. Dieser Wert ist die Summe aus der elastischen Verformung von Überbau und Vorbauschnabel sowie der Neigung des ersten Verschubabschnittes durch die unterschiedliche Überhöhung des Überbaus über den Verschubstationen in den Achsen V und 10 zu diesem Zeitpunkt. Die Höhenänderung aus der Neigung läßt sich für diese Phase noch mit dem Strahlensatz ermitteln, da das Berechnungsmodell statisch bestimmt ist. In der Phase 2 des ersten Verschubs wird der Vorbauschnabel um Δh_{20} angehoben und danach soweit geschoben, bis die Verschubstation auf dem Vormontageplatz freigesetzt werden kann. Die Schnittkraftermittlung für diese Phase ist durch die 3 Auflagerachsen bereits statisch unbestimmt. Neben dem Eigengewicht gehen zusätzlich die jeweiligen unterschiedlichen Überhöhungswerte der spannungslosen Werkstattform in die Berechnung ein. Der erste Verschub wird mit Phase 3 durch einen Verschub von weiteren 10 m abgeschlossen, so daß der Vorbauschnabel über die Achse 20 hinausragt. Am Ende des ersten Montageabschnitts ergeben sich die Verdrehung $\varphi_{End,1}$ und die Verschiebung $y_{End,1}$ zum Anbau des nächsten Segments.

2. Verschub

Der zweite Verschub beginnt nach Montage eines Abschnitts von 60 m. Nach dem Verschub von 35 m erreicht der Vorbauschnabel die Achse 30. Die Höhe Δh_{30} ergibt sich wiederum aus der elastischen Durchbiegung und der Wirkung der unterschiedlichen Werkstattüberhöhungen des Überbaus über den Verschubstationen. In diesem Verschubzustand lagert die Konstruktion jedoch in 3 Achsen auf, so daß nun die Überhöhungswerte eine Zwangsverfomung des Überbaus hervorrufen. Die weiteren Phasen des zweiten Verschubs verlaufen prinzipiell wie beim ersten Verschubvorgang.

Das Prinzip des 2. Verschubvorgangs wird bis zum Erreichen des Endzustands wiederholt. Im Zuge der statischen Nachweise sind die Beanspruchungen im Tragwerk sowie die Auflagerkräfte mit der Lasteinleitung in den Überbau nachzuweisen. Durch die sich ständig ändernden statischen Systeme sowie die unterschiedlichen Werkstattüberhöhungen ist eine kontinuierliche Berechnung erforderlich. Dementsprechend sollte das Berechnungsmodell einheitliche Knotenabstände in einem ausreichend engen Abstand aufweisen. Aus dem Knotenabstand ergeben sich die rechnerischen Verschubschritte. Die Eingabe der Differenz zwischen Verschubgradiente und spannungsloser Werkstattform in den Auflagerpunkten ist durch die Vorgabe von Knotenverschiebungen möglich. Bei einer von der Verschubgradiente abweichenden Überbaugeometrie ist in der einzugebenden Knotenverschiebung zusätzlich die Differenz zwischen der Gradiente und der Geometrie in der jeweils aktuellen Lage zu berücksichtigen. Bei der statischen Berechnung der Verschubschritte können folgende Fälle auftreten:

- Die Auflagerkraft in einer Verschubstation wird negativ. Das Verformungsverhalten des Überbaus bewirkt ein Freiheben der Station, so daß eine Berechnung ohne Auflagerung in der entsprechenden Achse erforderlich wird. Bei einer Modellierung von Auflagerpunkten mit Ausschluß von Zugbeanspruchungen wird diese Berechnung automatisch durch das Programm durchgeführt.

- Die Auflagerkraft ist größer als ein vorher ermittelter Grenzwert, der durch die Tragfähigkeit der Verschubstationen bzw. die maximale Beanspruchung zur direkten Lasteinleitung in den Überbau bestimmt ist. Die Verschubtechnologie ist in diesem Schritt zu ändern, so daß die Auflagerkraft reduziert wird. Als Maßnahmen sind zusätzliche Montageunterstützungen oder planmäßige Höhenkorrekturen einer oder mehrerer Verschubstationen denkbar.

In jedem dieser Verschubschritte ist weiterhin der Einfluß der Zusatzbeanspruchungen (z.B. Wind, Höhendifferenzen der Lagerpunkte in Längs- und Querrichtung, ungleichförmige Temperaturänderungen) zu untersuchen. Häufig ist die Berechnung der zusätzlichen Lastfälle für maßgebende Verschubschritte ausreichend.

3.3 Montageverfahren

Zur Überwachung der Verschubvorgänge eines biegeweichen Stahltroges sind im allgemeinen Höhenmessungen ausreichend. Die Berechnung von unplanmäßigen Höhendifferenzen im Zuge der Montageplanung ergibt oft, daß die zu berücksichtigenden Höhenänderungen für derartige Bauwerke unkritisch sind. Anders ist es bei steifen Überbauten. Das Beispiel der Montage einer Fachwerkbrücke [26] zeigt die Notwendigkeit, Verschubvorgänge in bestimmten Fällen durch Auflagerkraftmessungen zu überwachen.

Konstruktionsbeschreibung

Am nördlichen Stadtrand von Leipzig befindet sich das Kreuzungsbauwerk der Bahnstrecken Wahren-Engelsdorf sowie Neuwiederitzsch-Mockau mit der Bundesstraße B 2 und den Bahnstrecken Magdeburg und Bitterfeld nach Leipzig. Im Zuge der Sanierung dieses Knotenpunktes erfolgte ein Ersatzneubau der Überführung der Strecke Wahren-Engelsdorf über die Bahntrassen nach Magdeburg und Bitterfeld.

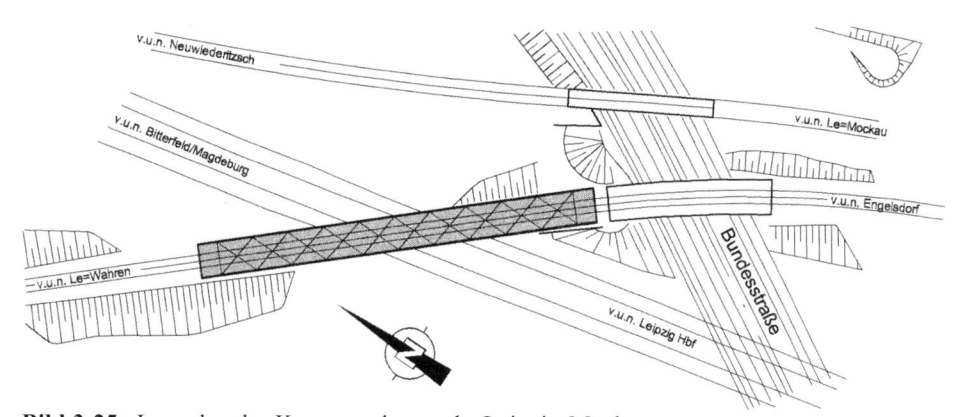

Bild 3-25. Lageplan des Kreuzungsbauwerks Leipzig-Mockau

Der Neubau der Eisenbahnbrücke erfolgte als zweigleisige einfeldrige Fachwerkbrücke mit einem Diagonalfachwerk. Die Stützweite des Überbaus beträgt 128,0 m mit zum Gleis orthogonalen Fahrbahnübergängen. Aus der Aufteilung der Stützweite in 11 Felder ergibt sich ein Knotenabstand von 11,636 m mit einem Achsabstand der Fachwerkebenen von 11,20 m. Der Überbau besitzt eine unten liegende geschlossene Fahrbahn mit Querträgern und Längsrippen sowie ein durchgehendes Schotterbett. Der in der Obergurtebene gelegene Windverband besteht aus Walzprofilen und ist als Diagonalverband mit Pfosten ausgebildet. Die gesamte Konstruktionshöhe beträgt 13,93 m. Die Lagerung des Überbaus erfolgt auf Topflagern horizontal statisch bestimmt mit einem allseits festen, einem querfesten und zwei allseits beweglichen Lagern. Der Überbau liegt horizontal. Die Entwässerung erfolgt über Quergefälle der Fahrbahn sowie über eine Entwässe-

Bild 3-26. Ansicht der Fachwerkbrücke auf dem Vormontageplatz

rungsleitung zum südlichen Widerlager. An den Außenseiten der Fachwerkebenen sind seitlich Dienstgehwege vorhanden. Als Baustoffe kamen Stahl S235J2G3 und S355J2G3 zum Einsatz.

Montage

Die Vormontage des Überbaus mußte neben der vorhandenen Bahnstrecke erfolgen, da die Gleise nicht über den gesamten Montagezeitraum gesperrt werden konnten. Zu diesem Zweck wurde ein ca. 8 m hoher Montagedamm bis auf die Höhe des Bahndamms angeschüttet. Für den Einschubvorgang der 1650 t schwere Fachwerkbrücke stand eine Einbauzeit von 10 Tagen zur Verfügung. Komplizierte Baugrundverhältnisse sowie die Empfindlichkeit des Überbaus hinsichtlich ungleichförmiger Setzungen verursachten einen aufwendigen Quer- und Längsverschub in die Endlage.

Der eigentliche Verschubvorgang unterteilte sich in verschiedene Detailvorgänge:

1. Anheben des Überbaus nach der Vormontage
2. Verdrehen des Überbaus in Parallellage zum Längsverschub
3. Querverschub des Überbaus
4. Umsetzen auf den Längsverschub
5. Längsverschub
6. Abstapeln auf die Einlagerungshöhe
7. Vergießen der Lager

3.3 Montageverfahren

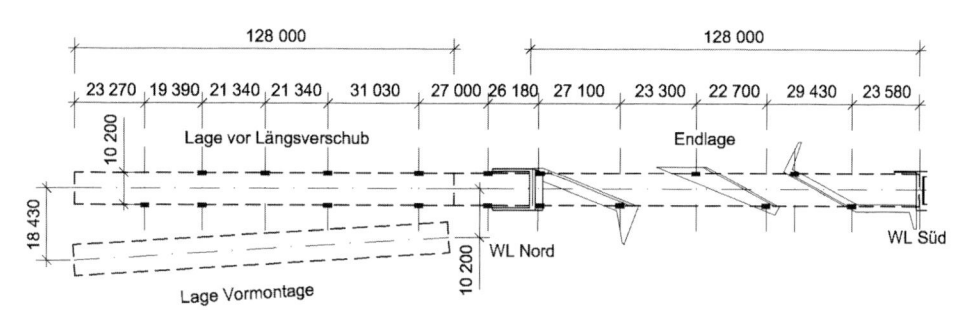

Bild 3-27. Übersicht zum Quer- und Längsverschub

Querverschub

Die Montageebene des Stahlüberbaus lag ca. 1,40 m tiefer als die erforderliche Höhe für den Längsverschub. Aus diesem Grund war es erforderlich, den Überbau vor dem Querverschub auf die erforderliche Verschubhöhe anzuheben. Weiterhin mußte die Stahlkonstruktion für den Längsverschub um 2,5 Grad verschwenkt werden, da die Lage auf dem Vormontageplatz infolge der im Bogen verlaufenden Bahnstrecke von der endgültigen Brückenachse abwich. Im Bereich des Montagedamms wurde der Überbau in 4 Verschubachsen unter den Endquerträgern und in

Bild 3-28. Querverschubfundament aus Stahl mit Rollwagen

den äußeren Viertelspunkten mit Rollwagen auf Verschubträgern verschoben. Mit ausreichendem Abstand von der Böschungsschulter des Montagedamms erfolgte im weiteren Verlauf des Querverschubs die Umlagerung auf 2 der 4 Verschubbahnen.

Längsverschub

Der Überbau mußte insgesamt 167,6 m in Längsrichtung verschoben werden. Die ersten 40 Verschubmeter verliefen im Bereich des Bahndamms bis zum neuen nördlichen Widerlager. Danach schloß sich die Überquerung der Bahntrasse nach Magdeburg und Bitterfeld an. Die Gleise der Strecke Wahren-Engelsdorf queren diese Trasse unter einem Winkel von ca. 25 Grad. Im Bestand waren noch die schiefen Widerlager sowie der Mittelpfeiler der im Vorfeld des Verschubvorganges demontierten alten Stahlüberbauten vorhanden. Insgesamt erfolgte der Längsverschub über 17 Verschubstationen. Die Stationen waren spezielle Stahlkonstruktionen, deren Fußplatten mit den Abmessungen von 2,70 × 4,50 m direkt auf dem Bahndamm bzw. auf den alten Unterbauten auflagen. Die Anzahl der zum Verschub notwendigen Unterstützungspunkte ergab sich aus der Begrenzung der örtlichen Lasteintragung in die Fachwerkuntergurte. Als Verschublager dienten Gleitlager, deren Höhen über Pressen kraftkontrolliert gesteuert wurden. Bedingt durch die Lage der Stationen auf dem Bahndamm und auf den alten Unterbauten ergab

Bild 3-29. Längsverschubfundament mit Seitenführung

sich eine unregelmäßige Stützung des Überbaus mit wechselnder Stützpunktanzahl in allen Verschubphasen.

Berechnungsmodell

Die Dimensionierung des Tragwerks erfolgte für die Lastannahmen UIC 71 und Schwerlastzug SSW gemäß DS 804 [12]. Erwähnenswert ist die hohe anzusetzende Begegnungshäufigkeit von 35,5 % auf dem Tragwerk sowie eine Streckenbelastung von 20 Mio. t/Jahr und Gleis, was maßgeblich den Betriebsfestigkeitsnachweis und damit die Dimensionierung der Bauteile beeinflußte. Das Berechnungsmodell für den Endzustand wurde gleichermaßen auch zur Untersuchung der Verschubzustände verwendet. Die Schnittkräfte wurden mit einem räumlichen Finite-Elemente-Modell mit folgenden Idealisierungen bestimmt:

- Fachwerkstäbe mit biegesteifen Anschlüssen
- Schwerachsen des Fachwerks in den Schwerachsen von Obergurt, Untergurt und Diagonalen
- Modellierung der Fahrbahn als Trägerrost mit mittragenden Breiten für die Querträger
- Erhöhung der Querbiegesteifigkeiten von Querträgern, Längsrippen und Fachwerkuntergurten auf die horizontale Biegesteifigkeit der Fahrbahn
- exzentrische Anschlüsse von Querträgern und Längsrippen
- Länge der Querträger = Abstand der UG-Schwerpunkte
- Randelemente der Querträger (UG-Bereich) mit erhöhter Steifigkeit
- Zusammenfassen von je 2 Längsrippen mit dem zugehörigen Fahrbahnanteil zu einem Stab im Modell
- mittragende Breite für die Längsrippen im Gesamtmodell = Längsrippenabstand
- Definition eines steifigkeits- und masselosen Fahrbahnbleches (ebene Schalenelemente) zur Generierung der Flächenlasten
- Windverband und Horizontalriegel der Endportale in Höhe der OG-Schwerachse

Die Berechnungen des Querverschubes betrafen die Auflagerung in den 4 bzw. 2 Verschubachsen. Durch die statische Berechnung wurden die Auflagerhöhen der 4 Achsen so bestimmt, daß eine gleichmäßige Belastung aller Achsen gegeben war. Zusätzlich erfolgte der Nachweis unplanmäßiger Höhenänderungen von einzelnen Verschubpunkten. Die meßtechnische Kontrolle des Verschubes wurde über Höhenmessungen der Verschubbahnen vorgenommen.

Der Nachweis der örtlichen Beanspruchungen der Fachwerkuntergurte in den Stationen des Längsverschubes ergab eine maximal zulässige Auflagerkraft von 3500 kN. Da bereits im Bereich des Bahndamms eine unregelmäßige Unterstützung für den Längsverschub vorhanden war, mußte die Umlagerung von den

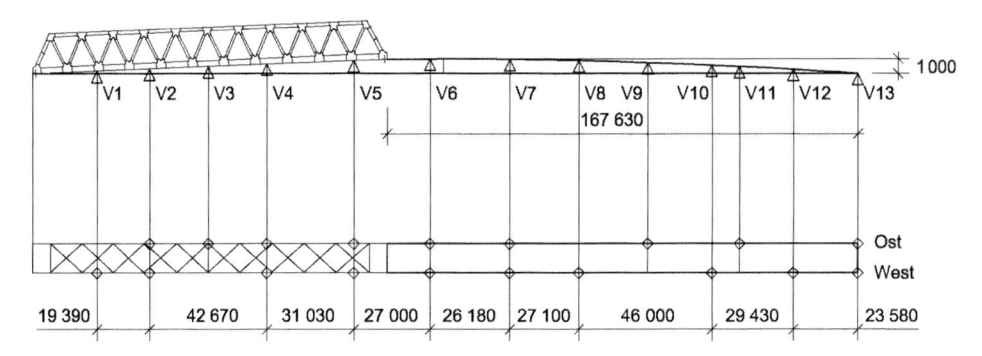

Bild 3-30. Stützpunkte und Gradiente beim Längsverschub

Querverschubachsen auf die Längsverschubfundamente wie auch der gesamte Längsverschub detailliert so vorgegeben werden, daß eine Überschreitung der zulässigen Auflagerkraft ausgeschlossen werden konnte. Der Überbau wurde mit einer Überhöhung für Eigengewicht und 25 % der Verkehrslast gemäß DS 804 [12] hergestellt, in Brückenmitte beträgt diese 190 mm. Bei einem horizontalen Verschub wären Pressen erforderlich gewesen, die diesen Wert ausgleichen, weshalb eine kreisförmige Verschubgradiente gewählt wurde. Die Werkstattüberhöhung entspricht jedoch nicht einem Kreisbogen. Die maximale Differenz zwischen Kreisbahn und spannungsloser Werkstattform ergab sich zu 12 mm. Der Stich der gesamten Verschubgradiente betrug ca. 1,0 m. Da bereits wenige Millimeter Höhendifferenz erhebliche Stützkraftänderungen hervorriefen, mußte der Längsverschub in einem engen Verschubraster rechnerisch simuliert werden. Aus der Schrittweite von 1,0 m ergaben sich ca. 200 Längsverschublaststellungen. Beim Erreichen eines neuen Montagelagers wurde je ein Lastfall ohne und mit dem neuen Lagerpunkt berechnet, ebenso beim Freisetzen eines Lagerpunktes. Jede Phase wurde als ein Lastfall mit geänderten Stützbedingungen unter Stahleigenlast definiert. Zur Ermittlung der maximalen Beanspruchung wurde eine vollständige Spannungsauswertung der Gesamtkonstruktion für die Verschubphasen durchgeführt.

Die Berechnung des Längsverschubes mußte in mehreren Schritten durchgeführt werden:

Schritt 1: Ermittlung der Höhendifferenzen zwischen spannungsloser Werkstattform und kreisförmiger Verschubgradiente über den Verschubstationen für alle Verschubschritte sowie Stützkraftermittlung unter Eigengewicht mit diesen Höhendifferenzen als zusätzliche Zwangsverschiebung

Schritt 2: Kontrolle der Lagerkräfte hinsichtlich Zugbeanspruchung
Bei abhebenden Lagerkräften wurde eine Neuberechnung unter Freigabe der entsprechenden Stützbedingung vorgenommen.

3.3 Montageverfahren

Schritt 3: Überprüfung der zulässigen Maximallast
Bei Überbelastung der Verschublager wurde eine erneute Berechnung nach planmäßigen Höhenkorrekturen durch Absenken der entsprechenden Punkte bzw. Anheben der benachbarten Stationen durchgeführt.

Schritt 4: Schnittkraft- und Spannungsermittlung für alle Verschubschritte im Gesamttragwerk

Schritt 5: Aufstellen von Lagerkraftdiagrammen für alle 17 Verschubstationen über die gesamte Verschubzeit unter Berücksichtigung der planmäßigen Höhenkorrekturen

Als Beispiel ist das Berechnungsergebnis für den Verschubpunkt V7 Ost in den Bildern 3-31 und 3-32 enthalten. Nach Längsverschub um 42 m erreicht der Überbau mit dem südlichen Endquerträger die Verschubachse V7 am Widerlager Nord. Der Verschubpunkt V7 Ost wird mit einem Startwert von 13 mm über der kreisförmigen Verschubgradiente eingestellt. Nach einem Verschub um 40 m ist ein Absenken der Verschubstation um 5 mm und nach weiteren 3 m nochmals um 7 mm erforderlich, damit die Verschublagerkraft den Wert von 3500 kN nicht übersteigt. Der Absenkvorgang von insgesamt 12 mm entspricht einer Entlastung von 1300 kN. Nach Verschub um 10 m ist die Verschubstation wieder um 12 mm anzuheben.

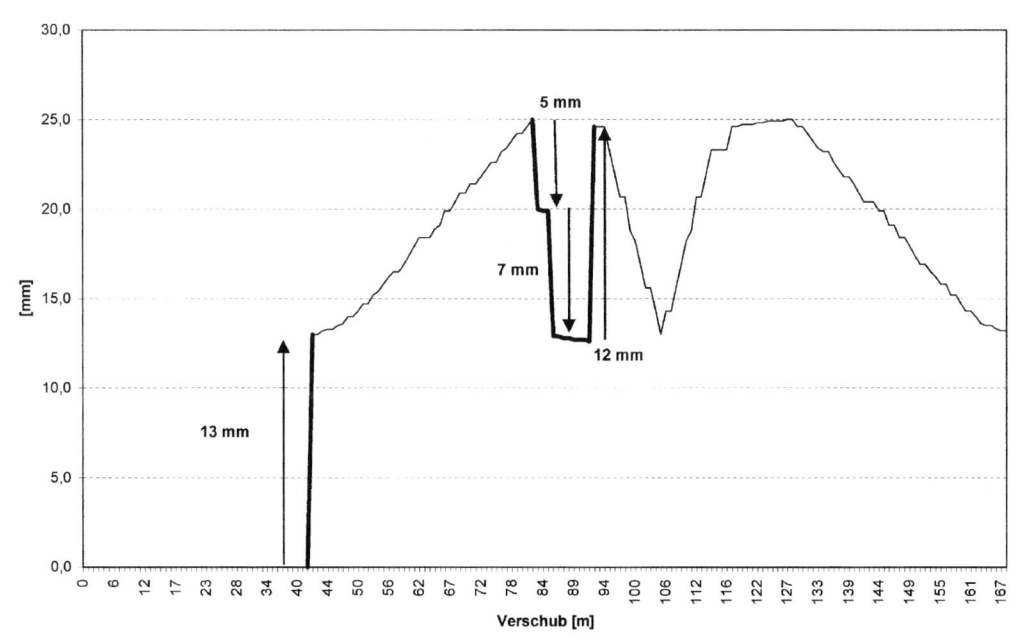

Bild 3-31. Höhenentwicklung der spannungslosen Werkstattform über dem Lagerpunkt V7 Ost

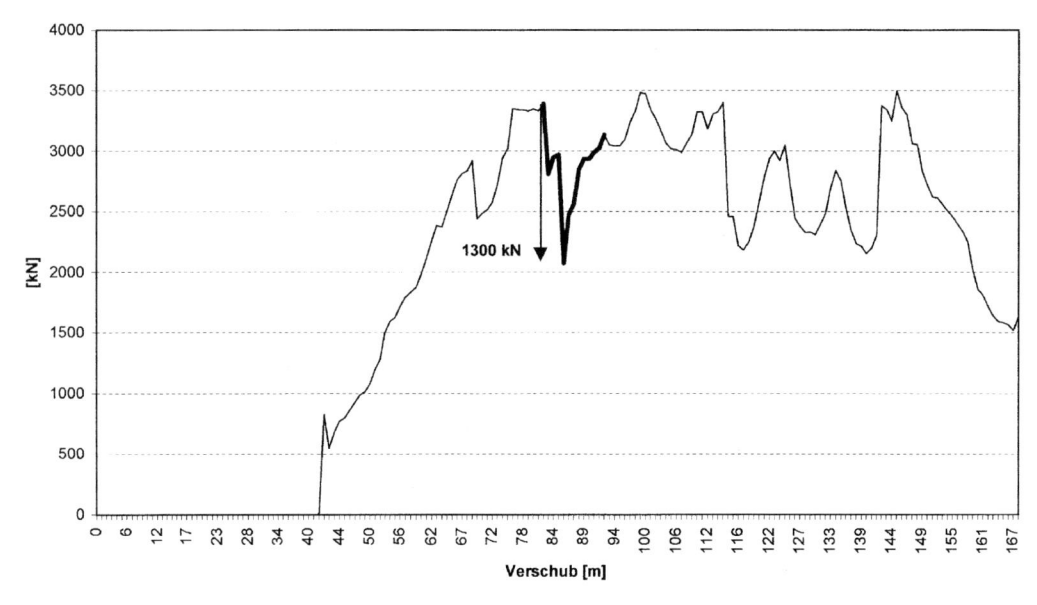

Bild 3-32. Pressenkräfte im Lagerpunkt V7 Ost

Baupraktische Ausführung

Die Höheneinstellung der Pressen während des Verschubs wurde durch die kontinuierliche Kontrolle der Pressenkräfte über den zugehörigen Öldruck erreicht. Zu diesem Zweck waren die Pressenkraftdiagramme in Öldruckdiagramme der jeweils vorhandenen Pressen umgerechnet worden. Während des praktischen Verschubs war nicht zu erwarten, daß die rechnerischen Höhenänderungen aller Verschubstationen genau eintraten, zumal Setzungserscheinungen in den Diagrammen nicht berücksichtigt werden konnten. Die (detaillierten) rechnerischen Kraftdiagramme hatten für den Verschubvorgang jedoch folgende Vorteile:

- Die während des Verschubvorgangs notwendigen Maßnahmen konnten im Vorfeld vorbereitet werden.

- Bei ansteigender Kraftentwicklung in den Verschubpressen war trotz der unregelmäßigen Auflagerungsverhältnisse zu jedem Zeitpunkt bekannt, in welchen Punkten Höhenkorrekturen vorzunehmen waren.

- Bei unplanmäßigen Pressenkräften konnten als Ursache die elastische Stützkraftverteilung des Überbaus ausgeschlossen sowie die planmäßigen Kräfte eingestellt werden.

Die Entwicklung des Kraftverlaufs konnte ausreichend genau überprüft und nachvollzogen werden, so daß der gesamte Verschub planmäßig ohne Überschreitung der zulässigen Fachwerkbeanspruchungen ausgeführt wurde.

4 Berechnungsverfahren

Es ist Maß und Ziel in den Dingen,
es gibt schließlich bestimmte Grenzen.

Quintus Horatius Flaccus, (65–8 v. Chr.)

Die Standsicherheitsnachweise einer Stahlbrücke beginnen in erster Linie mit der statischen Analyse des Tragwerks. Im Zuge der Berechnungen sind parallel zu den Spannungsnachweisen die Stabilitätsuntersuchungen durchzuführen. In besonderen Fällen werden dynamische Berechnungen des Überbaus oder von Einzelbauteilen notwendig. Spezielle Einflüsse aus nichtlinearen Effekten können sowohl für das Gesamttragverhalten als auch für einzelne Bauteile von Bedeutung sein.

4.1 Statische Analysen

Statische Analysen werden im Verlauf der Standsicherheitsnachweise für unterschiedliche Ergebnisse benötigt. Eine Übersicht über die Berechnungsergebnisse eines Rechenprogramms sowie daraus abgeleitete Nachweise sind der Tabelle 4-1 zu entnehmen. Die Angaben der Tabelle erheben keinen Anspruch auf Vollständigkeit, da weitere Punkte wie z. B. die Untersuchung unplanmäßiger Verformungen bei der Bauausführung (s. Abschnitt 6.2) oder die Erzeugung einer vorverformten Ausgangsgeometrie (s. Abschnitt 3.1.2) im Zuge der technischen Bearbeitung einer Stahlbrücke auftreten können. Ein Teil der in der Tabelle aufgeführten Nachweise wird planmäßig bei jeder statischen Berechnung erforderlich.

Tabelle 4-1. Übersicht über Ergebnisse von statischen Berechnungen

Ergebnis des Berechnungsmodells	Nachweise auf Grundlage der Berechnungsergebnisse
Schnittkräfte	Dimensionierung der Profile und Blechdicken Spannungsnachweise Bemessung der Verbindungsmittel Montagevorgänge Probebelastungen
Verformungen	Nachweis der Gebrauchstauglichkeit Bestimmung von Lagerverformungen Festlegung der Fahrbahnübergangskonstruktionen Ermittlung der spannungslosen Werkstattform Montagevorgänge Probebelastungen
Lagerkräfte	Nachweis der Lagerpunkte Dimensionierung der Lager Einlagerung des Überbaus

Der Umfang der zu erstellenden Standsicherheitsnachweise beeinflußt wesentlich das Berechnungsmodell. Im folgenden wird als Beispiel die Eisenbahnbrücke *EÜ Holzmarktstraße* [15, 20, 27] behandelt, bei der alle in Tabelle 4-1 aufgeführten Nachweise und Berechnungen auszuführen waren.

Konstruktionsbeschreibung

Im Stadtbezirk Berlin-Friedrichshain überqueren die Trassen der Berliner S-Bahn sowie der Fernbahn die Holzmarktstraße zwischen den Bahnhöfen Jannowitzbrücke und Ostbahnhof. Die heutige Eisenbahnüberführung wurde im Zuge des Verkehrsprojektes Schnellbahnverbindung Hannover-Berlin als eine viergleisige Zweifeldbrücke neu errichtet. Sie ist bereits die 3. Eisenbahnbrücke über die Holzmarktstraße. Die erste Brücke wurde im Zuge des Baus des Stadtbahnviaduktes als genietete Dreifeldbrücke errichtet. Die Sanierung und Verstärkung des Stadtbahnviaduktes in den zwanziger Jahren umfaßte eine Verlängerung und Verbreiterung des Bauwerkes. Diese zweite Eisenbahnbrücke aus dem Jahre 1928 war ebenfalls eine genietete Stahlkonstruktion, wobei für jedes der 4 Gleise ein separater Überbau existierte.

Das neue Bauwerk ist eine zweifeldrige, schiefwinklige Deckbrücke mit Hauptträgern, Querträgern und Längsrippen. Das Mittelauflager wird durch vier Massivpfeiler gebildet. Das Gesamtbauwerk besitzt eine durchschnittliche Gesamtlänge

Bild 4-1. Zweite Eisenbahnüberführung über die Holzmarktstraße von 1928

4.1 Statische Analysen

von 57 m. Die Breite variiert von 32 m in der westlichen Auflagerlinie bis zu 37 m in der östlichen Auflagerlinie. Die Schiefwinkligkeit beträgt in der nordwestlichen Ecke 34° und diagonal gegenüber 36°. Die extrem unregelmäßige Grundrißgeometrie war durch eine anschließende Gleisfelderweiterung sowie die weiter zu verwendenen vorhandenen Widerlager bestimmt. Das Bauwerk wurde unter Aufrechterhaltung des S-Bahnverkehrs auf zwei Gleisen in 2 Bauabschnitten errichtet. Auf Grund der Bauabschnittsgeometrie ergab sich eine unregelmäßige Anordnung der Hauptträger. In statischer Hinsicht ist die Konstruktion ein Trägerrost mit 16 nicht parallel liegenden Hauptträgern und 17 annähernd parallel liegenden Querträgern. Der westliche Endquerträger sowie der Mittelquerträger sind

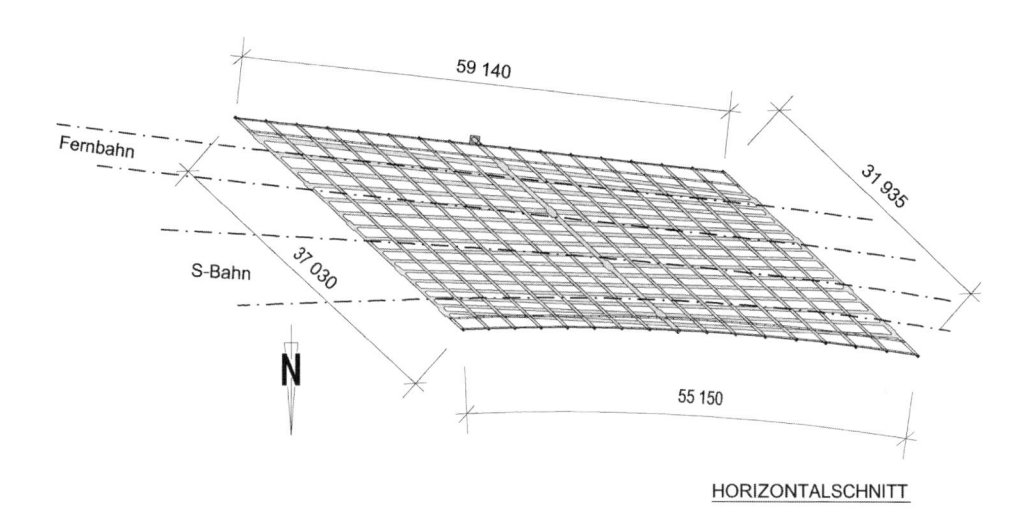

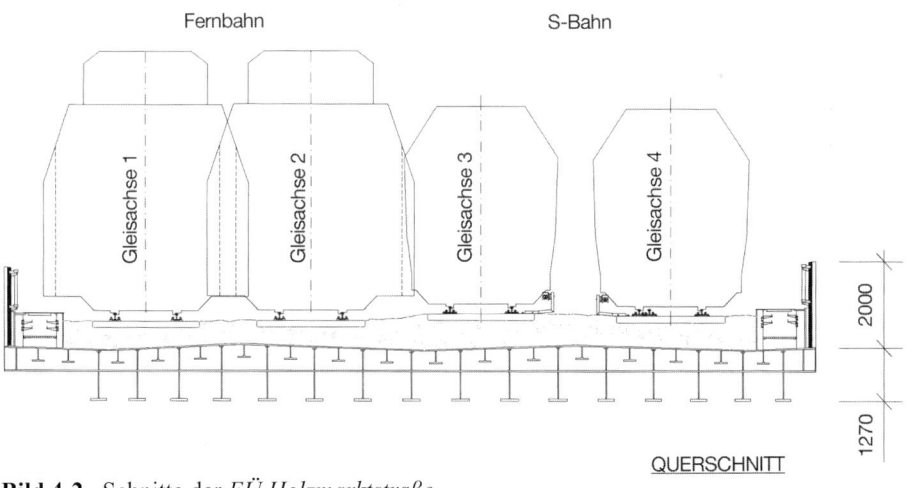

Bild 4-2. Schnitte der *EÜ Holzmarktstraße*

Bild 4-3. Probebelastung der *EÜ Holzmarktstraße* im März 1998

jeweils in vier Punkten gelagert, der östliche Endquerträger stützt sich auf fünf Punkte. Die Lager sind als Topflager ausgebildet. Den Festpunkt bildet der 2. Mittelpfeiler von Norden. Auf jedem Widerlager ist ein querfestes Lager angeordnet. Die Bewegungsrichtung verläuft in Richtung des Festlagers. Zur Ableitung des Niederschlages besitzt die Fahrbahn ein mehrfaches Dachgefälle in Querrichtung. Die Entwässerung erfolgt über ein Längsgefälle und drei Entwässerungsleitungen DN 150 zum östlichen Widerlager.

Berechnungsmodelle

Bei einem Trägerrost als Zweifeldträger können die Schnittkraft- und Spannungsnachweise ohne großen Aufwand mit ausreichender Genauigkeit für jeden einzelnen Hauptträger an einem einfachen 2-Feldträger geführt werden. Im vorliegenden Fall waren unterschiedlichste Berechnungsergebnisse bereitzustellen. Insbesondere waren die Überhöhungswerte für die spannungslose Werkstattform sowie die exakten Lagerkräfte bei Einlagerung des Überbaus unter Berücksichtigung der beiden Bauzustände zu ermitteln. Bei den gegebenen geometrischen Randbedingungen waren genauere Berechnungsmodelle zwingend notwendig. Da durch die CAD-Bearbeitung der Ausführungsplanung bereits digitale Daten der Geometrie zur Verfügung standen, war eine effektive Aufstellung der notwendigen Berechnungsmodelle gegeben.

4.1 Statische Analysen   63

Zur Schnittkraftermittlung wurden zwei Rechenmodelle aufgestellt. Das Modell zur Bestimmung der Beanspruchungen aus der Gesamttragwirkung – ein ebener Trägerrost – wurde aus unterschiedlich exzentrisch angeordneten Haupt- und Querträgern, Längsrippen und Randträgern gebildet. Durch die nicht parallele Anordnung der Hauptträger weisen diese auch nicht konstante mittragende Breiten an zugehörigem Fahrbahnblech auf. Im Berechnungsmodell waren die Quer-

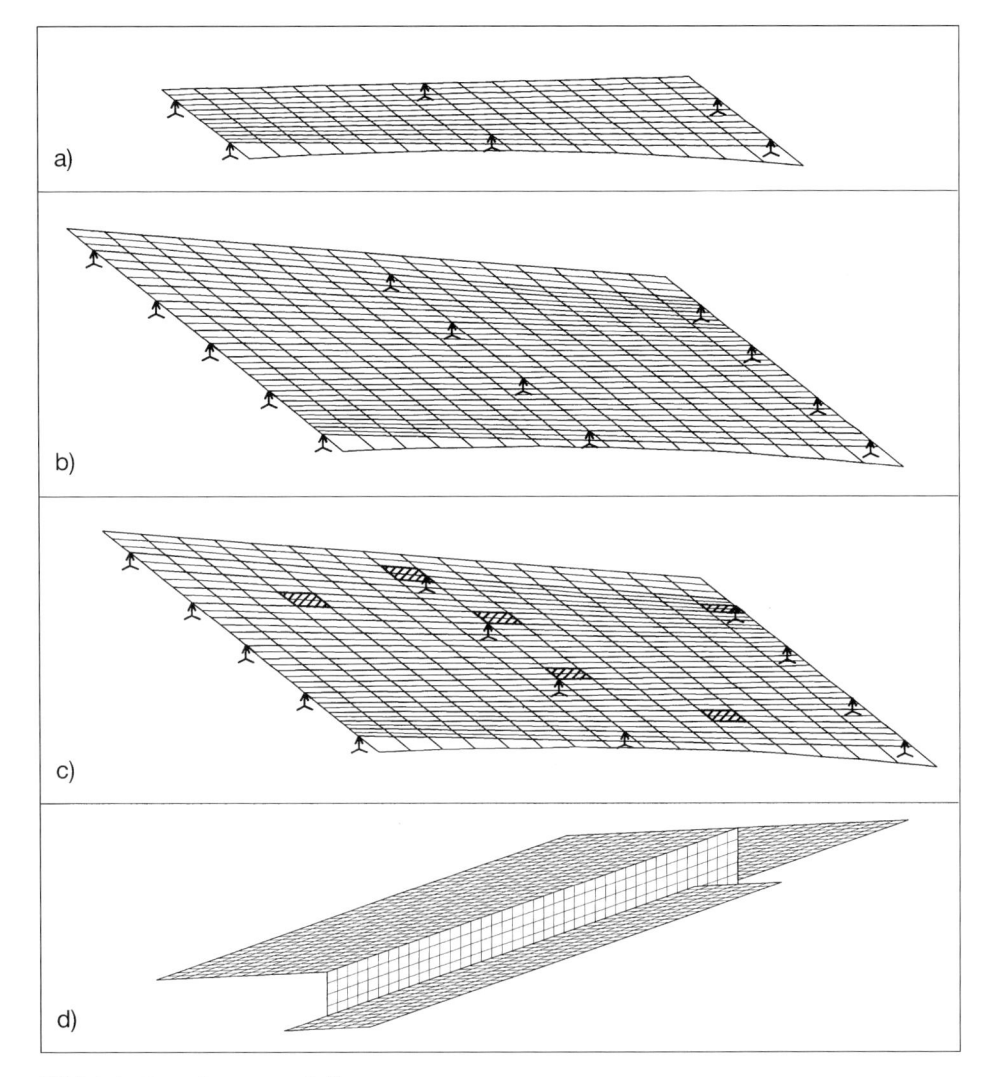

Bild 4-4. Berechnungsmodelle
a) Trägerrost des 1. Bauzustandes
b) Trägerrost des Endzustandes
c) Maßgebende Bereiche für die direkte Lasteinleitung
d) Finite-Elemente-Modell eines Fahrbahnbereiches

schnittswerte der Hauptträger zwischen zwei Querträgern abschnittsweise konstant. Insgesamt ergaben sich 256 verschiedene Hauptträgerprofile. Die Lasteintragung erfolgte auf die Knotenpunkte des Trägerrostes. Für den 1. Bau- und Montagezustand wurde das Berechnungsmodell auf den tatsächlich vorhandenen Überbaubereich reduziert. Die Beanspruchungen aus direkter Lasteinleitung wurden an räumlichen Finite-Elemente-Modellen von Teilbereichen ermittelt. Infolge der erheblichen Unterschiede in den Hauptträgerabständen wurde die Modellierung für mehrere maßgebende Bereiche der Haupttragwirkung erforderlich. Jeder Teilbereich beinhaltete das Fahrbahnblech zwischen zwei Haupt- und Querträgern mit der zugehörigen Längsrippe.

Dimensionierung der Profile und Blechdicken

Für alle Querschnittsprofile – Hauptträger, Querträger und Längsrippen – wurden offene, doppel-T-förmige Profile verwendet. Die Bauhöhe der Hauptträger war durch die erforderliche Durchfahrtshöhe für die Straße von 4,70 m sowie durch die Entwurfsgradiente der Bahntrasse bestimmt. An der nordöstlichen Ecke ergab sich eine Höhe von 1350 mm. Die veränderlichen Hauptträgerabstände bedingten aus statischer Sicht unterschiedliche Untergurtquerschnittsflächen. Diese wurden nicht durch verschiedene Blechdicken, sondern über variable Untergurtbreiten zwischen 300 und 500 mm sowie Gurtzulagen im Bereich der Mittelstützen realisiert. Die Endquerträger sind höhengleich zu den Hauptträgern, so daß der Untergurt beider Querschnitte durchgehend verbunden werden konnte. Beim Mittelquerträger wurde auf Grund ausreichender Baufreiheit eine Bauhöhe von 1600 mm gewählt, so daß die UG-Flansche der Hauptträger durch den Mittelquerträgersteg durchgeführt werden konnten. Die Normalquerträger weisen die halbe Höhe der Hauptträger auf. Der 380 mm breite Freischnitt im HT-Steg für den Querträgeruntergurt ermöglicht eine freie Durchdringung des Flansches. Ebenso sind die Querträger soweit ausgeschnitten, daß die Flansche der Längsrippen, halbierte Walzprofile IPB 600, anschlußfrei durch die Normalquerträger geführt werden konnten.

Spannungsnachweise

Die Schnittkraftermittlung und Spannungsberechnung wurde unter Annahme eines linear-elastischen Spannungs-Dehnungsverhaltens durchgeführt. Die Bemessung der Brücke erfolgte gemäß DS 804 [12]. Aus der Trägerrostberechnung ergaben sich die maßgebenden Schnittkräfte für die verschiedenen Querschnitte zum Nachweis in den Lastkombinationen H und HZ sowie für den Nachweis der Betriebsfestigkeit. Im Bereich der Fahrbahn wurden den Spannungen der Gesamttragwirkung die Beanspruchungen aus der direkten Lasteintragung unter Berücksichtigung der unterschiedlichen Schwingbeiwerte für die einzelnen Bauteile superponiert.

4.1 Statische Analysen

Lager- und Pressenansatzpunkte

Im Bereich der Lager sind Pressenansatzpunkte für den Austausch der Lager vorhanden. Die Lager unter dem Mittelquerträger erhielten jeweils zwei Ansatzpunkte. Neben den Lagern der Endquerträger wird, bedingt durch die geringeren Lagerkräfte und die durchgehenden Auflagerbänke, nur je eine Presse benötigt. Die Schiefwinkligkeit der Brücke erforderte die Anordnung von Lagerpunktsteifen parallel zu den Hauptträgern. Die Steifen der Pressenansatzpunkte wurden orthogonal zu den Querträgerstegen eingeschweißt. Das zusätzliche Stahleigengewicht der Lageraussteifungen war für die Bemessung des Überbaus vernachlässigbar. Zur Dimensionierung der Pressen- und Lagerpunkte wurden die maximalen Auflagerkräfte verwendet. Zusätzlich war die Überlagerung mit der Haupttragwirkung von vorhandenen Bauteilen der Haupt- und Querträger nachzuweisen.

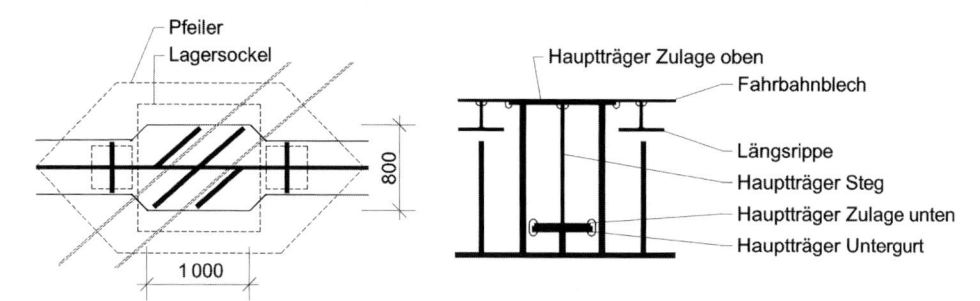

Bild 4-5. Lagerpunktdetail

Bemessung der Verbindungsmittel

Der Überbau ist eine vollständig verschweißte Konstruktion. Lediglich die Lager sind über Schraubverbindungen mit den Untergurten der Lagerquerträger verbunden. Die maßgebenden Schnittkräfte der Spannungsnachweise wurden zur Dimensionierung folgender Schweißnähte verwendet:

- Halsnähte der Längsrippen am Fahrbahnblech
- Obere und untere Halsnähte der Haupt- und Querträger
- Anschluß der QT-Stege an die HT-Stege
- Anschluß der HT-Stege an die Stege der End- und Mittelquerträger
- Stegverbindung zwischen Längsrippen und Querträger
- Anschluß der UG-Lamellen der Hauptträger über dem Mittelauflager
- Anschluß der Lager- und Pressensteifen

Die Ausbildung o.g. Nähte erfolgte im allgemeinen als Kehl- oder HY-Naht. Die Montagestöße des Fahrbahnbleches sowie Bedarfsstöße der Gurte und Stege wurden als Stumpfstoß ausgeführt. Die Schweißnahtnachweise wurden analog zum Grundmaterial getrennt für die Lastfälle H, HZ und Betriebsfestigkeit geführt.

Verformungsberechnungen

Bei der Ermittlung der Durchbiegungen im Zuge der Nachweise der Gebrauchstauglichkeit wurde die Verformung des Überbaus für den überführten Schienenverkehr nachgewiesen. Gemäß [28] betrug die zulässige Durchbiegung infolge Verkehr

$$u_{zul} = l/750$$
$$\approx 27200/750$$
$$= 36{,}3 \text{ mm}$$

Die Einhaltung dieses Wertes war mit

$$u_{max} = 36 \text{ mm}$$

gegeben. Weiterhin war die lichte Durchfahrtshöhe der Straße von 4,70 m bei voller Überbaubelastung einzuhalten. Die Längsverformungen und Lagerverdrehungen infolge Temperatur sowie Eigen- und Verkehrslasten waren für die Bestimmung der Bewegungen der Lager und Fugenübergänge anzusetzen. Gemäß DS 804 [12] wurde die spannungslose Werkstattform für

$$u_{Werkstatt} = u_g + \tfrac{1}{4} u_p$$

ermittelt. Grundlage bildete die Geometrie des Endzustandes, da zur Verbindung beider Bauabschnitte der zweite Abschnitt analog zur Schotterbelastung des ersten mit Zusatzgewicht versehen war.

Montage

Die Aufteilung des 890 t schweren Tragwerks in Montagesegmente erfolgte unter Berücksichtigung der in der Fertigung handhabbaren maximalen Bauteilabmessungen, der Transport- und Montagemöglichkeiten sowie der komplizierten geometrischen Randbedingungen [29]. Insgesamt ergaben sich 14 Bauteile mit einem Einzelgewicht von je 65 bis 85 t. Für die konstruktive Aufteilung in Einzelsegmente war die Herstellung der Brücke in zwei Bauabschnitte von besonderer Bedeutung. Der erste Bauabschnitt bestand aus sechs, der zweite aus acht Bauteilen. Die Teilung quer zur Brückenachse wurde etwa in den Momentennullpunkt des östlichen Feldes gelegt. Neben statischen Berechnungen zum Nachweis von Montagehilfsmitteln war die Bestimmung der Anhebemaße Δa für jeden Hauptträger gemäß Bild 4-6 zum knickfreien Verschweißen der Träger erforderlich.

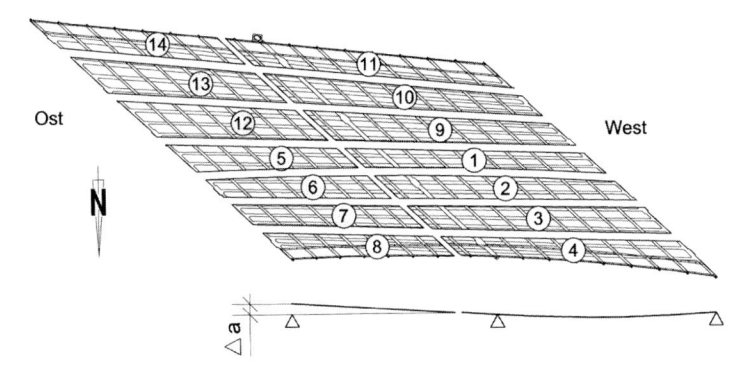

Bild 4-6. Prinzipdarstellung der Aufteilung in Montageabschnitte

Einlagerung

Unter „Einlagerung" eines Überbaus versteht man die Fixierung der Konstruktion in den Lagerpunkten. Dieses wird durch den Fugenverguß unter den Lagern erreicht, wenn der Überbau auf Hilfsstapeln liegt und die Lager bereits mit diesem verbunden sind. Für den Fall, daß die Lager bereits in den Lagersockeln verankert sind, reduziert sich die „Einlagerung" auf das Befestigen am Stahlüberbau. Im allgemeinen werden die Lager auf der Grundlage von Höhenmessungen einbetoniert. In besonderen Fällen ist jedoch eine über die Lagerkräfte und Höhenlagen kontrollierte Einlagerung des Überbaus erforderlich. Bei der EÜ Holzmarktstraße sind in den Auflagerachsen 4 bzw. 5 Topflager vorhanden. Auf Grund der vorhandenen Steifigkeitsverhältnisse bewirken schon geringe unplanmäßige Lagerhöhendifferenzen erhebliche Lagerkraftunterschiede, die eine Überbeanspruchung der Lager im Gebrauchszustand hervorrufen können. Die Einlagerung des Gesamtüberbaus wurde unter folgenden Randbedingungen durchgeführt:

- Der Überbau ist vollständig verschweißt.
- Der 1. Bauabschnitt ist eingeschottert.
- 2 Gleise verlaufen über den 1. Bauabschnitt.
- Die 6 Lager des 1. Bauabschnittes sind vergossen, die Lagerbefestigungen sind gelöst. Höhenänderungen sind nur nach oben über Futterbleche zwischen Lager und Überbau möglich.
- Verkehrslasten sind ausgeschlossen.

Zur Einlagerung des Überbaus ergaben sich zusätzliche Berechnungen in Hinblick auf folgende drei Meßvorgänge:

1. Ermitteln des tatsächlichen Gesamtgewichtes

Vorhandene Belastung:
LF 1 Stahleigengewicht

LF 2 Schotterbett im 1. Bauabschnitt
LF 3 Kopplungskräfte über die durchgehenden Gleise des 1. Bauabschnitts
als Einheitslast
LF 4 Kabelkanal, Dienstgehweg, Geländer

Aus der Summe der gemessenen Pressenkräfte sowie deren Verteilung wurde mit den berechneten 4 Grundlastfällen die numerisch zu berücksichtigende Belastungsverteilung ermittelt.

2. Bestimmen des Übertragungsverhaltens des Überbaus

Für eine planmäßige, kraft- und wegabhängige Einlagerung der Überbaus auf den Lagerpunkten ist die genaue Kenntnis der tatsächlichen Steifigkeitsverteilung erforderlich.
Zu diesem Zweck wurden an jedem der 13 Lagerpunkte Einheitsverschiebungen bzw. Einheitslagerkräfte meßtechnisch sowie im Berechnungsmodell untersucht.

3. Einlagern des Überbaus

Die Ergebnisse des 1. Meßvorganges ermöglichen die Berechnung der planmäßigen Stützkraftverteilung unter der vorliegenden Belastung. Mit Hilfe der rechnerischen und meßtechnischen Einheitslastfälle des 2. Meßvorganges wurden die Lagerhöhen unter Beachtung der folgenden Randbedingungen festgelegt:

- Einhaltung der minimalen und maximalen Lagerkräfte
- Lagegenauigkeit des Überbaus
- Reduzierung des Eingriffs in die bereits vergossenen Lager des
  1. Bauabschnitts.

Drei wesentliche Resultate ergab die Gesamtoptimierung der meßtechnischen Untersuchung [30] des Stahlüberbaus:

1. Nachweis der Einhaltung der zulässigen Lagerkräfte des Endzustandes durch eine Lagerkraftabweichung <10% gegenüber den Sollwerten im Einlagerungszustand.
2. Einhaltung der zulässigen Höhentoleranzen bezüglich der Fugenübergänge zu den Widerlagern.
3. Bestätigung der rechnerischen Steifigkeitsverhältnisse des Überbaus und damit des Berechnungsmodells für den Endzustand.

Probebelastung

Belastungsproben neuer Bauwerke stellen im heutigen Brückenbau eine Ausnahme dar. Im Bereich der DB Netz AG sind die Anforderungen hierzu in der DS 804 [12] geregelt. Die EÜ Holzmarktstraße wich mit der extremen Schiefwinklig-

4.1 Statische Analysen

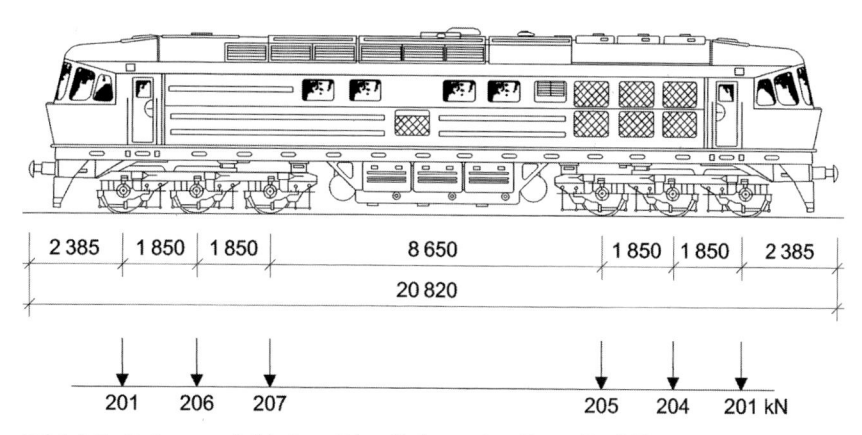

Bild 4-7. Belastungsbild einer Diesellokomotive Baureihe 232

keit von den bei neuen Eisenbahnbrücken üblichen orthogonalen Fahrbahnübergängen ab, weshalb zur Kontrolle die Rechenergebnisse meßtechnisch überprüft wurden. Bei Probebelastungen sind die Beanspruchungen spezieller Verkehrslasten zu beurteilen. Insofern müssen explizit die Schnittkräfte aus den vorgesehenen Laststellungen mit den tatsächlichen Kräften berechnet werden.

Zur Belastung waren 8 Diesellokomotiven der Baureihe 232 in 7 unterschiedlichen Laststellungen vorgesehen [31]. Als Meßwerte der Probebelastung dienten die Durchbiegungen unter jedem Gleis in Höhe des 3. Normalquerträgers vom Endquerträger aus im nächstgelegenen Kreuzungspunkt mit einem Hauptträger. Maßgebende Laststellung war jeweils die mittlere Lokachse (20,6 t) des schwereren Drehgestells über dem Meßpunkt und das leichtere Drehgestell Richtung Mittelquerträger. Zur Berechnung der Sollwerte der Durchbiegungen wurden 8 Einheits-Grundlastfälle berechnet und für die Laststellungen überlagert. Die Verteilung der Drehgestellasten erfolgte entsprechend der geometrischen Lage auf 6 bzw. 9 Knoten.

Für die Laststellungen 1 bis 7 wurden Probelastungen mit jeweils 3 Be- und Entlastungsfahrten durchgeführt. Die Aufnahme der Meßwerte erfolgte über Längenmeßgeber (inkrementale Feinanzeiger), die unter dem Überbau auf der Straße als Festpunkt angeordnet waren. Loküberfahrten mit geringen Geschwindigkeiten wurden zusätzlich ausgewertet. Die Tabelle 4-2 enthält die Mittelwerte aller statischen Lastfälle bei Belastung des Überbaus mit 4 Diesellokss im Feld West. Gründe für die Unterschiede im Millimeterbereich zwischen Rechnung und Messung sind:

- Abweichen der tatsächlichen mittragende Breiten der Haupt- und Querträger von den Berechnungsvorschriften, insbesondere bei der schiefwinkligen Überlagerung beider Tragrichtungen,

1. halbseitig Feld Ost

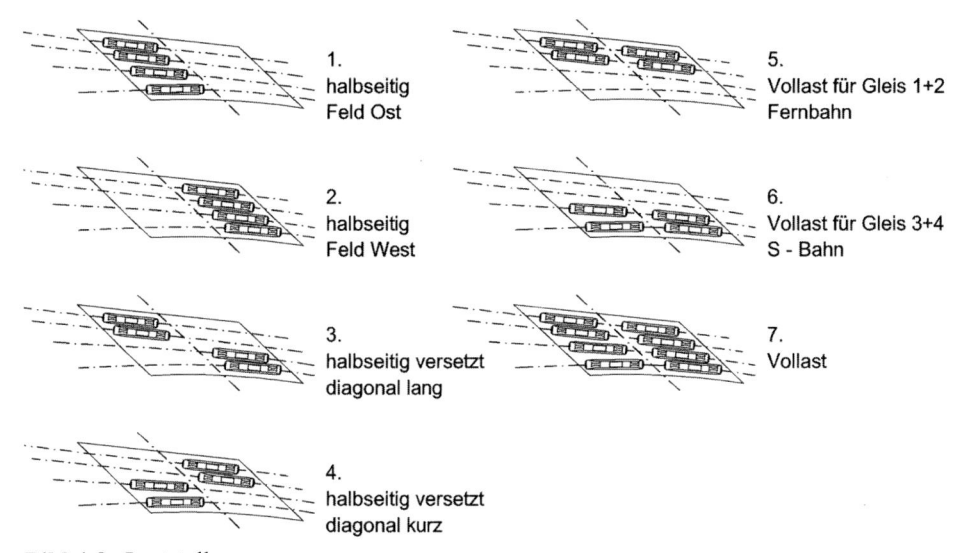

2. halbseitig Feld West

3. halbseitig versetzt diagonal lang

4. halbseitig versetzt diagonal kurz

5. Vollast für Gleis 1+2 Fernbahn

6. Vollast für Gleis 3+4 S - Bahn

7. Vollast

Bild 4-8. Laststellungen

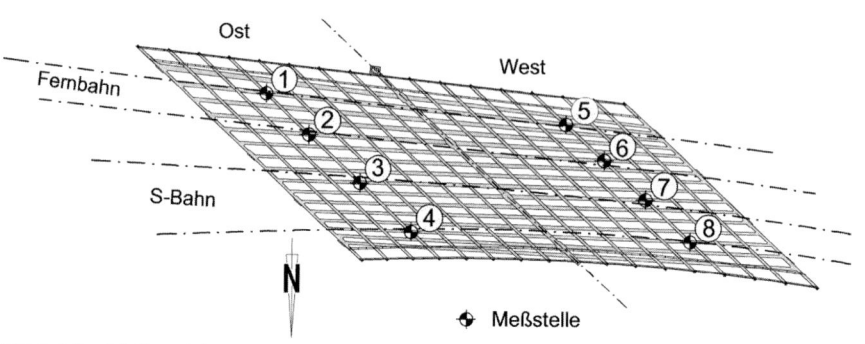

Bild 4-9. Meßpunkte

Tabelle 4-2. Durchschnittswerte der Durchbiegungsmessungen in Laststellung 2 – Feld West – nach [31]

Feld Ost – unbelastet					Feld West – belastet in Laststellung 2				
Meß-punkt	cal w [mm]	obs w [mm]	Δ w [%]	Δ w [mm]	Meß-punkt	cal w [mm]	obs w [mm]	Δ w [%]	Δ w [mm]
1	–4,9	–2,6	53	**–2,3**	2	13,2	9,6	73	**3,6**
3	–4,8	–2,9	60	**-1,9**	4	12,1	10,0	83	**2,1**
5	–4,6	–2,8	60	**-1,8**	6	11,9	9,6	80	**2,3**
7	–3,6	–2,6	71	**–1,0**	8	10,8	7,7	71	**3,1**

- rechnerisch nicht berücksichtige elastische Setzungen bzw. Verformungen von Lagern, Pfeilern und Baugrund,
- versteifende Wirkung des numerisch nicht angesetzten Schotterrandbleches sowie aussteifender Bauteile am Randträger.

Auf Grund der Meßwerte wurden insbesondere im Randbereich Tragreserven gegenüber der statischen Berechnung festgestellt.

4.2 Stabilitätsuntersuchungen

Wo Kraft ist, ist Wirkung von Kraft.
Albert Schweitzer (1875–1965)

Der Grund für das Einstürzen des Gerüstes in Bild 4-10 waren Windlasten. Die Ursache war eine nicht ausreichende Dimensionierung. Versagensformen konnte man viele in der Gesamtkonstruktion finden. Ob der Beginn des Einsturzes mit einem Stabilitätsversagen begann, war angesichts des vollständigen Abknickens – die auf der rechten Seite nach unten geneigten Tafeln befanden sich ursprünglich links in senkrechter Position – nicht von Interesse. Schäden an Bauwerken werden immer wieder auftreten. Durch die Bemessung sind deshalb neben der Einhaltung

Bild 4-10. Gerüst nach Windbelastung

der statischen Spannungen auch die Sicherheit gegenüber anderen Versagensformen nachzuweisen. Insbesondere ist bei Stahlkonstruktionen durch die geringen Querschnittsabmessungen die Möglichkeit des Ausknickens von Stäben oder des Beulens von Blechen gegeben.

Prinzipiell ist bei der Dimensionierung jedes Stahlbauteils zu überlegen, ob neben den Spannungsnachweisen auch Stabilitätsnachweise erforderlich sind. Sogar bei planmäßig zugbeanspruchten Bauteilen ist die Frage berechtigt, ob im Bau- oder Endzustand durch eine ungünstige Lastkombination eine Druckbeanspruchung auftreten kann. Als Beispiel sei die Elbebrücke „Blaues Wunder" in Dresden genannt [32]. Dort sind Ausfachungsstäbe, die unter Eigengewicht zugbeansprucht sind, nach 88 Jahren Nutzungsdauer durch die Überlagerung ungünstiger Einflüsse (Verkehrsbelastung, ungleichförmige Temperaturverteilungen, Entlastungsstöße aus Lagerreibungen, dynamische Stöße der Straßenbahn) ausgeknickt.

Bei einer Stahlbrücke sind im Endzustand sowie in allen Montagezuständen

- das Stabilitätsversagen der Gesamtkonstruktion sowie
- das Versagen einzelner Bauteile (z. B. Beulen der Bleche, Knicken der Stäbe, Kippen der Querträger)

zu untersuchen.

4.2.1 Gesamtstabilität

Bei Verwendung räumlicher Berechnungsmodelle ist es prinzipiell kein Problem, den Stabilitätsnachweis der Gesamtkonstruktion über eine Schnittkraftermittlung nach Theorie II. Ordnung zu führen. Ein Nachteil dabei ist, daß die Belastungen theoretisch nicht in einzelnen Grundlastfällen betrachtet werden dürfen, da die Verformungseinflüsse aller Lastfälle die Schnittkräfte beeinflussen. Neben der Untersuchung ausgewählter Lastfallkombinationen ist die Vorgabe maßgebender Imperfektionen zur Schnittkraftermittlung möglich. Für bestimmte Konstruktionsformen von Stahlbrücken, bei denen a priori die Stabilität des gesamten Überbaus zu überprüfen ist, sind in den Berechnungsvorschriften [33, 34] entsprechende Nachweisverfahren enthalten. Dazu zählen der Nachweis der Rahmensteifigkeit bei Trogbrücken oder der Stabilitätsnachweis eines freistehenden Stabbogens für das Knicken in der Bogenebene bzw. rechtwinklig dazu. Ungeachtet dieser Nachweise liefert die Bestimmung der idealen Verzweigungslast des Gesamtsystems zusätzliche Informationen zum Tragverhalten hinsichtlich der Stabilität, wie das Beispiel der folgenden Eisenbahnbrücke zeigt.

Der Neubau der *EÜ Ruppiner Kanal* erfolgte als eingleisige Stabbogenbrücke. Die Stützweite des Überbaus beträgt 28,4 m mit zum Gleis orthogonalen Fahr-

4.2 Stabilitätsuntersuchungen

bahnübergängen. Diese wurden mit wasserdichten Fugenübergängen ausgerüstet. Der Überbau besitzt eine unten liegende geschlossene Fahrbahn, die nur mit Querträgern ausgesteift ist. Der Versteifungsträger wurde mit einer Konstruktionshöhe von 1,10 m ausgeführt. Die Bögen weisen einen Stich von 4,60 m auf. Als Hauptträgerabstand ergab sich 5,43 m bei Einhaltung des Gleisabstandes von 2,50 m und einem seitlichen Überstand des Bogenobergurtes von 15 mm. Die Schienenoberkante liegt in Höhe der OK des Versteifungsträgers, so daß die minimale Querträgerhöhe 390 mm in der Brückenachse beträgt. Der Überbau liegt horizontal. Die Entwässerung erfolgt über Quergefälle der Fahrbahn sowie über Spiegelgefälle hinter die Widerlager. An den Außenseiten der Bogenebenen sind beidseitig Dienstgehwege angeordnet. Zur Lagerung des Überbaus wurden Elastomerlager verwendet.

Bild 4-11. *EÜ Ruppiner Kanal* nach Montage des Überbaus (Hänger mit Aussteifungen)

Zur Untersuchung der Stabilität des Gesamtsystems wurde die niedrigste Verzweigungslast des Gesamtsystems bestimmt. Als Belastung diente das Eigengewicht sowie die Verkehrsbelastung mit UIC-Gleichlast und Loküberlast in Brückenmitte. Das räumliche Berechnungsmodell wurde für diese Berechnung mit der planmäßigen Geometrie ohne zusätzliche Imperfektionen aufgestellt. Die Knickfigur des Gesamtsystems ist in Bild 4-12 dargestellt. Zusätzlich erfolgte die Ermittlung der nächsthöheren 3 Eigenwerte.

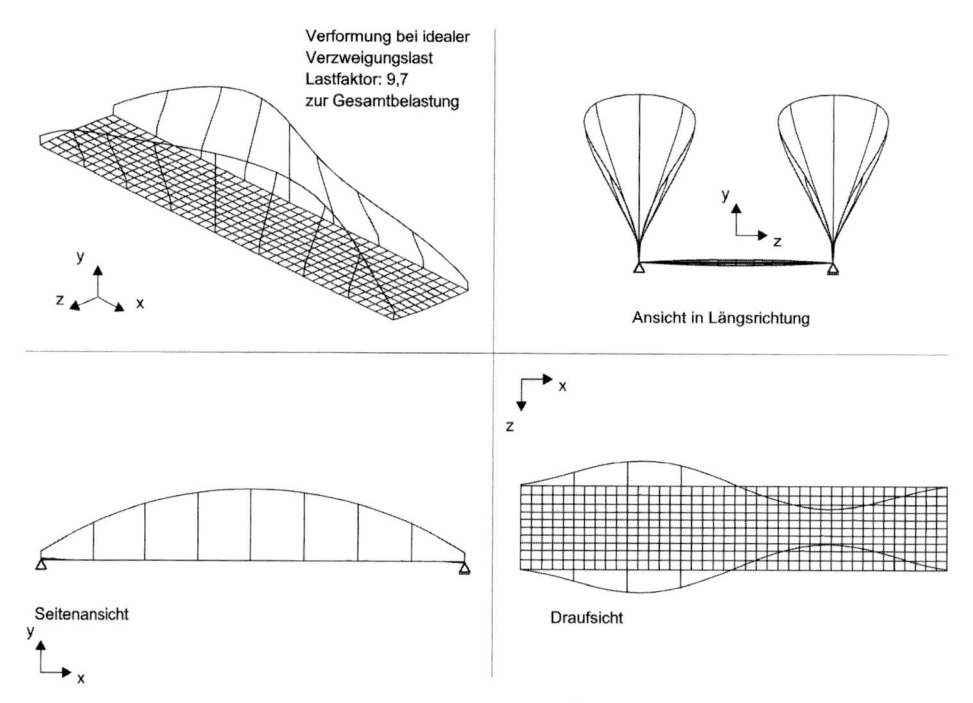

Bild 4-12. Verformungsfigur des Stahlüberbaus der *EÜ Ruppiner Kanal* bei idealer Verzweigungslast (überhöhte Darstellung)

Tabelle 4-3. Ergebnisse der Ermittlung der idealen Verzweigungslast

Lfd. Nr.	Lastfaktor	Verformungsfigur
1	9,7	2-wellige antimetrische Verformung beider Bögen (s. Bild 4-12)
2	9,9	2-wellige symmetrische Verformung beider Bögen (s. Bild 4-13)
3	10,3	1-wellige symmetrische Verformung beider Bögen (s. Bild 4-13)
4	10,6	1-wellige antimetrische Verformung beider Bögen (s. Bild 4-13)

Der Lastfaktor der idealen Verzweigungslast gegenüber der eingetragenen Belastung beträgt 9,7. Auf Grund der Größe des Lastfaktors ist nicht mit einem Stabilitätsversagen des Gesamttragwerks zu rechnen. Vergleicht man dieses Ergebnis mit den Abgrenzungskriterien für den Einfluß der Theorie II. Ordnung auf das Biegeknicken gemäß DIN 18800-1 [11], ergibt sich, daß der Einfluß der Verformungen auf das Gleichgewicht zu vernachlässigen ist. Gemäß dieser Vorschrift ist die Bedingung eingehalten, wenn „die Normalkräfte N des Systems nicht größer als 10% der zur idealen Knicklast gehörenden Normalkräfte $N_{Ki,d}$ des Systems sind". Die angeführte DIN wurde nicht für den Brückenbau eingeführt. Dement-

4.2 Stabilitätsuntersuchungen

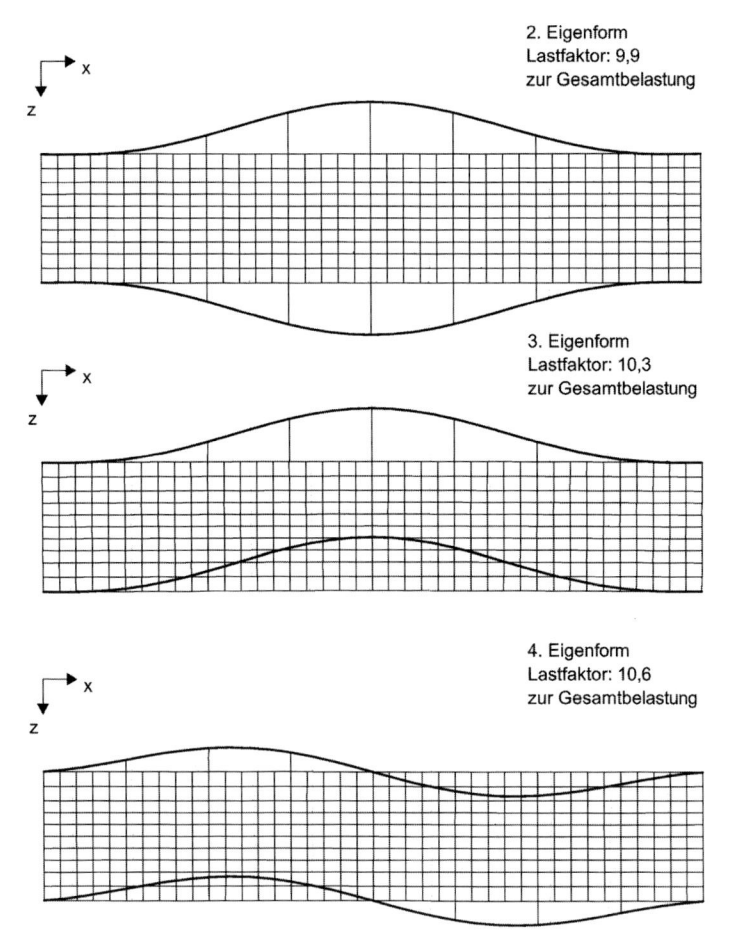

2. Eigenform
Lastfaktor: 9,9
zur Gesamtbelastung

3. Eigenform
Lastfaktor: 10,3
zur Gesamtbelastung

4. Eigenform
Lastfaktor: 10,6
zur Gesamtbelastung

Bild 4-13. Draufsicht auf die Eigenformen 2 bis 4

sprechend waren die Nachweise gemäß der zutreffenden Normen zu führen. Der angeführte Vergleich ist jedoch eine einfache Kontrollmöglichkeit für die Empfindlichkeit des Überbaus hinsichtlich der Gesamtstabilität.

Die ermittelten Verformungsfiguren der niedrigsten Verzweigungslast sowie der höheren Eigenformen zeigen, in welcher Form die planmäßigen Imperfektionen zur Schnittkraftermittlung am vorverformten System aufzutragen sind. Im vorliegenden Fall wäre für die untersuchte Lastfallkombination entsprechend der niedrigsten Eigenform eine 2-wellige antimetrische Vorverformung der Bögen anzunehmen. Da der Lastfaktor der 3. Eigenform mit der symmetrischen 1-welligen Verformung nicht wesentlich größer ist als der für die niedrigste Verzweigungslast, kann auch diese Vorverformung maßgebend werden. Da die betrachtete Brücke durch die geringe Stützweite erwartungsgemäß eine sehr hohe ideale Verzweigungslast aufweist, wurde unter Berücksichtigung der zusätzlichen Querlasten aus Wind im LF HZ lediglich eine 1-wellige planmäßige Imperfektion der Bögen angenommen.

4.2.2 Einzelbauteile

Die Nachweise zur Stabilität der Einzelbauteile von Stahlbrücken sind in den entsprechenden Vorschriften geregelt. Abhängig von der Geometrie und Belastung der Bauteile können die verschiedensten Versagensformen auftreten. Dazu zählen:

- Knicken bzw. Biegeknicken
- Biegedrillknicken
- Kippen
- örtliches Beulen von Stegen oder Flanschen
- Beulen von Einzel- oder Gesamtfeldern

Für stabförmige Bauteile erfolgt der Stabilitätsnachweis oft über einen Ersatzstab mit einer zugehörigen Knicklänge. Eine Nachweisführung nach Theorie II. Ordnung ist ebenfalls möglich. Auf genauere Beulnachweise von Blechen kann verzichtet werden, wenn bestimmte Bauteilabmessungen in Form von zulässigen Breiten-Dicken-Verhältnissen eingehalten werden. Konstruktiv ist dieses nicht immer möglich. Insbesondere können bei Tragwerksteilen, die im Endzustand zugbeansprucht sind, während der Bauzustände Stabilitätsfälle maßgebend werden. Derartige Bauteile sind die Stege der Versteifungsträger von Bogenbrücken oder der Untergurte von Fachwerkbrücken, wenn die Montage durch einen Längsverschub über Verschubstationen vorgenommen wird. Finite-Elemente-Modelle der entsprechenden Beulbereiche ermöglichen die Bestimmung der maßgebenden Versagensform sowie die Ermittlung der idealen Verzweigungslasten.

Die im Abschnitt 6.1 beschriebene Eisenbahnbrücke *EÜ Wipfratal* besteht aus 3 einfeldrigen Fachwerküberbauten mit Stützweiten von je 56,20 m. Die Stahlkonstruktionen wurden zur Montage gekoppelt und abschnittsweise längs eingeschoben (s. Bild 6-2). Die Verschublager bestanden aus PTFE, welches in Stahl gekammert war. Die hydraulische Kopplung von insgesamt 6 Pressen ergab für die Beulnachweise eine Lasteinleitungslänge, die mit dem Querträgerabstand übereinstimmte.

Für die Stegbleche der Fachwerkuntergurte war die Beulsicherheit im Lasteintragungspunkt nachzuweisen. Das Gesamtbeulfeld war durch die Querschotte am Querträgeranschluß begrenzt. Der innere Steg des Fachwerkuntergurtes wird in halber Höhe durch das Fahrbahnblech horizontal gehalten. Zusätzlich ist mittig zwischen je zwei Querschotten eine vertikale Beulsteife $100 \times 15 - 1200$ angeord-

4.2 Stabilitätsuntersuchungen

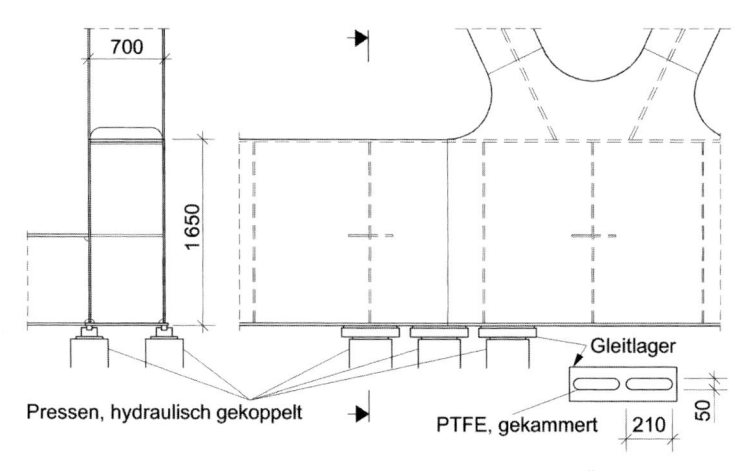

Bild 4-14. Geometrie eines Untergurtabschnittes der *EÜ Wipfratal* mit Gleitlagern

net. Am äußeren Steg sind im Hohlkasten horizontal und vertikal jeweils mittig im Gesamtbeulfeld Steifen 100 × 15 vorhanden. Die maßgebende Beanspruchung der Stegbleche aus S 235 betrug:

- Längsspannung im Untergurt

$$\sigma_{x,\,oben} = 88{,}4 \text{ N/mm}^2$$
$$\sigma_{x,\,unten} = -124{,}4 \text{ N/mm}^2$$

- Senkrechte Normalspannung über den Verschublagern

$$\sigma_y = -46{,}3 \text{ N/mm}^2$$

- Schubspannung in den Stegen

$$\tau = 25{,}4 \text{ N/mm}^2$$

Die erforderlichen Beulnachweise wurden gemäß DASt Richtlinie 012 [35] geführt. Dabei ist zum Nachweis der Beulsicherheit die Kenntnis der idealen Einzelbeulspannungen erforderlich. Wenn die Beulwerte der zu untersuchenden Geometrie für alle Beanspruchungsarten nicht der Literatur entnommen werden können, ist die Eigenwertbestimmung mit einem Finite-Elemente-Modell sinnvoll. Die Nachweise erfolgten für ein Beulfeld mit einer mittigen äußeren Längssteife und einer rechnerischen 1000 mm hohen inneren senkrechten Steife. Neben der Analyse der Einzelbeulspannungen wurde die Gesamtbelastung am Beulfeld untersucht. Die Lagerungsbedingungen des Modells wurden den Belastungen der einzelnen Lastfälle angepaßt.

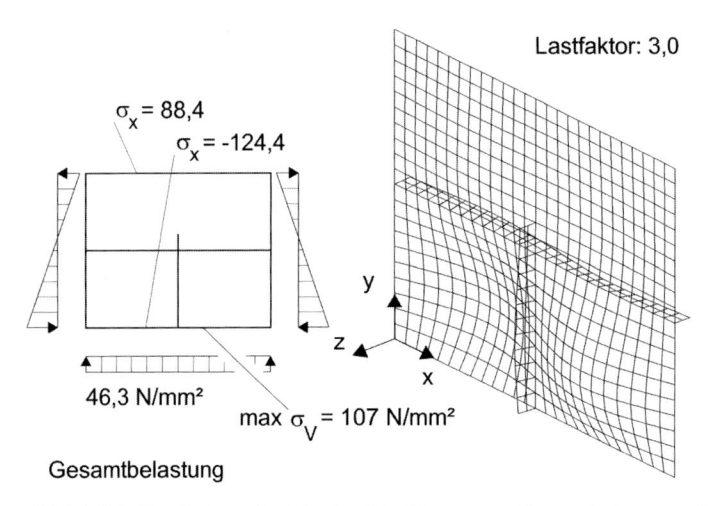

Bild 4-15. Ermittlung der idealen Beullast unter Gesamtbelastung, Beullastfaktor: 3,0

Die rechnerische ideale Beulvergleichsspannung aus der FE-Berechnung ergibt sich zu

$$\sigma_{VKi,FE} = k_{\sigma V,FE} \cdot \sigma_V$$
$$= 3{,}0 \cdot 107$$
$$= 321 \text{ N/mm}^2$$

Für die Ermittlung der idealen Beulspannung in x-Richtung wurde die Längsspannungsverteilung an den beiden Seiten des Beulfeldes als äußere Belastung aufgetragen.

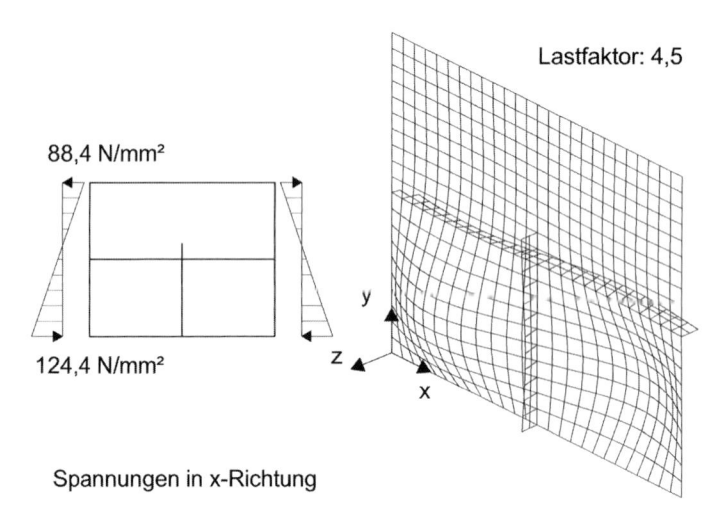

Bild 4-16. Ermittlung der idealen Beullast bei Belastung in Längsrichtung, Beullastfaktor: 4,5

4.2 Stabilitätsuntersuchungen 79

46,3 N/mm²

Spannungen in y-Richtung

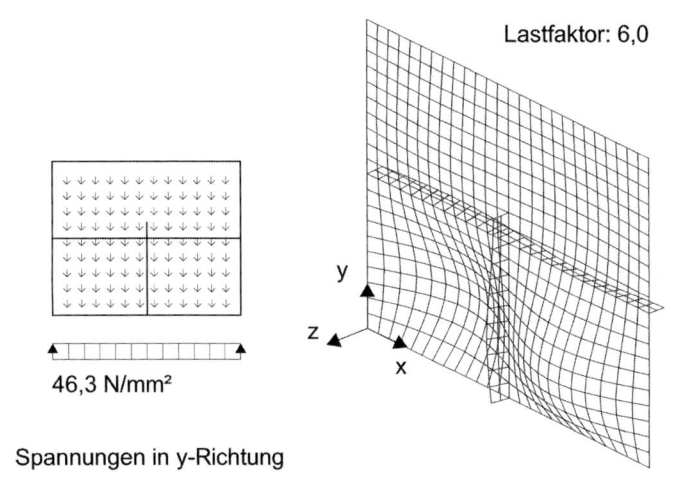

Bild 4-17. Ermittlung der idealen Beullast bei senkrechter Belastung, Beullastfaktor: 6,0

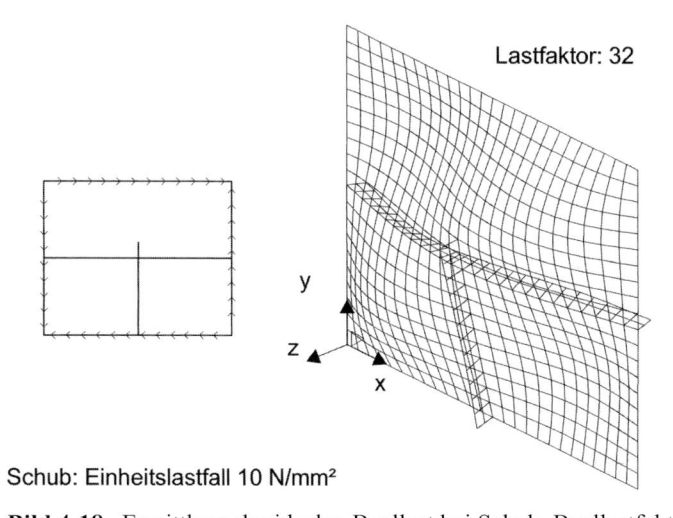

Schub: Einheitslastfall 10 N/mm²

Bild 4-18. Ermittlung der idealen Beullast bei Schub, Beullastfaktor: 32

Bei der Ermittlung der idealen Beulspannung in y-Richtung wurde die äußere Belastung am unteren Beulfeldrand als Linienlast angesetzt. Die Gegenkraft wurde über Einzellasten im Beulfeld so aufgetragen, daß als resultierende Spannungsverteilung in y-Richtung die Spannungen des Gesamtzustandes vorlagen.

Zur Ermittlung der idealen Verzweigungslast infolge Schubbelastung wurde eine Einheitsschubbeanspruchung von 10 N/mm² verwendet.

Mit den oben ermittelten Beullastfaktoren ergeben sich die idealen Einzelbeulspannungen zu

$$\sigma_{x1Ki} = 4{,}5 \cdot 124{,}4 = 560 \text{ N/mm}^2$$
$$\sigma_{y1Ki} = 6{,}0 \cdot 46{,}3 = 277 \text{ N/mm}^2$$
$$\tau_{Ki} = 32 \cdot 10 = 320 \text{ N/mm}^2$$

Die weiteren Zahlenwerte des Beulsicherheitsnachweises sind in Tabelle 4-4 aufgeführt.

Tabelle 4-4. Beulsicherheitsnachweis des Untergurtsteges

Nachweispunkt rechnerisch σ_x, σ_y und τ_{xy}			
Vorhandene Beanspruchung	$\sigma_{x,\,unten}$ =		124,4 N/mm²
	σ_y =		46,3 N/mm²
	τ =		25,4 N/mm²
Vergleichsspannung	σ_V	$=\sqrt{(\sigma_x^2 + \sigma_y^2 - \sigma_x\sigma_y + 3\tau^2)}$	= 117,5 N/mm²
Beulvergleichsspannung	σ_{VKi}	[35, Abs. 6.1.3.6]	= 313,3 N/mm²
Beulspannung	σ_{VK}	$= f(\sigma_{VKi})$	= 211,6 N/mm²
Vorhandene Beulsicherheit	vorh ν_B	$= \sigma_{VK}/\sigma_V$	= 1,80
Erforderliche Beulsicherheit [35, Tab. 7]	erf $\nu_B(\sigma_x)$		= 1,37
	erf $\nu_B(\sigma_y)$		= 1,70
	erf $\nu_B(\tau)$		= 1,32
	erf ν_B^*		= 1,46 < 1,80

4.3 Dynamische Berechnungen

Jede Bewegung verläuft in der Zeit und hat ein Ziel.

Aristoteles (384–322 v. Chr.)

Die Notwendigkeit dynamischer Berechnungen von Stahlbrücken ergibt sich aus unterschiedlichen Randbedingungen. Folgende Gründe können zu dynamischen Untersuchungen an Brücken oder deren Bauteilen führen:

- Standsicherheit des Gesamtbauwerks
- Empfindungen der Menschen
- Festigkeit von Einzelbauteilen
- Verformungsbegrenzungen
- Ermittlung von Schwingfaktoren als Lastansatz für statische Berechnungen sowie für Betriebsfestigkeitsuntersuchungen

4.3 Dynamische Berechnungen

Der Nachweis der Gesamtstandsicherheit einer Brücke kann in folgenden Fällen dynamische Berechnungen erfordern:

1. Für die Brücke sind Erdbebenlasten zu berücksichtigen.
2. Die Konstruktion ist anfällig gegenüber Windbelastung.

Die dynamischen Wirkungen aus den normalen Verkehrslasten werden im allgemeinen durch summarische Schwingbeiwerte (DS 804 [12], DIN 1072 [19], DIN-Fachbericht 101 [24]) berücksichtigt.

Bei einer geographischen Lage der Brücke in einem Erdbebengebiet werden umfangreichere dynamische Berechnungen mit Nachweis der dynamischen Beanspruchung infolge der zu erwartenden erzwungenen Schwingungen erforderlich. Gleiches gilt für Windbelastungen von dafür empfindlichen Konstruktionen. Bekanntestes Beispiel für die Wirkung der Windkräfte ist die *1. Tacoma Narrows Bridge* über den Puget Sound in den USA [1]. Die als „galloppierende Gertie" bezeichnete Hängebrücke mit einer maximalen Spannweite des Mittelfeldes von 853 m stürzte am 7. November 1940, 4 Monate nach ihrer Fertigstellung, durch windinduzierte Torsionsschwingungen ein.

4.3.1 Modellierung

Die Modellierung ist die vereinfachte Abbildung einer Konstruktion in einem geeigneten Berechnungsmodell, welches die für die Untersuchungen notwendigen Eigenschaften hinreichend genau beschreibt. Für dynamische Modelle muß neben den statischen Modellierungsansätzen (Geometrie, Steifigkeiten usw.) zusätzlich das Schwingungsverhalten (Eigenfrequenzen, Dämpfung usw.) der Konstruktion beschrieben sein.

Bei der Modellierung einer Brücke ist es zweckmäßig, bereits das Berechnungsmodell für die statischen Untersuchungen so aufzustellen, daß es gleichfalls für ggf. erforderliche dynamische Analysen verwendet werden kann. Dieses betrifft vor allem

- die Massenverteilung,
- die Elementteilung sowie
- zu berücksichtigende Eigenspannungszustände.

Eigengewichtszustände können mit Finite-Elemente-Programmen durch die Eingabe von Dichten und Beschleunigungen (bzw. Raumgewichten) im Zuge der statischen Berechnungen berücksichtigt werden. Zusatzgewichte werden im allgemeinen durch Einzel-, Linien- oder Flächenlasten aufgebracht.

Für dynamische Berechnungen ist die Modellierung der genauen Massen im System maßgebend. Es ist zweckmäßig, im dynamischen Berechnungsmodell

- Zuschläge für Verbindungsmittel und Anstrichstoffe sowie
- ständige Zusatzbelastungen

durch Elemente zu berücksichtigen, die in gleicher Art auch für die statische Berechnung verwendet werden können.

Eine Möglichkeit besteht darin, die Zuschläge für Verbindungsmittel und Anstrichstoffe durch eine größere Dichte der entsprechenden Bauteile und die Zusatzmassen durch zusätzliche Stäbe oder Elemente bzw. über die Dichten der zugehörigen Elemente zu definieren.

Eine parallel durchgeführte statische Analyse ermöglicht eine genaue Massenkontrolle über die Stützkräfte sowie eine Überprüfung der Massenverteilung an Hand der Schnittkräfte der einzelnen Stäbe und Elemente.

Die Elementteilung bestimmt, mit welcher Genauigkeit und bis zu welchem Grad die Eigenfrequenzen des Berechnungsmodells mit der Realität übereinstimmen. Folgendes Beispiel eines Einfeldträgers (Stahlstab mit $\rho = 7{,}85$ g/cm^3) soll dieses verdeutlichen:

$$b/h = 120/10$$
$$l = 1000$$

Die Eigenfrequenzen des beidseitig gelenkig gelagerten Balkens betragen:

$$\omega = 2\pi f_{Balken} = (k\pi)^2/l^2 \cdot \sqrt{EI/\mu}$$

mit k – 1 ... n (Nr. der Eigenfrequenz)
l – Trägerlänge
EI – Steifigkeit
μ – Massebelegung

Der Träger ist gabelgelagert und besitzt eine große Torsionssteifigkeit. Es sollen die ersten 5 Eigenfrequenzen und -formen bestimmt werden. Als Berechnungsmodell mit dem Berechnungsprogramm wird eine unterschiedliche Elementteilung untersucht. Die Masse wird im Programm über konzentrierte (lumped) Massen in den Knoten idealisiert. Der Einfluß der Dämpfung auf die Eigenfrequenz wird vernachlässigt. Die Übersicht über die ermittelten Eigenfrequenzen und -formen ist der Tabelle 4-5 zu entnehmen.

Bei einer Aufteilung des Trägers mit nur einem Element entspricht das System einem Einmassenschwinger, so daß nur eine Eigenfrequenz ermittelt werden kann und diese eine Längsschwingung der Einzelmasse am längsbeweglichen Lager in der Stabachse ist. Wenn der Balken aus 2 Elementen gebildet wird, können die er-

4.3 Dynamische Berechnungen

Tabelle 4-5. Eigenfrequenzen des Einfeldträgers in [Hz]

Elementteilung	1. Biegeschwingung vertikal	2. Biegeschwingung vertikal	3. Biegeschwingung vertikal	1. Biegeschwingung horizontal	4. Biegeschwingung vertikal	2. Biegeschwingung horizontal	1. Längsschwingung	2. Längsschwingung
1	–	–	–	–	–	–	1164	
2	23,2	–	–	274	–	–	1260	3042
3	23,4	90,1	–	276	–	1001	1278	
4	23,4	92,5	194	277	–	1037		
5	23,4	93,0	204	277	331			
6	23,4	93,1	206	277	352			
7	23,4	93,2	207	277	360			
8	23,4	93,2	208	277	363			
9	23,4	93,3	208	277	364			
10	23,4	93,3	208	277	365			
f_{Balken}	23,5	93,8	211	281	375			

sten vertikalen und horizontalen Biegeeigenfrequenzen bestimmt werden. Zusätzlich sind 2 Längsschwingungen (des 2-Massenschwingers im Berechnungsmodell), gleichläufig sowie gegenläufig vorhanden. Die Vernetzung des Balkens mit 3 Elementen ermöglicht die Bestimmung von je 2 Biegeschwingungen, vertikal und horizontal. Als fünfte Eigenfrequenz verbleibt die erste Längsschwingung mit einer gleichgerichteten Bewegung der Elementmassen. Bei 4 Elementen wird zusätzlich zu den beiden ersten vertikalen und horizontalen Biegeschwingungen die 3. vertikale Biegeschwingung bestimmt, da diese kleiner ist als die erste Längsschwingung. Erst bei einer Vernetzung mit 5 Elementen werden die untersten 5 Eigenfrequenzen ermittelt, wobei die Genauigkeit der Frequenzen von den „exakten" Werten abweichen und die Eigenformen polygonartig angenähert sind. Eine Aufteilung mit mehr Elementen verbessert die Genauigkeit der Ergebnisse, besonders die der höheren Eigenfrequenzen und -formen.

Die Überprüfung hinsichtlich fehlender Eigenfrequenzen (Sturm sequence check) in den vorgenannten Berechnungsmodellen ergab, daß keine Frequenzen fehlten und die jeweils niedrigsten gefunden wurden. Für die gewählte Modellierung ist das korrekt. Bei der Modellbildung ist dementsprechend darauf zu achten, welche Eigenformen durch das Berechnungsmodell berücksichtigt werden sollen. Die

Aufteilung der halben Sinuswelle einer Biegeeigenform sollte mindesten mit 2 Elementen erfolgen, im Hinblick auf die Genauigkeit der Ergebnisse sind 3 zu empfehlen. Für das Gesamtmodell einer Brücke ist dieses nicht relevant, jedoch mitunter für einzelne Bauteile, wenn deren Eigenschwingverhalten untersucht werden muß. Wie bei der statischen Berechnung gilt, daß eine feinere Vernetzung die Rechenzeit vergrößert, eine zu grobe Vernetzung mitunter unzutreffende oder falsche Ergebnisse liefert.

Der Effekt, daß tatsächlich vorhandene Eigenfrequenzen durch eine entsprechende Elementteilung nicht ermittelt werden können, läßt sich jedoch auch sinnvoll bei der Modellierung ausnutzen. In einer Brückenkonstruktion sind einzelne Bauteile vorhanden, deren Eigenfrequenzen im zu untersuchenden Frequenzbereich des Gesamtbauwerks liegen. Wenn die Frequenzen dieser Einzelbauteile für die dynamische Berechnung der Gesamtkonstruktion unberücksichtigt bleiben sollen, kann durch eine „grobe" Vernetzung ihr Eigenschwingverhalten unterdrückt werden. Voraussetzung ist, daß dadurch das Gesamttragverhalten nicht verändert wird. Beispiel hierfür sind Hänger von Stabbogenbrücken. Bei der Analyse des Schwingungsverhaltens der Fahrbahn ist das Eigenfrequenzverhalten der Hänger von untergeordneter Bedeutung. Mitunter überdeckt das Frequenzspektrum der Hänger einen solchen Bereich, der eine sinnvolle Untersuchung der Fahrbahnschwingungen verhindert. Durch die Vernetzung der Hänger mit nur einem Element gehen deren Eigenfrequenzen nicht in die Berechnungen ein.

Ein weiterer Effekt, der sich auf das Schwingungsverhalten einer Konstruktion auswirkt, ist deren Eigenspannungszustand. Wie bei einer Klaviersaite bestimmt die Spannung im Bauteil die Höhe der Eigenfrequenzen. Dieser Zustand kann für einzelne Bauteile von Brücken maßgebend werden, nur daß die Frequenzunterschiede im Gegensatz zum Klavier im allgemeinen nicht zu hören sind. Als Beispiel soll ein 6000 mm langer, beidseitig eingespannter Stahlstab mit einem Kreisquerschnitt von 100 mm Durchmesser dienen. Dieser Stab wird mit unterschiedlichen Normalkräften beansprucht. Tabelle 4-6 enthält die 1. Eigenfrequenz in Abhängigkeit der eingetragenen Normalspannungen.

Tabelle 4-6. 1. Eigenfrequenz eines eingespannten Stabes in Abhängigkeit der Beanspruchung

Kraft [kN]	Normalspannung [N/mm^2]	1. Eigenfrequenz [Hz]
0	0	**12,8**
628	80	**15,8**
1256	160	**18,3**
1884	240	**20,5**

Die Abhängigkeit der Eigenfrequenzen von der Stabbeanspruchung ist bei Brückenbauwerken insbesondere für Einzelbauteile (Seile, Hänger oder Verbandsstäbe) von Bedeutung.

4.3.2 Brückenschwingungen bei Nutzung durch Fußgänger

Staunen ist der erste Schritt zu einer Erkenntnis.
Louis Pasteur (1822–1895)

Das Ergebnis der Dimensionierung von Stahlbrücken auf Grund der statischen Berechnung sind oft schlanke und filigrane Bauwerke. Insbesondere trifft dies auf Fußgängerbrücken zu, zumal die statischen Durchbiegungen für die geringen Verkehrslasten hinsichtlich der Nutzung des Bauwerks im allgemeinen ohne Belang sind. Derartige, statisch optimal ausgelegte Konstruktionen können sich jedoch auf den „menschlichen Wohlbefindlichkeits-Faktor" bei der Benutzung der Brücke auswirken. Dynamische Verformungen können das menschliche Empfinden erheblich stören, auch wenn diese hinsichtlich der Standsicherheit völlig bedeutungslos sind. Gleiches gilt für Straßenbrücken, die durch Verkehrs- oder Windlasten zu Schwingungen angeregt werden und gleichzeitig dem Fußgängerverkehr dienen. Aus diesem Grund sollten alle Stahlbrücken, bei denen eine Nutzung durch Fußgänger vorgesehen ist, einer dynamischen Berechnung unterzogen werden.

In den bisher gültigen Vorschriften wird für Fußgängerbrücken im Zuständigkeitsbereich von Bahnanlagen [12, Abs. 234] eine Mindesteigenfrequenz von 2 Hz gefordert. Die Vorschriften für Straßen- und Wegbrücken [13, 19] enthalten diesbezüglich keine besonderen Forderungen. In den zukünftigen Vorschriften [36] sind Anforderungen an Fußgängerbrücken allgemeiner geregelt: „Bei Fußgänger- oder Fahrradwegbrücken sollten Schwingungen, die den Komfort der Nutzer einschränken, entweder durch einen geeigneten Entwurf oder durch entsprechende Dämpfungsmaßnahmen ausgeschlossen werden."

Maßgebend für Schwingungswirkungen sind die Eigenfrequenzen der Konstruktion. Diese sind neben der für die statische Berechnung bedeutsamen Steifigkeit durch die Massebelegung bestimmt. Die tatsächlich auftretenden Schwingungen werden zusätzlich durch die Dämpfung der Konstruktion beeinflußt. Bei einer vorgegebenen Konstruktionsart (Stahl, Stahlverbund oder Beton) ist das Maß der Dämpfung ohne Einsatz spezieller Dämpfungselemente durch die konstruktive Ausbildung nicht wesentlich zu verändern. Insofern ist es sinnvoll, das Verhältnis zwischen Steifigkeit und Eigenmasse bei der Tragwerksplanung so zu gestalten, daß die zu erwartenden Eigenfrequenzen außerhalb der für das menschliche Empfinden störenden Bereiche liegen.

Im folgenden wird eine Fußgängerbrücke behandelt [37], deren normale Biegesteifigkeit nicht auf die Notwendigkeit einer genauen Schwingungsberechnung schließen ließ. Die konstruktive Ausbildung ergab sich jedoch im Zuge der Ausführungsplanung auf der Grundlage von Eigenfrequenzberechnungen.

Konstruktionsbeschreibung

Der Neubau der *Fußgängerbrücke in Berlin-Altglienicke* liegt im Bereich zweier Wohngebiete und überspannt drei Fernbahngleise der Deutschen Bahn AG. Die Stützweite des Überbaus beträgt 40,80 m. Bei der Konstruktion handelt es sich um eine geschweißte Fachwerkbrücke aus Profilstahl mit senkrechten Pfosten und unter ca. 45° verlaufenden Zugdiagonalen. Der Überbau besitzt eine unten liegende geschlossene 4,50 m breite Gehbahn mit Querträgern und Längsrippen. Es ist kein zusätzlicher Windverband in der Obergurtebene vorhanden. Die Fachwerkstäbe sind Rohr- bzw. Rundprofile. An den Außenseiten der Fachwerkebenen sind beidseitig im Bereich der Gleise zusätzlich Dienstgehwege (Signalstege) mit Signalanlagen vorhanden, die nicht bis zu den Widerlagern durchgeführt sind. Die Oberkante des Überbaus (Obergurtebene) liegt horizontal. Der in der Untergurtebene liegende Gehweg verläuft im Bereich der Dienstgehwege horizontal und anschließend bis zu den Widerlagern mit einem Gefälle von 4%. Die Entwässerung erfolgt über Quergefälle der Fahrbahn sowie über Entwässerungsleitungen zum

Bild 4-19. Ansicht der Fußgängerbrücke Altglienicke

4.3 Dynamische Berechnungen 87

Widerlager. Die Gehwegübergänge sind mit wasserdichten Fugenübergängen ausgerüstet. Die Lagerung des Überbaus erfolgt auf Elastomerlagern. Die Brücke ist horizontal statisch bestimmt mit einem allseits festen, einem querfesten und 2 allseits beweglichen Lagern gestützt.

Berechnungsmodell

Die Schnittkräfte für das Gesamttragwerk wurden mit einem Finite-Elemente-Programm bestimmt. Auf Grund der bereits erwähnten Besonderheiten von Fußgängerbrücken wurde ein räumliches Modell aufgestellt, welches neben dem Haupttragwerk (Fachwerke sowie Gehbahn) auch die Signalstege enthält. Folgende Idealisierungen wurden vorgenommen:

- Pfosten, Ober- und Untergurtfachwerkstäbe mit biegesteifen Anschlüssen
- Annahme eines gelenkigen Anschlusses der Zugdiagonalen
- Schwerachsen des Fachwerks in den Schwerachsen von Obergurt, Untergurt und Diagonalen
- Modellierung der Fahrbahn als Trägerrost
- Länge der Querträger = Abstand der UG-Schwerpunkte
- Zusammenfassen von je 3 Längsrippen (Entwurf) bzw. einem Längsträgerhohlkasten und der dazwischenliegenden Längsrippe (Ausführungsentwurf) mit dem zugehörigen Fahrbahnanteil zu einem Stab im Modell
- mittragende Breite für die Längsträger im Gesamtmodell = Längsträgerabstand
- Definition eines steifigkeitslosen Fahrbahnbleches (ebene Schalenelemente) zur Generierung der Flächenlasten

Der ursprüngliche Entwurf sah eine Fahrbahnkonstruktion überwiegend aus Walzprofilen vor, deren Einsatz eine einfache Montage ermöglichte. Der prinzipielle

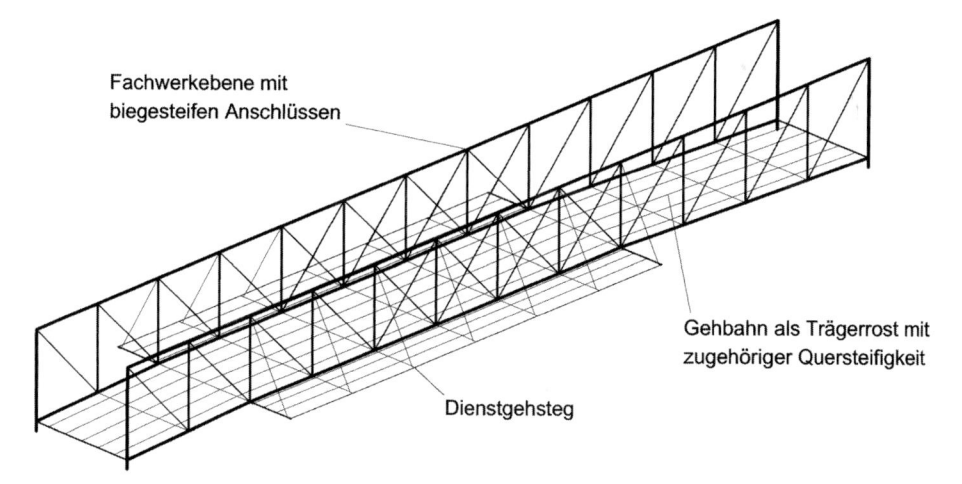

Bild 4-20. Berechnungsmodell der Fußgängerbrücke

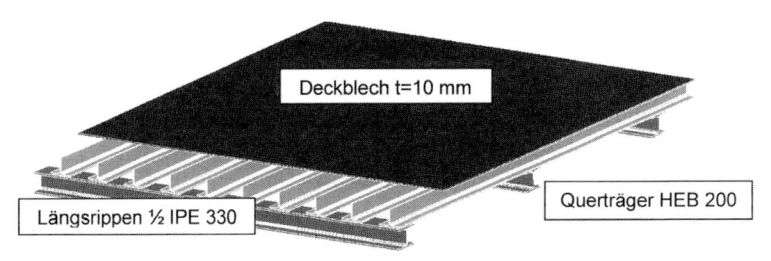

Bild 4-21. Entwurf der Gehbahn

Fahrbahnaufbau ist dem Bild 4-21 zu entnehmen. Eine Ausnutzung der insgesamt verfügbaren Bauhöhe war durch die geringen Verkehrslasten nicht erforderlich.

Eine Überprüfung der ersten Biegeschwingung mit der Steifigkeit des Entwurfs ergab:

$$\begin{aligned} \omega_1 &= \pi^2/l^2 \cdot \sqrt{EI_{Entwurf}/\mu} \\ &= \pi^2/40800^2 \text{ mm}^2 \cdot \sqrt{2{,}1e5 \text{ N/mm}^2 \cdot 7{,}627e10 \text{ mm}^4 / 1{,}4 \text{ t/m}} \\ &= 20{,}0 \text{ s}^{-1} \\ f_1 &= 3{,}2 \text{ Hz} \end{aligned}$$

Bei einer Grundfrequenz von 3,2 Hz ist im allgemeinen nicht mit einer Schwingungsanfälligkeit der Konstruktion zu rechnen.

Der vorliegende Überbau besitzt einen offenen Querschnitt ohne Obergurtverband, wodurch die Torsionssteifigkeit wesentlich geringer ist als die Biegesteifigkeit. Aus diesem Grund führt eine alleinige Untersuchung von Biegeschwingungen zu unzutreffenden Ergebnissen und falschen Schlußfolgerungen. In Bild 4-22

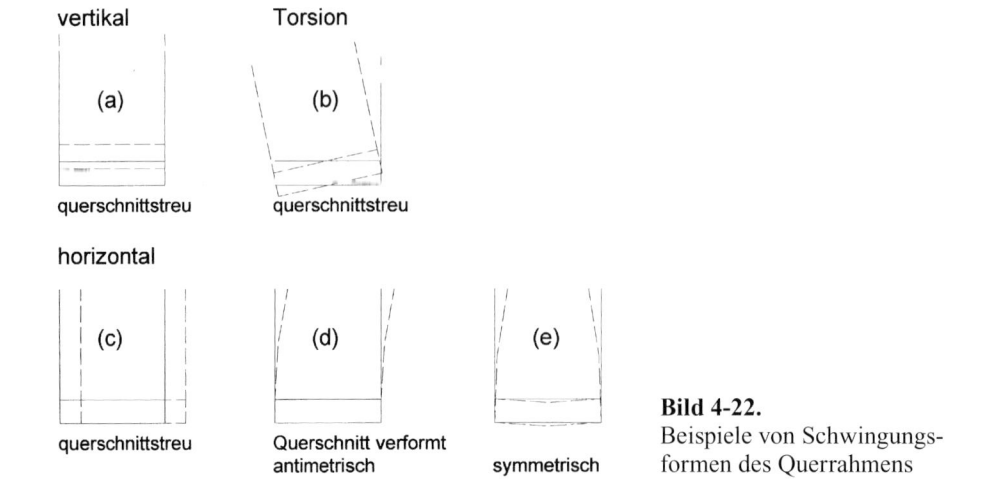

Bild 4-22. Beispiele von Schwingungsformen des Querrahmens

4.3 Dynamische Berechnungen

sind Schwingungsformen eines mittleren Brückenrahmens analog [38, S. 198] dargestellt. Bei offenen Querschnitten sind bereits im unteren Frequenzbereich neben den querschnittstreuen Eigenformen Schwingungsformen mit teilweise zusätzlichen Querrahmenverformungen bzw. eine Überlagerung verschiedener Formen zu erwarten.

Die genaue Untersuchung des Eigenschwingungen des Gesamtsystems wurde mit dem aufgestellten statischen Berechnungsmodell durchgeführt. Es erfolgte die Ermittlung der niedrigsten 10 Eigenfrequenzen.

Die Eigenformen für die ersten beiden Eigenfrequenzen sind dem Bild 4-23 zu entnehmen. Die erste Eigenfrequenz beträgt 2,0 Hz mit der Eigenform der ersten Torsionsschwingung des Stahlüberbaus. Die zweite Eigenfrequenz ist die erste Biegeschwingung der Hauptträger mit 2,8 Hz. Bei der zugehörigen Eigenform ist neben der vertikalen Durchbiegung eine horizontale gegenläufige Verformung der

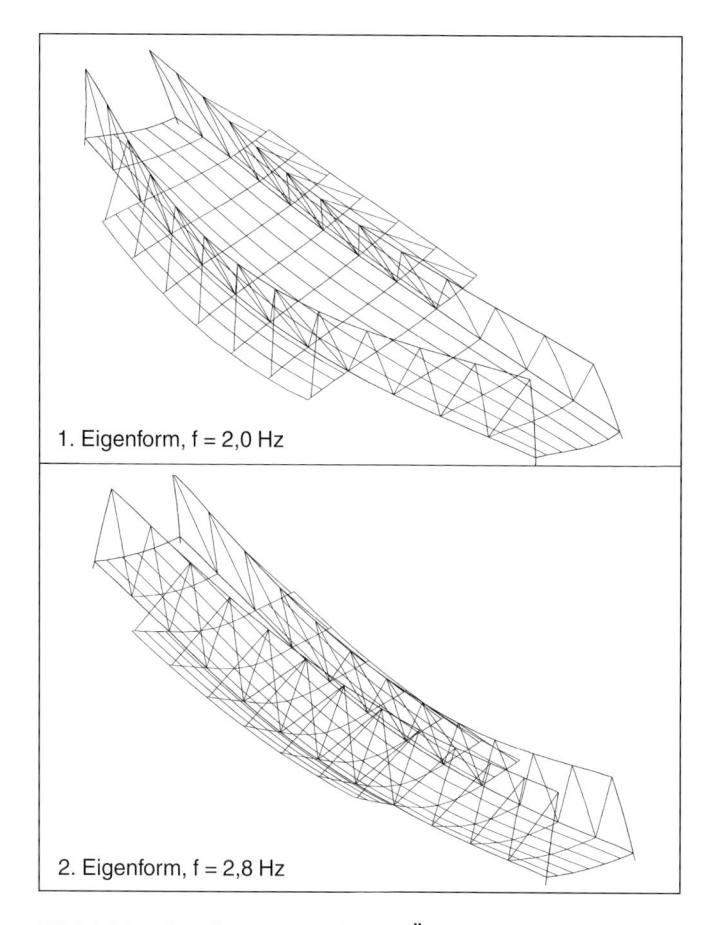

Bild 4-23. Eigenformen 1 und 2 des Überbaus gemäß Entwurf

Tabelle 4-7. Eigenfrequenzen 1 bis 10 des Überbaus gemäß Entwurf

Nr. der EF	Frequenz [Hz]	Bemerkung	nach Bild 4-22
1	2,0	1. Torsionsschwingung	b
2	2,8	1. Biegeschwingung mit Querrahmenverformung	a (e)
3	3,3	Biegeschwingung der Signalstege (Torsion des Querschnittes ähnlich 1. EF)	
4	3,7	1. Querrahmenschwingung gegenläufig	e
5	4,1	2. Querrahmenschwingung gegenläufig	e
6	4,6	2. Querrahmenschwingung gleichläufig	d
7	5,3	3. Querrahmenschwingung gegenläufig	e
8	5,5	Kombinierte Längs- und Querschwingung	
9	5,9	3. Querschwingung gleichläufig	d
10	6,6	4. Querschwingung gegenläufig	d

Obergurte analog (e) gemäß Bild 4-22 zu verzeichnen. Dementsprechend ist die Eigenfrequenz geringer als die vorab ermittelte reine Biegeschwingung. Bemerkenswert ist weiterhin, daß die weit auskragenden Signalstege eine Biegeschwingung in Querrichtung im unteren Frequenzbereich hervorrufen. Alle weiteren Eigenformen weisen bedingt durch die geometrischen Verhältnisse neben den in Tabelle 4-7 bezeichneten Grundformen auch Anteile anderer Schwingungsformen auf.

Gemäß der Bundesbahnvorschrift DS 804 [12, Abs. 234] soll die 1. Biegeeigenfrequenz von Fußgängerbrücken mindestens 2 Hz betragen, so daß der Überbau den Bedingungen dieser Vorschrift genügt. Erfahrungsgemäß sollen jedoch die Eigenfrequenzen von Fußgängerbrücken außerhalb der einfachen und der doppelten Schrittfrequenz (1,6 ... 2,4 sowie 3,5 ... 4,5 Hz) liegen z. B. [39]. Insofern liegt die erste Eigenfrequenz mittig im Bereich der (wenn möglich zu vermeidenden) einfachen Schrittfrequenz. Innerhalb des kritischen Bereiches sind insgesamt 4 Eigenfrequenzen vorhanden.

Als Schlußfolgerung aus der ersten dynamischen Berechnung ergab sich die Notwendigkeit der konstruktiven Veränderung des Stahlüberbaus vor der Erstellung der statischen Standsicherheitsnachweise. Auf Grund der ermittelten Eigenformen war festzustellen, daß im wesentlichen eine Erhöhung der Torsions- sowie der Querrahmensteifigkeit erforderlich wurde.

4.3 Dynamische Berechnungen

Unter Beibehaltung der architektonischen Gestaltung des Bauwerkes wurden folgende konstruktive Veränderungen vorgenommen:

- Erhöhung der Torsionssteifigkeit der Fahrbahn durch geschlossene Längsrippenhohlkästen
- Ausnutzung der verfügbaren Bauhöhe für die Steifigkeit der Querträger
- Vergrößerung der Endrahmensteifigkeit durch einen Endquerträger als Hohlkasten und Endpfosten mit stärkeren Blechdicken
- Erhöhung der Steifigkeit des Fachwerks (Gurte, Diagonalen, Pfosten)

Jede der vorgenannten Maßnahmen wurde getrennt auf ihre Wirksamkeit hinsichtlich des Eigenschwingverhaltens untersucht. Zusätzlich erfolgte eine sehr steife Fachwerkknotengestaltung, bei der die anschließenden Gurte und Pfosten zur Anordnung durchgehender Knotenbleche geschlitzt wurden. Die endgültige Querschnittsgestaltung der Fahrbahn sowie des UG-Anschlusses der Querträger ist in Bild 4-24 dargestellt.

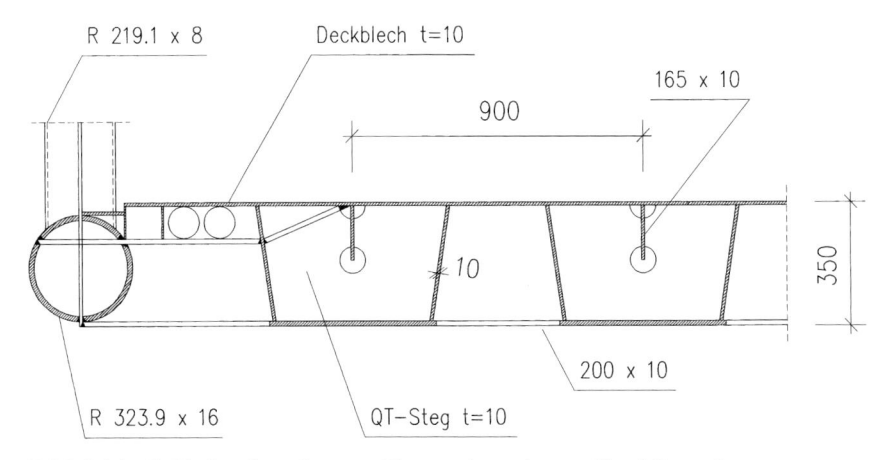

Bild 4-24. Gehbahn als orthotrope Platte mit torsionssteifen Längsträgern

Das Endergebnis der konstruktiven Veränderungen hinsichtlich des Eigenfrequenzverhaltens ist der Tabelle 4-8 zu entnehmen.

Die Eigenfrequenzen liegen außerhalb der Bereiche der einfachen (1,6 ... 2,4 Hz) sowie der doppelten (3,5 ... 4,5 Hz) Schrittfrequenz. Die nun ermittelten Eigenformen sind hinsichtlich des Verformungsverhaltens anderer Anteile „entkoppelt", z. B. ist die 2. Eigenform praktisch die reine 1. Biegeschwingung des Haupttragwerks. Hinsichtlich der noch zu führenden Standsicherheitsnachweise in der statischen Berechnung waren, bedingt durch die erhöhten Steifigkeiten auf der Grundlage dynamischer Anforderungen, vor allem noch Stabilitätsnachweise zu erbringen sowie die Bemessung der Schweißnähte und Verbindungsmittel durchzuführen.

Tabelle 4-8. Eigenfrequenzen 1 bis 10 des Überbaus mit modifizierter Gehbahn

Nr. der EF	Frequenz [Hz]	Bemerkung	nach Bild 4-22
1	2,8	1. Torsionsschwingung	b
2	3,5	1. (reine) Biegeschwingung	a
3	4,8	1. Querrahmenschwingung gegenläufig	e
4	4,9	Biegeschwingung der Signalstege	
5	5,3	2. Querrahmenschwingung gleichläufig	d
6	5,6	2. Querrahmenschwingung gegenläufig	e
7	6,5	3. Querrahmenschwingung gleichläufig	d
8	6,7	Kombinierte Längs- und Querschwingung	
9	6,8	3. Querschwingung gegenläufig	e
10	8,1	4. Querschwingung gegenläufig	e

Schlußfolgerungen

Fußgängerbrücken sind neben statischen Gesichtspunkten immer hinsichtlich ihrer dynamischen Wirkung zu beurteilen. Da sich Konstruktionsänderungen auf Grund der Anforderungen aus dem Schwingungsverhalten auf die allgemeinen (statischen) Standsicherheitsnachweise auswirken, sollte zuerst die dynamische Berechnung auf der Grundlage einer Eigenfrequenzanalyse des Tragwerks erfolgen.

Hinsichtlich des dynamischen Tragverhaltens sind folgende Punkte zu empfehlen:

- Aufstellen eines statischen Berechnungsmodells, welches durch zutreffende Massen- und Steifigkeitsverteilungen ebenfalls zur dynamischen Analyse geeignet ist
- geeignete Diskretisierung des Tragwerks, so daß alle Eigenformen im maßgebenden Frequenzbereich erfaßt werden
- Vermeidung von Eigenfrequenzen in kritischen Frequenzbereichen
- konstruktive Auslbildung des Tragwerks, so daß eine Möglichkeit zur Nachrüstung des Überbaus mit Schwingungsdämpfern gegeben ist
- Berücksichtigung von oberen und unteren Grenzwerten für die Steifigkeiten, Massen sowie Dämpfungseigenschaften

Der „dynamische" Entwurf einer Fußgängerbrücke sollte darauf gerichtet sein, umfangreiche dynamische Berechnungen für den auszuführenden Entwurf zu vermeiden. Lassen sich kritische Frequenzbereiche nicht umgehen, werden weitergehende dynamische Berechnungen mit der Analyse von erzwungenen Schwingungen erforderlich. Wesentlich für die zu ermittelnden Schwingwege, -geschwindigkeiten und -beschleunigungen sind die Dämpfungseigenschaften der Konstruktion, die zuverlässig erst nach Herstellung der Brücke zu ermitteln sind. Eine maßtechnische Bestimmung des Dämfpungsverhaltens am fertiggestellten Bauwerk mit einer nachfolgenden Überprüfung der Berechnungsergebnisse kann im ungünstigsten Fall zur Anordnung zusätzlicher Schwingungsdämpfer führen.

4.3.3 Schwingungsverhalten von Einzelbauteilen

Die hohe Zugfestigkeit des Materials Stahl ermöglicht sehr schlanke Bauteile, wenn Druckbeanspruchungen ausgeschlossen werden können. Einige Bauformen von Brücken, wie z. B. Schrägseil- oder Bogenbrücken, nutzen dieses Tragverhalten speziell aus. Die langen Seile bzw. Hänger dieser Brücken besitzen eine geringe Querschnittsbreite im Verhältnis zur Bauteillänge. Bedingt durch die daraus resultierende geringe Biegesteifigkeit treten bereits bei geringen Querlasten entsprechende Verformungen auf. Zusätzlich zu den statischen Lasten sind dynamische Wirkungen zu untersuchen. Insbesondere können windinduzierte Schwingungen für die Dimensionierung der Bauteile maßgebend werden. Die durch Wind angeregten Schwingungen werden hinsichtlich ihrer Ursache, vgl. [40, Anhang B], in

- böeninduzierte Schwingungen (in Windrichtung)
- wirbelinduzierte Schwingungen (quer zur Windrichtung durch Wirbelablösung)
- bewegungsinduzierte Schwingungen (Form-, Interferenz- und Regen-Wind-Galopping; Flattern)

eingeteilt. Beim Auftreten von Resonanzen werden nach relativ kurzer Zeit Spannungsspiele erreicht, die für die Dauerfestigkeit der Anschlüsse maßgebend sind. Schäden an Hängeranschlüssen veranlaßten insbesondere in den letzten 15 Jahren umfangreiche Untersuchungen sowie Messungen an ausgeführten Brücken (siehe [41–43]), wobei derartige Erscheinungen bereits wesentlich länger untersucht wurden, z. B. [44, 45].

Im Entwurf einer Brücke sind lokale Schwingungserscheinungen zu untersuchen. Entscheidende Eingangsdaten für die Berechnung sind die Dämpfung sowie das Eigenfrequenzverhalten der Konstruktion. Das tatsächliche Dämpfungsverhalten läßt sich nur am ausgeführten Bauwerk bestimmen. Das Ergebnis umfangreicher Messungen an bestehenden Stabbogenbrücken [46] lieferte Dämpfungsdekremente zwischen 0,0006 und 0,05. Es konnte kein systematischer Zusammenhang für die Dämpfungswerte bezüglich der konstruktiven Ausbildung gefunden werden. In [34] wird ein Wert von 0,0015 angegeben, wenn keine genaueren Angaben vorliegen. Einflüsse auf das Eigenfrequenzverhalten werden anhand der im Abschnitt 3.1.2 beschriebenen *Neckarbrücke Wohlgelegen* untersucht. Die rechnerisch planmäßigen Eigenfrequenzen werden folgendermaßen bestimmt:

- Aufbau des Berechnungsmodells durch Verwendung von 8 Hängern des Gesamtmodells (s. Abschnitt 3.1.2)
- Geometrie und Querschnittsdefinition der Hänger einschließlich der Knotenbleche und Anschlußstäbe zum Bogen und zum Versteifungsträger
- Einspannung der Anschlußstäbe in den Schwerachsen von Bogen und Versteifungsträger
- Zugbeanspruchung jedes Hängers mit der rechnerischen Normalkraft aus Stahleigengewicht, Eigengewicht der Fahrbahnplatte sowie Ausbaulasten des Überbaus

Für die Eigenwertermittlung werden keine Eigenmassen des Verkehrs angesetzt, da sich durch Verkehrslasten die Eigenfrequenzen der Hänger kurzzeitig verändern und somit ein ggf. kritisches stationäres Schwingungsverhalten unterbrochen wird. Die jeweils ersten Eigenformen und -frequenzen der 8 unterschiedlich langen Hänger sind in Bild 4-25 dargestellt. Die Schwingrichtung ist einheitlich senkrecht zur Brückenachse gerichtet. Durch die um 90° verdreht angeschlossenen unteren und oberen Hängeranschlußbleche treten zusätzlich „erste" Eigenformen in Richtung der Versteifungsträger auf. Die zugehörigen Eigenfrequenzen sind durch die erhöhten Anschlußsteifigkeiten größer (s. Tabelle 4-9).

Zur Abschätzung der Genauigkeit der berechneten Eigenfrequenzen sind die Ergebnisse von Variantenuntersuchungen angegeben. Konstruktiv sind Hänger häufig durch Schweißnähte mit dem Tragwerk verbunden. Bedingt durch die Zusam-

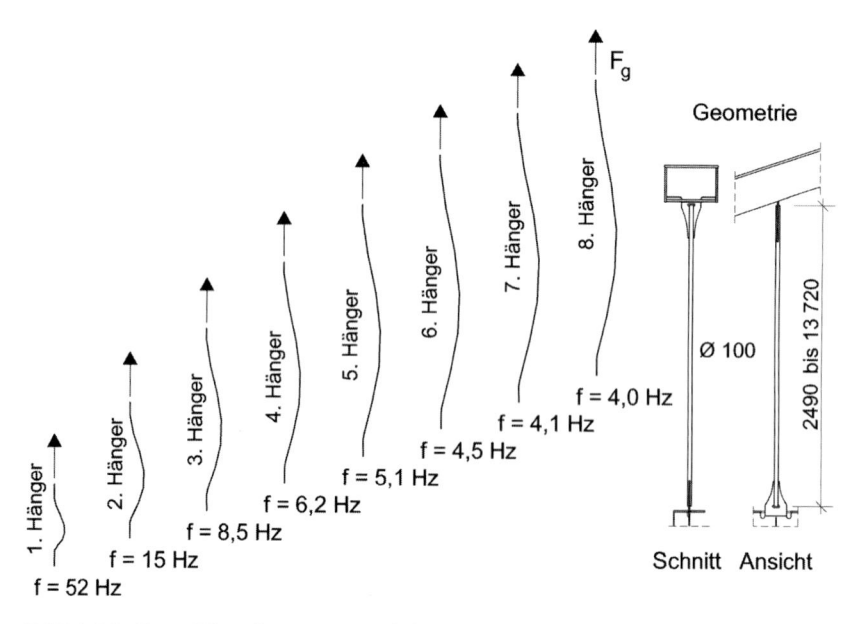

Bild 4-25. Erste Eigenfrequenz von jedem Hänger der *Neckarbrücke Wohlgelegen* unter Berücksichtigung der Beanspruchung infolge Eigengewicht

4.3 Dynamische Berechnungen

menbaureihenfolge kommt es vor, daß als letzte Verbindung ein Stumpfstoß zwischen Hängeranschlußblech und Versteifungsträger ausgeführt wird. Die Schweißnahtquerschrumpfung erzeugt Längskräfte im Hänger, die das Eigenfrequenzverhalten verändern. Für die Schrumpfungen werden 2 Fälle betrachtet:

1. Fall. Am jeweils untersuchten Hänger treten 2 mm mehr Schrumpfung auf als an den anderen Hängern.

2. Fall. An einem benachbarten Hänger des untersuchten Hängers treten 2 mm mehr Schrumpfung auf.

Das angesetzte Schrumpfmaß bezieht sich auf eine freie Schrumpfung. Die Normalkräfte in den Hängern wurden am Gesamtmodell des Überbaus über eine entsprechende Temperaturabkühlung ermittelt. Als effektive Schrumpfung ergaben sich 1,1 bis 1,4 mm. Die Schwankung der Eigenfrequenz beträgt ca. $\pm 5\%$. Zum Vergleich sind in Tabelle 4-9 die Eigenfrequenzen vollständig ohne Längskraft angegeben. Diese Frequenzen sind praktisch nicht verwertbar. Die aufgeführten Schrumpfvarianten zeigen, daß die tatsächlichen Eigenfrequenzen bereits durch die Montagetechnologie beeinflußt werden.

Tabelle 4-9. Berechnete Eigenfrequenzen in [Hz] der Hänger der *Neckarbrücke Wohlgelegen*

Hänger-Nr.	1	2	3	4	5	6	7	8
• Planmäßige Geometrie und Beanspruchung								
1. EF quer zur Brückenachse	52	15	8,5	6,2	5,1	4,5	4,1	4,0
1. EF parallel zur Brückenachse	62	16	9,2	6,6	5,4	4,7	4,3	4,2
• Veränderte Beanspruchung, 1. EF quer								
Schweißnahtschrumpfung des Hängers 2 mm	55	16	9,2	6,7	5,5	4,8	4,4	4,3
Schweißnahtschrumpfung Nebenhänger 2 mm	52	14	8,1	5,9	4,9	4,3	3,9	3,8
ohne Längskraft	50	12	5,8	3,8	2,8	2,4	2,1	2,0
• Berechnungsmodell, Lagerung unten–oben, 1. EF								
eingespannt – eingespannt	84	19	10	7,2	5,8	5,0	4.6	4,4
gelenkig – eingespannt	60	15	8,4	6,1	5,0	4,4	4,0	3,9
gelenkig – gelenkig	41	11	6,9	5,3	4,4	3,9	3,6	3,5

Die zweite Variantenuntersuchung betrifft das Berechnungsmodell. Die 3 Vergleichsmodelle ergeben sich aus dem eigentlichen Hängerprofil $\varnothing$ 100 ohne die Anschlußbleche mit der oberen bzw. unteren Lagerung alternativ eingespannt oder gelenkig. Als Normalkraft dienten die planmäßigen Kräfte infolge Eigengewicht. Das Modell gelenkig – eingespannt trifft im vorliegenden Fall mit hinreichender

Genauigkeit die ersten Eigenfrequenzen bei Schwingung quer zur Brückenachse. Der erste Hänger ist auf Grund der hohen Frequenzen hinsichtlich windinduzierter Schwingungen nicht relevant. Eine Differenzierung zwischen den Eigenformen senkrecht und parallel zur Brückenachse ist durch die vereinfachten Modelle nicht möglich.

Bemessungsregeln zur Nachweisführung von Querschwingungen infolge Windbelastung bzw. von Regen-Wind-induzierten Schwingungen sind durch die Normen nicht geregelt. In [41] ist ein einfaches Nachweiskonzept für wirbelerregte Querschwingungen angegeben. Weiterführende Angaben sind u. a. in [40] enthalten. Das für die Größe der Schwingungen entscheidende Dämpfungsverhalten von Bogenhängern kann zuverlässig nur am bestehenden Bauwerk bestimmt werden. Im DIN-Fachbericht 103 [34] ist vorgeschrieben, bei Eigenfrequenzen ≤ 7 Hz die Dämpfung experimentell zu ermitteln und bei unzureichenden Dämpfungseigenschaften Schwingungsdämpfer vorzusehen.

4.3.4 Verformungsuntersuchungen

Die dynamischen Verformungen der Überbauten infolge Verkehrslasten sind für die Standsicherheit der Bauwerke im allgemeinen nicht von Bedeutung. In speziellen Fällen, wie im nachfolgenden Beispiel, kann jedoch eine genauere Untersuchung der Schwingungen bei Verkehrsbelastung erforderlich werden.

Die Zusätzlichen Technischen Vertragsbedigungen für Kunstbauten [25] fordern bei Überfahrung des Brückenübergangs den Nachweis der vertikalen Differenzverschiebungen zwischen Überbau und Kammerwand. Explizit wird die Einbeziehung der Durchbiegung der Endquerträger, d. h. auch lokaler Anteile, in die Verformungsberechnung gefordert. In diesem Sinne sind zum Nachweis der Differenzdurchbiegungen alle relevanten Einflüsse zu berücksichtigen. Bei Fahrbahnübergängen an den Brückenenden sind die dynamischen Vergrößerungen aus der Schwingwirkung für die Querfuge vernachlässigbar. Anders kann es bei Längsfugen sein. Wenn je Richtungsfahrbahn ein separater Überbau vorhanden ist, beide Überbauten nur mit einer Längsfuge verbunden sind, und die Verkehrsführung eine direkte Überfahrung ermöglicht, liegen die Schwingungsverformungen in einer nicht zu vernachlässigenden Größenordnung.

Konstruktionsbeschreibung

Der Neubau der *Hohenzollerndammbrücke* über die BAB A 100 in Berlin ersetzte eine bestehende Spannbetonbrücke und wurde als einfeldrige Stahlverbundbrücke ausgeführt. Für jede Richtungsfahrbahn wurde ein getrennter Überbau errichtet. Die Geometrie der Brücke entspricht dem bisherigen Bestand, so daß die vorhandenen Widerlager wiederverwendet werden konnten.

4.3 Dynamische Berechnungen

Das Haupttragwerk mit einem korbbogenförmigen Randträger als seitliche Begrenzung und einer Gesamtbreite von 73,45 m im Norden bzw. 75,45 m im Süden besteht aus zwei annähernd symmetrischen Tragwerken, die durch eine Längsfuge in der Hohenzollerndammachse getrennt sind. Die Stützweite beträgt in der Regel 28,4 m. Mit den erforderlichen Endquerträgern und Fugenübergängen ergibt sich eine Gesamtlänge von 30,2 m. Jeder Überbau besteht aus 9 durchgehenden Hauptträgern, einem polygonalen Randträger sowie 5 bis 7 gekürzten Hauptträgern in den Randbereichen. Die massiven Endquerträger werden je Lagerachse und Bauabschnitt durch bis zu 15 Elastomerlager gestützt. Die horizontale Längshalterung erfolgt statisch bestimmt über ein allseits festes Lager und ein querfestes Lager jeweils unter dem 9. Hauptträger. Im Abstand von 8,0 m verlaufen parallel zu den Lagerachsen 2 Stahlquerträger, die im Randbereich diagonal verschwenkt an je einem Lagerpunkt enden. Die Fahrbahn des Überbaus ist in Brückenlängsrichtung mit 1% und in Querrichtung im allgemeinen mit 1,5% Gefälle geneigt. Die Unterkante des Überbaus verläuft in Längsrichtung parallel zur Oberkante, in Querrichtung ist die Unterkante horizontal. Daraus ergeben sich unterschiedlich hohe Hauptträger. Die Fahrbahnplatte aus B 45 ist konstant 25 cm dick. Die Höhendifferenzen werden über die Haupt- und Randträger ausgeglichen, die eine Konstruktionshöhe von 870 bis 1525 mm aufweisen.

Bild 4-26. Brücke über die BAB A 100 im Zuge des Hohenzollerndamms, Montage des zweiten Bauabschnitts

Berechnungsmodell

Zur Abschätzung der realen Verformungen am Fugenübergang im Bereich der Fahrspur wird eine dynamische Berechnung einer Fahrzeugbewegung auf dem Überbau durchgeführt. Folgende Berechnungs- und Belastungsannahmen wurden getroffen:

- Berechnungsmodell als räumliches Finite-Elemete-Modell mit nachfolgenden Idealisierungen:
  - Modellierung der Fahrbahn mit ebenen 4-knotigen Schalenelementen in der Schwerachse der Fahrbahn
  - Modellierung der Stege der Stahlträger mit ebenen 4-knotigen Schalenelementen
  - Eingabe der Flansche der Haupt- und Querträger über Balkenelemente
  - Definition der Endquerträger mit 4-knotigen Schalenelementen
  - Definition der vertikal elastischen Lager durch Zug-Druck-Stäbe mit den Kennwerten der Elastomerkissen
  - Verbindungselemente zwischen Stahlträger und Fahrbahn mit h = 12,5 cm und den Materialkennwerten der Fahrbahnplatte
- Fahrt eines SLW 60 von der nordöstlichen Rampe kommend sowie Überqueren der Längsfuge südlich der Mittelinsel auf den 2. Überbau (s. Bild 4-27)

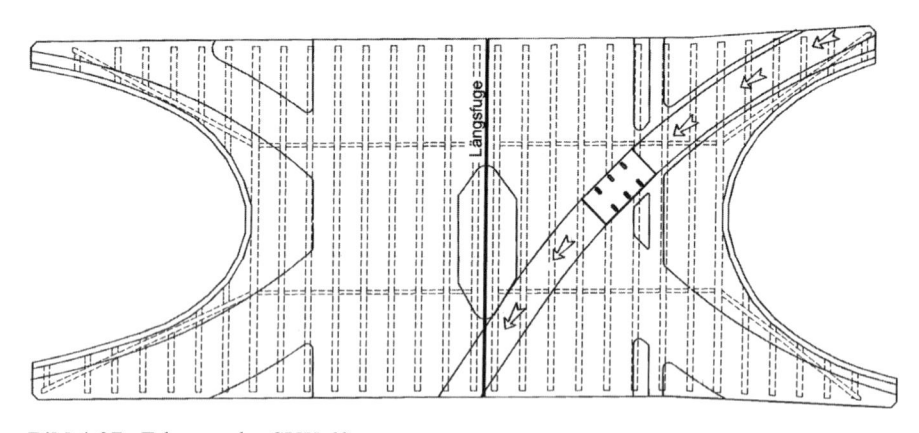

Bild 4-27. Fahrspur des SLW 60

- Geschwindigkeit des SLW 60: 15 m/s $\approx$ 50 km/h
- Definition der Masse des Überbaus über querschnittsabhängige Dichten
- Eingabe der Belastung durch Simulation mit Einzellasten (örtlich versetzt 26 × 2 Knotenkräfte mit je 100 kN), die zeitabhängig in die Berechnung eingehen (vgl. Bild 4-28)

4.3 Dynamische Berechnungen

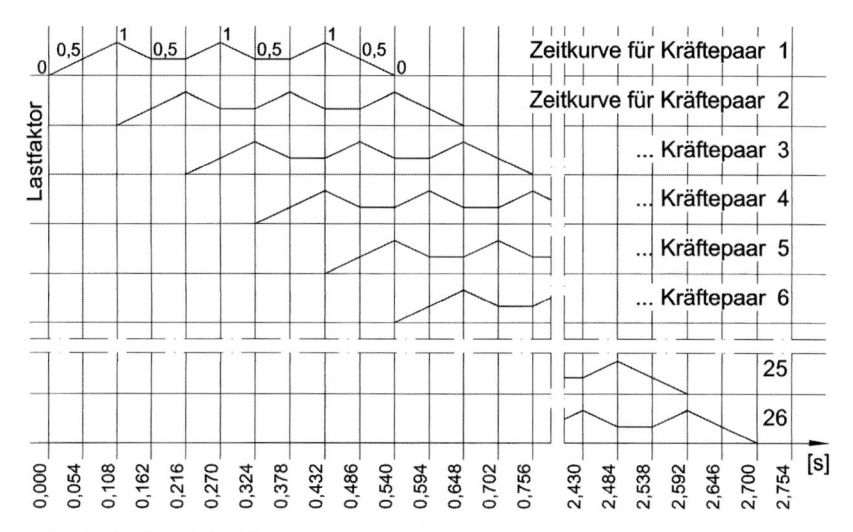

Bild 4-28. Lastdefinition

- Eigenfrequenzermittlung des Berechnungsmodells sowie Modalanalyse durch direkte Zeitintegration

Vom Überbau wurden die untersten 10 Eigenfrequenzen ermittelt. Maßgebend für die dynamischen Verformungen und Beanspruchungen sind die niedrigsten 6 Eigenfrequenzen. Die zugehörigen Eigenformen sind in Bild 4-29 dargestellt.

Tabelle 4-10. Eigenfrequenzen des Überbaus

Nr. der EF	Frequenz [Hz]	Bemerkung
1	3,3	1. Biegeschwingung längs, Maximum bei HT 9/RT
2	4,6	Biegeschwingung längs, quer 1/2 Sinuswelle
3	6,5	Biegeschwingung längs, quer 1 Sinuswelle, max HT 1
4	7,6	Biegeschwingung längs, quer 1 Sinuswelle, max RT
5	10,3	Biegeschwingung längs, quer 3/2 Sinuswellen
6	11,4	2. Biegeschwingung längs, Maximum bei HT 9/RT
7	11,9	HT-UG Querschwingung, max HT 3
8	12,1	HT-UG Querschwingung, max HT 4
9	12,3	HT-UG Querschwingung, max HT 5
10	12,5	HT-UG Querschwingung, max HT 6

1. Eigenform, f = 3,3 Hz

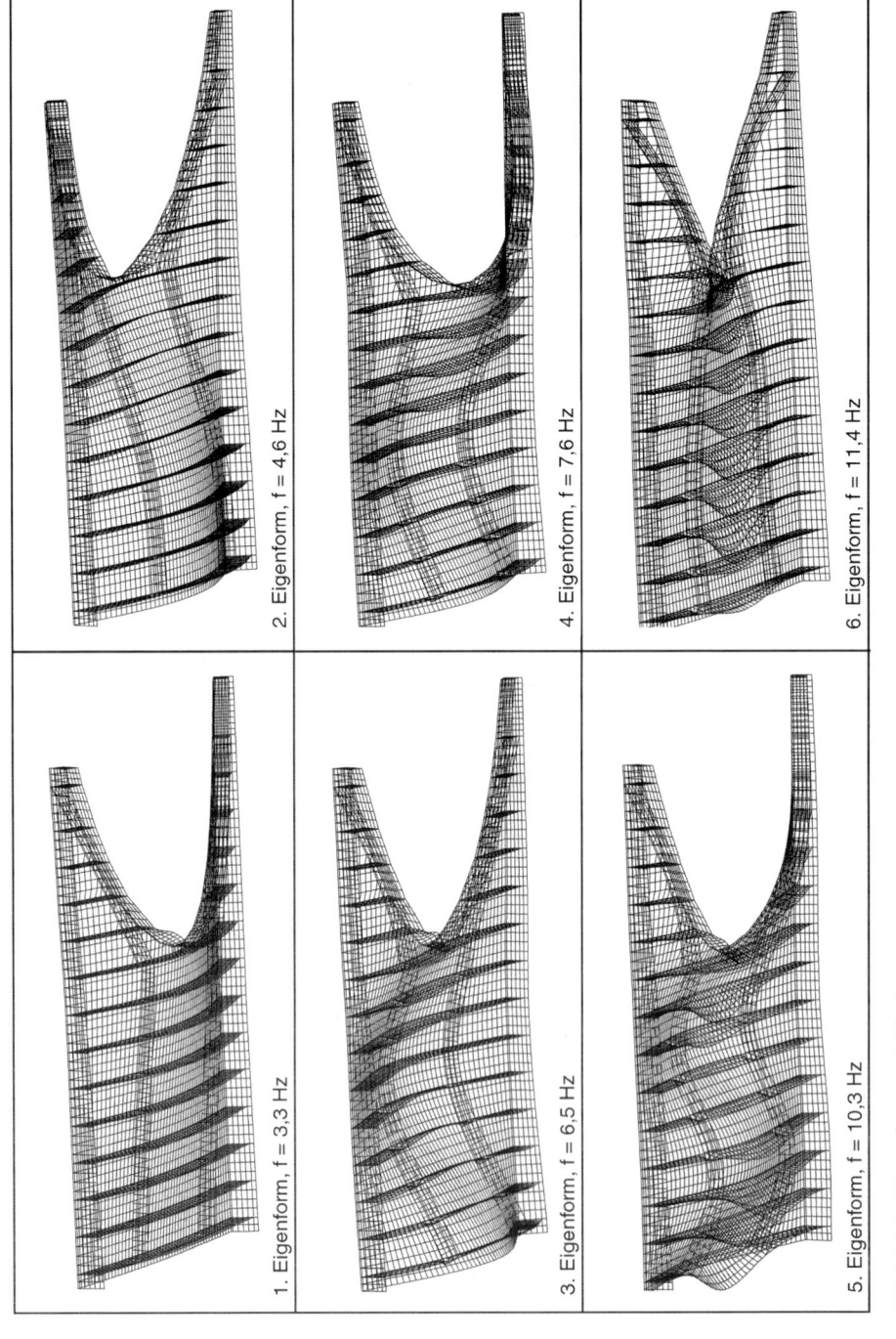

2. Eigenform, f = 4,6 Hz

3. Eigenform, f = 6,5 Hz

4. Eigenform, f = 7,6 Hz

5. Eigenform, f = 10,3 Hz

6. Eigenform, f = 11,4 Hz

Bild 4-29. Eigenformen 1 bis 6

4.3 Dynamische Berechnungen

Für die Größe der erzwungenen Schwingungen ist der Ansatz der Dämpfung der Konstruktion von entscheidender Bedeutung. Dämpfungswerte sind zuverlässig nur aus Messungen an bestehenden Konstruktionen zu bestimmen. Für vorab durchzuführende Berechnungen sind Dämpfungswerte von vergleichbaren, bereits ausgeführten Bauwerken zu verwenden. Die Berechnungen wurden mit einem logarithmischen Dämpfungsdekrement von $\Lambda = 0{,}01$ durchgeführt.

Durch die Geschwindigkeit von 15 m/s erreicht das Fahrzeug den Übergang zum 2. Überbau nach ca. 2,7 s, eine halbe Sekunde später ist der Überbau entlastet.

In Bild 4-30 sind die Durchbiegungen in [mm] über den Überfahrtzeitraum am Fahrbahnübergang graphisch dargestellt. Zusätzlich ist eine Mittelwertfunktion (statischer Anteil) der Verformungswerte eingetragen.

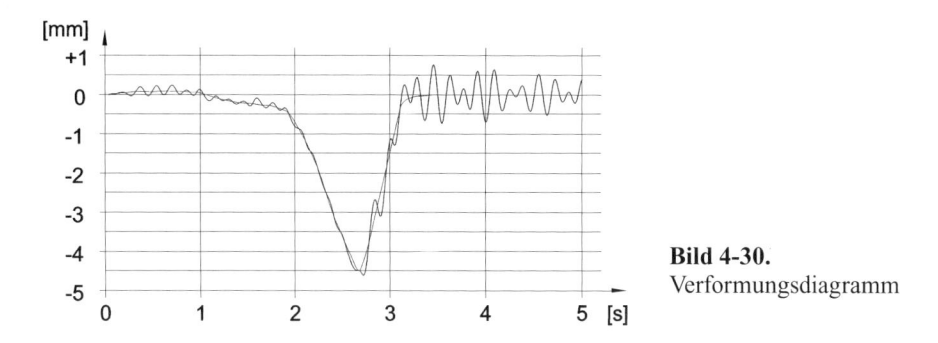

Bild 4-30. Verformungsdiagramm

Die Erhöhung der Durchbiegung aus der dynamischen Beanspruchung beträgt für die Überfahrt eines einzelnen Fahrzeugs

$$\begin{aligned}\varphi_{Einzel} &= u_{y,Gesamt}/u_{y,Statisch} \\ &= 4{,}7/4{,}5 \\ &\approx 1{,}04.\end{aligned}$$

Das Verlassen der jeweiligen Achsen (bzw. Räder) des Überbaus entspricht Entlastungsimpulsen des ersten sowie Belastungsimpulsen des 2. Überbaus. Dadurch treten erheblich größere Schwinganteile bei beiden Überbauten auf, wie am Ausschwingvorgang nach Entlastung der 1. Richtungsfahrbahn zu sehen ist. Bei nachfolgenden Fahrzeugen können Erhöhungsfaktoren in der Größenordnung von

$$\begin{aligned}\varphi_{Folge} &\approx (u_{y,Statisch} + \Delta u_{y,Ausschwing})/u_{y,Statisch} \\ &= (4{,}5 + 0{,}7)/4{,}5 \\ &= 1{,}16\end{aligned}$$

auftreten. Zum Vergleich ist der Schwingbeiwert gemäß DIN 1072 [19] angegeben. Dieser beträgt für die Schnittkraftermittlung der Hauptträger

$$\begin{aligned}\varphi_{HT} &= 1{,}4 - 0{,}008 \cdot l_\varphi \geq 1{,}0 \\ &= 1{,}4 - 0{,}008 \cdot 28{,}4 \\ &= 1{,}17\end{aligned}$$

Mit den der Berechnung zugrunde liegenden Lastannahmen tritt eine Vergrößerung der Verformungen aus der dynamischen Lastwirkung in der Größe des normalen Schwingbeiwertes der Hauptspurbelastung auf. Dieser war nach den bisher geltenden Vorschriften [19] bei der Ermittlung der Beanspruchungen, jedoch nicht für Verformungsberechnungen, anzuwenden.

Schlußfolgerungen

Im Regelfall sind dynamische Verformungsanteile der Verkehrslasten für die Standsicherheit und Nutzungsfähigkeit der Brücken von untergeordneter Bedeutung. Für den Fall spezieller Einflüsse, wie z. B. an überfahrenen Längsfugen paralleler Überbauten, kann die dynamische Lastwirkung einen nicht zu vernachlässigenden Betrag ausmachen. Zur rechnerischen Erfassung sind dynamische Untersuchungen von erzwungenen Schwingungen erforderlich. Bereits einfache Lastansätze durch Simulation der Verkehrsbelastung über örtlich und zeitlich veränderliche Krafteinwirkungen führen zu einer brauchbaren Einschätzung der Empfindlichkeit des Tragwerks gegenüber dynamischen Lastwirkungen.

Bei der Modellbildung des Tragwerks und der Belastung sind für eine Modalanalyse folgende Punkte zu beachten:

- Das Berechnungsmodell muß die relevanten Eigenfrequenzen unter Berücksichtigung der Massen- und Steifigkeitsverteilung für das zu untersuchende Problem hinreichend genau erfassen.
- Die Abbildung der Eigenformen ist mit einer ausreichenden Vernetzung sicherzustellen.
- Die Integrationsschritte sind so klein zu wählen, daß die relevanten Eigenfrequenzen erfaßt werden.
- Für die maßgebenden dynamischen Lasteinflüsse sind äquivalente zeitabhängige Ersatzlasten zu definieren.
- Für die Dämpfungseigenschaften sind Annahmen (Literatur, vergleichbare Bauwerke) zu treffen, wobei durch zu geringe Dämpfungsdekremente die dynamische Wirkung überschätzt wird.

Da sowohl die Idealisierung der Lasten als auch die Modellierung der dynamischen Eigenschaften eine vereinfachte Abbildung der Realität ist, sind folgende ergänzende Untersuchungen zu empfehlen:

- Kontrolle der Massenverhältnisse durch eine statische Berechnung
- Überprüfung der Eigenfrequenzen und -formen durch einfache Vergleichsmodelle
- Variation der Eingangsparameter, insbesondere der Dämpfung

4.3.5 Schwingfaktoren

Im Verlauf der statischen Berechnungen sowie der Betriebsfestigkeitsnachweise sind dynamische Lastwirkungen aus Verkehrslasten im allgemeinen durch Schwingbeiwerte als Faktoren der statischen Lasten zu berücksichtigen. Die Größe der Schwingbeiwerte ist in den entsprechenden Vorschriften [12, 19, 24] geregelt. Die Werte sind abhängig von der Stützweite bzw. der Lasteinflußlänge der entsprechenden Bauteile. In besonderen Fällen kann eine zusätzliche dynamische Berechnung unter Verkehrslasten notwendig werden. Gemäß DS 804 [12] ist für Eisenbahnbrücken die Überprüfung der Gefahr von Resonanzschwingungen infolge Verkehr vorgeschrieben. Der Vergleich der 1. Biegeeigenfrequenz mit vorgegebenen, stützweitenabhängigen Grenzfrequenzen liefert die Entscheidung, ob neben den Φ-fachen statischen Verkehrslasten auch Betriebslastenzüge unter Berücksichtigung der dynamischen Wirkungen untersucht werden müssen. Das Kriterium der DS 804 ist nur bis zu einer Stützweite von 100 m angegeben. Die Eisenbahnbrücke *EÜ Köln-Ehrenfeld* besitzt eine Stützweite von 115 m, weshalb zum Vergleich eine dynamische Berechnung mit einem Betriebslastenzug durchgeführt wurde.

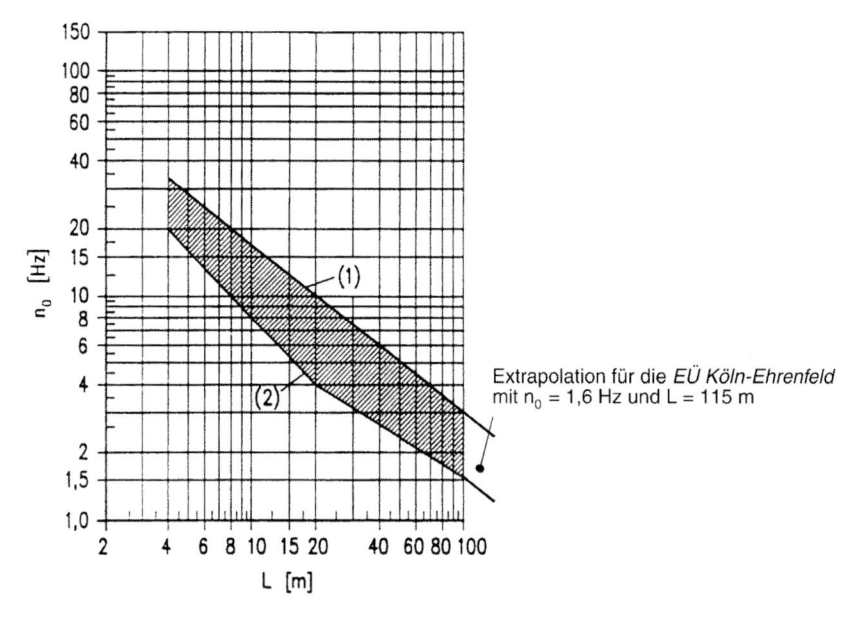

Bild 4-31. Grenzwerte für die 1. Biegeeigenfrequenz in [Hz] aus [12] mit dem zulässigen Bereich innerhalb der schraffierten Fläche

Konstruktionsbeschreibung

Der Neubau der Eisenbahnbrücke erfolgte als zweigleisige, einfeldrige Fachwerkbrücke mit einem Diagonalfachwerk. Der Überbau besitzt eine unten liegende geschlossene Fahrbahn mit Querträgern und Längsrippen. Der in der Obergurtebene gelegene Windverband besteht aus Walzprofilen und ist als Diagonalverband ausgebildet. Die gesamte Konstruktionshöhe beträgt 12,76 m bei einer Stützweite des Überbaus von 115 m. Die mit wasserdichten Fugenübergängen ausgerüsteten Überbauenden verlaufen orthogonal zum Gleis. Der Überbau liegt horizontal. Die Entwässerung erfolgt über Quergefälle der Fahrbahn sowie über Entwässerungsleitungen zum Widerlager. An den Außenseiten der Fachwerkebenen sind beidseitig Dienstgehwege vorhanden. Als Lager des Überbaus dienen Topflager. Es sind zwei querfeste sowie zwei allseits bewegliche Lager vorhanden. Ein Steuerstabsystem dient zur Aufnahme der Längskräfte.

Bild 4-32. Einschub der *EÜ Köln-Ehrenfeld*

Berechnungsmodell

Die Schnittkraftermittlung sowie die dynamischen Untersuchungen am Gesamttragwerk wurden mit einem räumlichen Finite-Elemente-Modell vorgenommen.

- Modellierung des Tragwerks:
  - Schwerachsen des Fachwerks in den Achsen von Obergurt, Untergurt und Diagonalen
  - Fachwerkstäbe mit biegesteifen Anschlüssen

4.3 Dynamische Berechnungen

- Modellierung der Fahrbahn als Trägerrost mit mittragenden Breiten für die Querträger
- Vergrößerung der Querbiegesteifigkeiten von Querträgern, Längsrippen und Fachwerkuntergurten auf die horizontale Biegesteifigkeit der Fahrbahn
- exzentrische Anschlüsse von Querträgern und Längsrippen
- Länge der Querträger = Abstand der UG-Schwerachsen, Randelemente der Querträger innerhalb der Untergurte mit erhöhter Steifigkeit
- Zusammenfassen von je 2 Längsrippen mit dem zugehörigen Fahrbahnanteil zu einem Stab im Modell
- Windverband und Horizontalriegel der Endportale in Höhe der OG-Schwerachse
- Modellierung der Fahrbahn bis zur Achse der Endquerträger
- Definition eines steifigkeitslosen Fahrbahnbleches (ebene Schalenelemente) zur Generierung der Flächenlasten sowie zur Massengenerierung des Schotterbetts für die Frequenzanalyse

- Fahrt eines Betriebslastenzugs ICE 1 gemäß [47] in einem Gleis
- Streckengeschwindigkeit 120 km/h = 33,3 m/s
- Eingabe der dynamischen Belastung durch Simulation mit Einzellasten (örtlich versetzt 51 × 3 Knotenkräfte), die zeitabhängig in die Berechnung eingehen (vgl. Bild 4-33)
- Eigenfrequenzermittlung des Berechnungsmodells sowie Modalanalyse durch direkte Zeitintegration

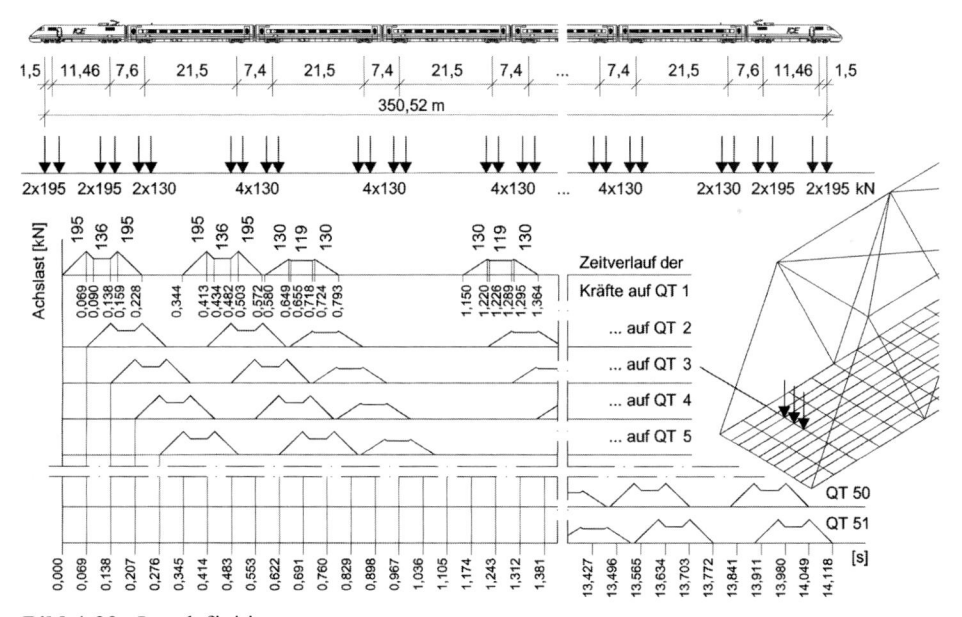

Bild 4-33. Lastdefinition

- Modale Dämpfung mit einem logarithmischen Dämpfungsdekrement von $\Lambda = 0{,}01$ für alle Eigenformen

Ergebnisse

Durch die Verkehrslasten werden hauptsächlich Eigenformen angeregt, die eine vertikale Verformung aufweisen. Bei der exzentrischen Verkehrsbelastung in einem Gleis sind sowohl Biege- als auch Torsionsschwingungen zu berücksichtigen. Die erste Biegeeigenfrequenz liegt bei 1,6 Hz gefolgt von der ersten Torsionsschwingung mit 2,0 Hz. Der Modalanalyse lagen 23 Eigenformen im Frequenzbereich bis 13 Hz zugrunde. Nicht relevante Eigenformen, wie z. B. lokale Schwingungen des oberen Windverbandes, wurden durch die Modellierung unterdrückt.

Der Achsabstand der äußeren Achsen des ICE 1 beträgt 350,52 m. Die Lasten der ersten und letzten 4 Achsen des Zuges sind größer als der Mittelbereich. Durch die Brückenlänge von 115 m ergeben sich bei der Überfahrt zwei Maximalstellungen, jeweils bei der Gesamtbelastung des Tragwerks mit dem ICE und der Last-

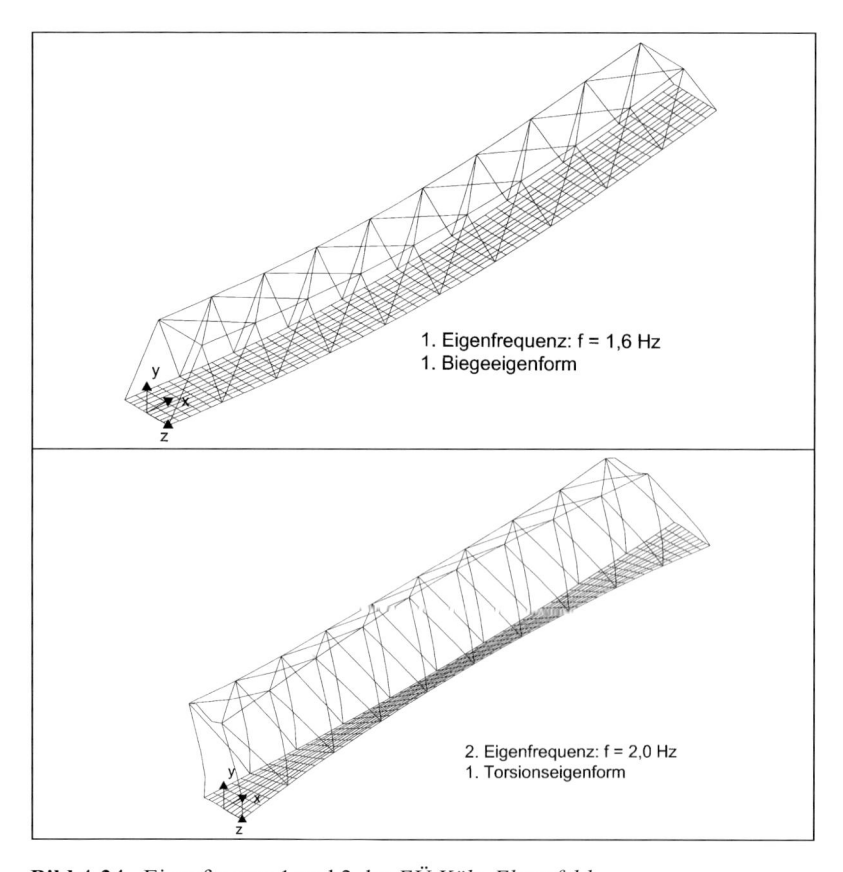

Bild 4-34. Eigenformen 1 und 2 der *EÜ Köln-Ehrenfeld*

4.3 Dynamische Berechnungen

stellung eines ICE-Endes auf dem Überbau vor dem Widerlager, wie der Durchbiegungsfunktion in Brückenmitte (Bild 4-35) zu entnehmen ist. Die Gesamtdauer der Verkehrsbelastung beträgt 14 Sekunden. Resonanzerscheinungen treten nicht auf. Resonanzen sind durch eine kontinuierliche Vergrößerung der dynamischen Verformungen bei einer regelmäßigen Belastung gekennzeichnet. Bei Überfahrt des gleichförmigen ICE-Mittelteils in der Zeit von 4 bis 10 s liegen die Durchbiegungen kontinuierlich zwischen 12 und 13 mm.

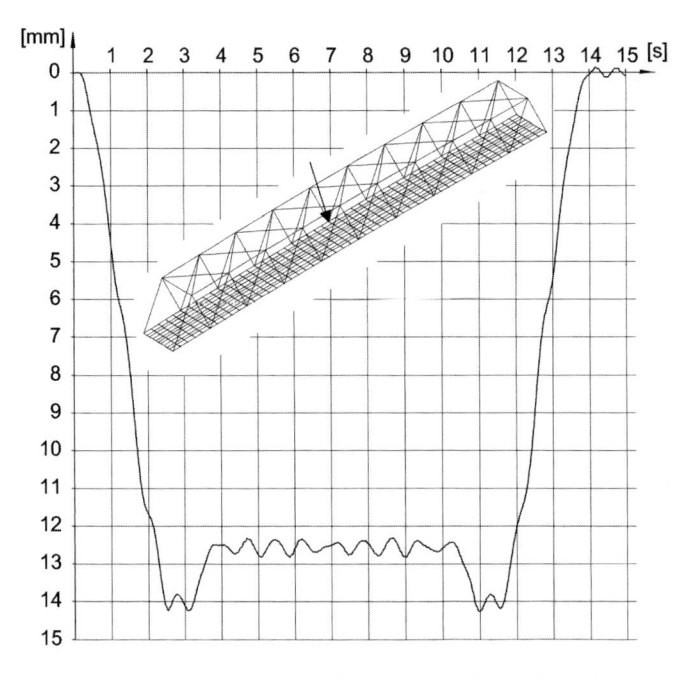

Bild 4-35. Durchbiegung des Mittelknotens des Fachwerkuntergurtes bei Überfahrt des ICE 1 mit 120 km/h

Gemäß [47] sind die Ergebnisse der dynamischen Berechnung zur Berücksichtigung von Gleislagefehlern bei normal gewarteten Gleisen mit dem Faktor

$$f_{Gleislage} = 1 + \varphi''$$

mit

$$\varphi'' = \alpha/100 \cdot [56 \cdot e^{-(l_\Phi/10)^2} + 50 \cdot (l_\Phi \cdot n_0/80 - 1) e^{-(l_\Phi/20)^2}] \geq 0$$

mit $\alpha = v/22$ für $v \leq 22$ m/s
$= 1$ für $v > 22$ m/s
$l_\Phi = 2 \cdot 115 = 230$ m gemäß [12, Tab. 5]
$n_0 = 1,6$ Hz

zu vergrößern. Durch die vorhandene große Stützweite liefert die Formel keinen signifikanten Erhöhungsfaktor. Zur Auswertung der Beanspruchungen sind in Tabelle 4-10 die betragsmäßig größten Spannungen der Fachwerkstäbe enthalten. Die Querschnittsbezeichnungen sind Bild 5-1 im Kapitel 5 zu entnehmen. Als Vergleich wurden zusätzliche statische Lastfälle berechnet, wobei der Schwingbeiwert Φ für die Gesamttragwirkung 1,0 beträgt.

Laststellung ICE 1: maßgebende dynamische Laststellung für jeden Querschnitt gemäß Tabelle 4-11
Laststellung UIC 71: gemäß DS 804 mit Überlast in Brückenmitte

Tabelle 4-11. Maximale Spannungen der Fachwerkquerschnitte der *EÜ Köln-Ehrenfeld* bei Verkehrsbelastung in einem Gleis

Querschnitt	ICE 1				UIC 71
	Zeitschritt [s]	dynamisch σ [N/mm^2]	statisch σ [N/mm^2]	Φ_{ICE1} $\sigma_{dyn}/\sigma_{stat}$	σ [N/mm^2]
OG1	3,36	−12,5	−11,9	1,05	−40,0
OG2	11,02	−14,1	−13,2	1,07	−44,7
OG3	11,10	−12,8	−12,1	1,06	−43,7
OG4	2,54	−12,5	−11,3	1,11	−43,3
OG5	2,54	−11,7	−10,7	1,09	−42,7
UG1	10,32	7,4	8,5	0,87	20,5
UG2	10,68	10,3	12,9	0,80	32,9
UG3	10,92	10,3	11,0	0,94	31,9
UG4	11,36	9,3	10,7	0,87	31,3
UG5	11,64	9,2	9,7	0,95	32,6
ENDDIAG	3,38	−15,8	−17,6	0,90	−59,0
D1	10,76	18,1	17,7	1,02	61,3
D2	11,05	−15,3	−15,8	0,97	−51,7
D3	11,02	15,7	13,9	1,13	46,1
D4	11,40	−11,2	−11,3	0,99	−33,5
D5	11,64	14,1	14,3	0,99	42,3
D6	11,75	−9,2	−9,1	1,01	−29,2
D7	11,74	11,3	10,6	1,07	34,7
D8	12,29	−9,5	−9,9	0,96	−27,7
D9	1,67	8,8	8,7	1,01	29,6

4.3 Dynamische Berechnungen

Vergleich und Schlußfolgerungen

Die Idealisierung einer Zugüberfahrt durch wandernde Einzelkräfte ist eine einfache Möglichkeit zur Abbildung im Berechnungsmodell. Vernachlässigt werden hinsichtlich des tatsächlichen Schwingungsverhaltens vor allem

- das Eigenschwingverhalten der Fahrzeuge
- die Wechselwirkung zwischen Fahrzeug, Oberbau und Stahlkonstruktion
- das unterschiedliche Dämpfungsverhalten in Kombination aus Fahrzeug, Oberbau und Stahlkonstruktion
- die Einflüsse aus der Gleislage
- die Änderung des Eigenfrequenzverhaltens der Brücke durch die wechselnden Massenverhältnisse

Für die Beurteilung der Brückenschwingungen hinsichtlich der Beanspruchung des Tragwerks ist der Ansatz von Einzelkräften in erster Näherung, insbesondere bei Überbauten mit einem hohen Eigengewichtsanteil, ausreichend. Bei kurzen, leichten Brücken sind die vernachlässigten Einflüsse unter Umständen genauer zu untersuchen.

Der Vergleich zwischen der dynamischen Berechnung der Überfahrt eines ICE 1 mit der statischen Belastung durch das Φ-fache Belastungsbild UIC 71 ergibt das zu erwartende Ergebnis, daß die Untersuchung des angesetzten Betriebslastenzuges nicht maßgebend wird. Grund hierfür ist die wesentlich geringere Lastgröße. Die Summen der Stützkräfte betragen maximal 2600 kN für den ICE 1 und 9870 kN für das Belastungsbild UIC 71 bei Ansatz der gesamten Belastungslänge des Überbaus. Der Vergleich zwischen den statischen und dynamischen Beanspruchungen des ICE 1 in Tabelle 4-11 zeigt, daß die Anteile der dynamischen Wirkungen aus Betriebslastenzügen ca. 10 % beitragen. Diese sind durch die Bemessungslasten abgedeckt. Die dynamischen Lastanteile werden für die Standsicherheitsnachweise nur relevant, wenn die Betriebslasten in der Größenordnung der rechnerischen Bemessungslasten liegen.

Im Sinne der Untersuchung von „Resonanzen" bestätigt eine Extrapolation des Diagramms aus Bild 4-31 für die Stützweite von 115 m das Ergebnis, daß bei der *EÜ Köln-Ehrenfeld* mit der 1. Biegeeigenfrequenz von 1,6 Hz die Φ-fache statische Regel-Verkehrslast maßgebend wird. Resonanzerscheinungen gewinnen insbesondere bei kurzen Überbauten an Bedeutung.

4.4 Nichtlineare Einflüsse

Inmitten von Schwierigkeiten liegen günstige Gelegenheiten.
Albert Einstein (1879–1955)

Die Arbeitslinie von Stahl wird bei Brücken im linearelastischen Spannungs-Dehnungs-Bereich ausgenutzt. In Hinblick auf das Materialverhalten des normalen Baustahls sind deshalb keine nichtlinearen Berechnungen zu erwarten. Im Zuge der Standsicherheitsnachweise von Stahl- und Stahlverbundbrücken treten jedoch Bau-, Montage- oder Belastungszustände auf, die nicht durch einfache Superposition überlagert werden können. Dazu zählen

- Vergrößerung von Beanspruchungen und Verformungen durch das Gleichgewicht am verformten System
- Montagezustände, bei denen sich das statische System durch die Verformung der Stahlkonstruktion ändert (z. B. Freisetzen von Verschublagern beim Taktschiebeverfahren)
- druckbeanspruchte Bauteile, die praktisch nur Zugkräfte aufnehmen können (z. B. nicht ausgesteifte Hänger einer Stabbogenbrücke in Montagezuständen)
- zeit- und kraftabhängiges Verhalten von Seilen und Abspannungen
- Schwinden und Kriechen von Stahl- oder Spannbetonbauteilen in Verbundbrücken
- nichtlineare Baugrundverformungen

Berechnungsprogramme bieten prinzipiell ausreichende Möglichkeiten, derartige Einflüsse zu berücksichtigen. Neben der Schnittkraftermittlung nach Theorie I. und II. Ordnung, d. h. der Schnittkraftermittlung mit Gleichgewicht am unverformten bzw. verformten System, sind in den FE-Programmen Elemente mit den unterschiedlichsten nichtlinearen Eigenschaften vorhanden. Spezielle Kontaktelemente werden zur Steuerung des Verhaltens bei Erreichen von Grenzverformungen verwendet. Zugstäbe bzw. Seilelemente unterdrücken programmintern die Übertragung von Druckkräften. Durch die Definition von temperatur-, last- oder zeitabhängigen Materialeigenschaften können mit den entsprechenden Berechnungsmodulen alle relevanten Vorgänge simuliert werden. Bei Stahlbrücken ist es jedoch häufig ausreichend, Grenzzustände zu untersuchen. Wenn die Zwischenzustände zweier Lastfälle keine ungünstigeren Beanspruchungen oder Verformungen liefern, kann auf die Untersuchung des Verlaufs verzichtet werden. Praktisch ist es meistens ausreichend, das zu untersuchende Problem mit einem linearen Berechnungsmodul zu behandeln.

Zeitabhängige Vorgänge

Das Schwinden und Kriechen einer Ortbetonfahrbahnplatte geht im allgemeinen nur zum Zeitpunkt $t = t_0$ und t_∞ in die Berechnung ein. Für Baugrundverformungen werden Grenzzustände von wahrscheinlichen bzw. möglichen Setzungen und

4.4 Nichtlineare Einflüsse

Verdrehungen der Unterbauten untersucht. Bei seilverspannten Konstruktionen sind insbesondere die genauen Montagezustände zur Verbindung der einzelnen Schüsse rechnerisch zu verfolgen.

Einschub von Überbauten
Bei den im Abschnitt 3.3 angeführten Montagezuständen ist nach Berechnung jedes Verschubschritts eine Prüfung der Lagerreaktionen auf abhebende Kräfte erforderlich. Gegebenenfalls erfolgt eine erneute Berechnung unter Freigabe der entsprechenden Lagerkräfte.

Einfluß aus Theorie II. Ordnung
Der Einfluß der Verformung auf die Schnittkräfte kann in erster Näherung an einer vorverformten Geometrie untersucht werden. Möglich ist ebenfalls eine inkrementale Laststeigerung mit einem gleichzeitigem Nachführen der Knotenkoordinaten auf die verformte Geometrie.

Schienenspannungen
In speziellen Fällen schreibt die „Vorschrift für Eisenbahnbrücken und sonstige Ingenieurbauwerke" [12] die Berechnung der Schienenspannungen auf Eisenbahnbrücken vor. Eine prinzipielle Modellierung der Schiene in Verbindung mit dem Tragwerk ist in [12] angegeben, wobei zur Kopplung von Schiene und Tragwerk nichtlineare Verschiebewiderstandsgesetze definiert sind (s. Bild 4-36).

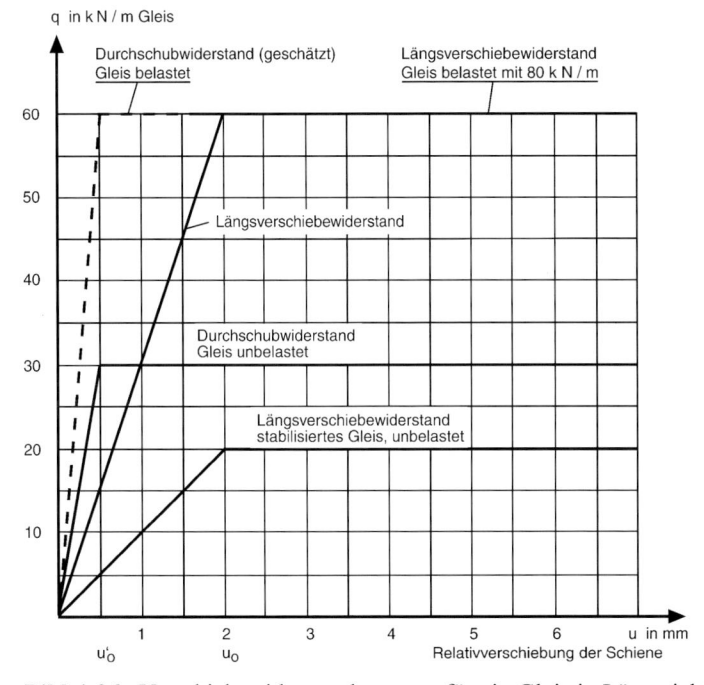

Bild 4-36. Verschiebewiderstandsgesetze für ein Gleis in Längsrichtung aus [12]

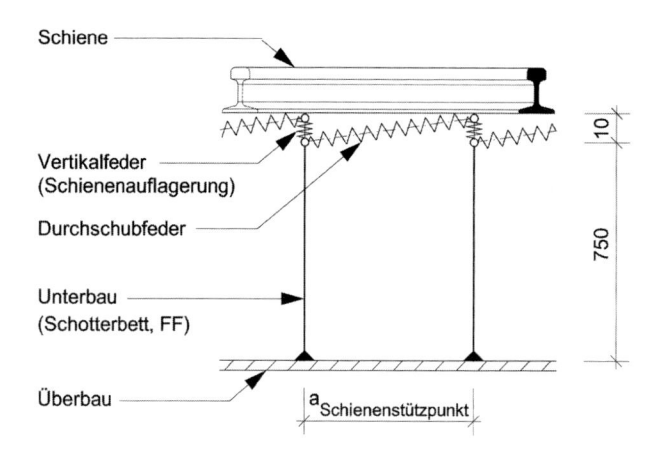

Bild 4-37. Modellierung der Kopplung von Schiene und Tragwerk

Die Verbindung zwischen Schiene und Tragwerk läßt sich mit dem Prinzip des Bildes 4-37 modellieren.

Neben dem Gleisbereich auf dem Überbau muß ein ausreichend langer Abschnitt des Bahndamms mit erfaßt werden. Für den Überbau kann das Berechnungsmodell der statischen Berechnung verwendet werden. Ein Ersatzmodell mit den gleichen Verformungseigenschaften im Bereich der Gleise ist unter Umständen zweckmäßiger, da das Gesamtmodell des Überbaus im allgemeinen keine Knoten an den Schienenstützpunkten aufweist. Die Verbindung zwischen Überbau und Schiene erfolgt im Abstand der Schienenstützpunkte. Bei größeren Abständen ist die Auswertbarkeit in Hinblick auf vertikale Verkehrslasten eingeschränkt. Der Höhenunterschied zwischen Fahrbahnoberkante und Schiene wird durch Koppelstäbe überbrückt. Die Schienen werden über Vertikalfedern und Durchschubfedern mit den Koppelstäben verbunden. Für den Fall einer Festen Fahrbahn ist als Vertikalfeder die Senkfedersteifigkeit gemäß [12, Anlage 29] anzusetzen. Bei Verwendung eines Berechnungsprogramms mit nichtlinearen Materialeigenschaften kann den Durchschubfedern direkt der Durchschubwiderstand bzw. der Längsverschiebewiderstand zugeordnet werden. Bei einer linearen Schnittkraftermittlung sind die Horizontalverformungen in den Schienenstützpunkten schrittweise zu bestimmen. Im ersten Schritt erhält die Durchschubfeder die zutreffenden linear-elastischen Materialeigenschaften. Nach Erreichen der jeweiligen Grenzverformung unter Belastung wird die Feder durch ein Kräftepaar ersetzt. Diese Iteration erfolgt solange, bis sich ein Gleichgewicht zwischen Schiene und Tragwerk/Bahndamm eingestellt hat. Mit dieser Modellierung lassen sich

- die minimalen und maximalen Schienenstützpunktkräfte,
- die Biegebeanspruchungen der Schienen aus direkter Verkehrsbelastung und aus der Durchbiegung des Überbaus sowie
- die zusätzlichen Schienenspannungen aus der Abtragung der Längskräfte infolge Temperaturschwankungen sowie Bremsen und Anfahren bestimmen.

5 Ergebnisauswertung

*Der Gebildete treibt die Genauigkeit nicht weiter,
als es der Natur der Sache entspricht.*

Aristoteles (384–322 v. Chr.)

Vor der eigentlichen Auswertung der Berechnungsergebnisse sind Plausibilitätskontrollen, wie die Überprüfung der Summe der Stützkräfte, durchzuführen, wobei ein Vergleich der eingetragenen Lasten mit den Stützkräften durch das Berechnungsprogramm nicht ausreicht. Bei symmetrischen Tragwerken und Belastungen müssen die Lagerkräfte ebenfalls symmetrisch ausfallen. Anhand der maximalen Durchbiegungen kann die eingegebene Gesamtsteifigkeit kontrolliert werden. Lokale Vernetzungsfehler werden sichtbar, wenn die Verformungen durch das Berechnungsprogramm bewegt dargestellt werden. Beim Einsatz von Flächen- oder Volumenelementen sind zusätzlich die oft vorhandenen programminternen Kontrollfunktionen (Überprüfung der Seitenverhältnisse und Winkel der Elemente, Fehlerabschätzungen usw.) zu verwenden. Durch die mehrfache Berechnung einer Brücke im Zuge der Dimensionierung erhält man ein Gefühl für das Tragverhalten der Konstruktion. Für unerwartete Ergebnisse sind konsequent die Ursachen zu suchen. In 99% aller Fälle hat der Computer recht. Oft sind die Eingabedaten falsch oder das Ergebnis ist tatsächlich richtig. Es ist die Aufgabe des Ingenieurs, ständig nach dem einen Prozent zu suchen. In Zweifelsfällen ist es hilfreich, Grenzwerte von Belastungen oder Steifigkeiten zu untersuchen. Die Ausgabe der Ergebnisse ist auf die systembedingte Genauigkeit abzustimmen, so daß meistens die Darstellung von 3 signifikanten Ziffern ausreicht.

Die Auswertung der Ergebnisse einer statischen Berechnung einer neuen Stahlbrücke ist in zwei Phasen einzuteilen. Das Berechnungsmodell wird mit der Entwurfsgeometrie sowie mit überschläglich ermittelten bzw. geschätzten Blechdicken aufgestellt. Die erste Phase beinhaltet die Dimensionierung der Bauteile. Darin werden anhand maßgebender Nachweise die vorab angesetzten Blechdicken überprüft und entsprechend verändert. In dieser ersten Phase wird die Querschnittsdimensionierung praktisch iterativ vorgenommen. Es ist zweckmäßig, mit den Schnittkräften des Ausgangssystems eine optimale Blechdickenverteilung festzulegen und danach die Schnittkräfte erneut zu bestimmen. Nach Überprüfung der Nachweise mit den veränderten Schnittkräften ist dieses Vorgehen bis zum Erreichen der gewünschten Querschnittsauslastung zu wiederholen. Die zweite Phase der Ergebnisauswertung beinhaltet die eigentlichen Standsicherheitsnachweise. Im Zuge dieser Nachweise ist ggf. örtlich eine Veränderung einzelner Blechdicken erforderlich. Als Anhaltspunkt, ob die gesamte Schnittkraftermittlung mit diesen Querschnittsänderungen erneut durchgeführt werden muß, kann die Regelung der DS 804 [12] herangezogen werden. Darin wird eine Überschreitung der zulässigen Werte um 3 % infolge unzutreffender Last- und Querschnittsannahmen zugelassen, wenn das Tragsystem unempfindlich gegenüber solchen Ungenauigkeiten ist. Falls durch die Nachweisführung mehrere Querschnitte verändert wurden, ist es zweckmäßig, nach Beendigung der statischen Berechnung eine ergänzende Schnittkraftermittlung mit den zutreffenden Blechdicken durchzuführen und die maßgebenden Nachweise zu überprüfen. Bei Nachrechnungen bestehender Stahlbrücken entfällt die erste Phase durch die Kenntnis der tatsächlich vorhandenen Querschnitte. Eine mehrfache Schnittkraftermittlung kann bei Verstärkungsmaßnahmen alter Brücken erforderlich werden.

Die Möglichkeit, Ergebnisse von Finite-Elemente-Programmen effektiv auszuwerten, hängt auch von der Modellierung der Konstruktion ab. Insbesondere betrifft dieses Modelldefinitionen wie z. B. Knoten- und Elementnummern, Querschnitts- und Materialeigenschaften sowie Koordinatensysteme. Die Art und Weise der Eingabe in das Berechnungsmodell hängt sehr von dem entsprechenden Programm ab. Einige allgemeingültige Aussagen können jedoch getroffen werden. Die Definition der Knoten- und Elementnummern erfolgt neben einer direkten Eingabe im Zuge der Netzgenerierung durch das Programm. Für die Auswertung der Ergebnisse ist u. U. eine bestimmte Knotenreihenfolge oder eine Zuordnung von Elementnummern sinnvoll. Beispielsweise ist es zweckmäßig, wenn von einer Fachwerkbrücke mit orthotroper Fahrbahnplatte alle Längsrippen durchgehend numeriert sind. Insofern ist bei der Generierung eines Modells durch das Berechnungsprogramm die Reihenfolge der Vernetzung entsprechend zu steuern. Über temporär explizit eingegebene Knoten oder Elemente, die nicht zur Struktur gehören und nach der Modellerstellung gelöscht werden, lassen sich bei einer automatischen Generierung Sprünge in den Knoten- und Elementnummern erzeugen. In den meisten Fällen werden eindimensionale Elemente zur Abbildung der Kon-

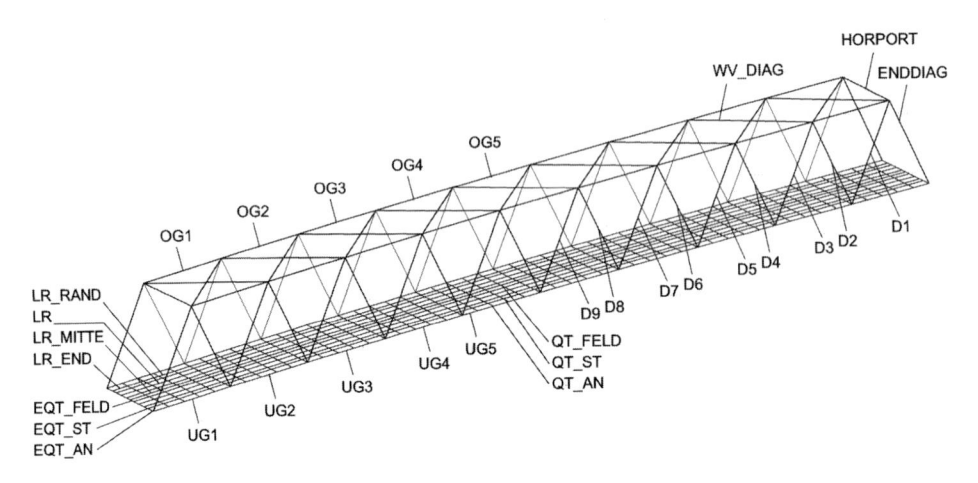

Bild 5-1. Zuordnung der Querschnitte der *EÜ Köln-Ehrenfeld*

5 Ergebnisauswertung

struktion verwendet. Neben einer numerischen Zuordnung der verschiedenen Querschnitte erhöht eine zusätzliche Namensdefinition die Übersichtlichkeit der Auswertung. Bei der im Abschnitt 4.3.5 beschriebenen Fachwerkbrücke sind die verschiedenen Querschnitte im FE-Programm durchnumeriert. Für die Auswertung ist eine zusätzliche alphanumerische Bezeichnung aller Querschnitte vereinbart. Für Stäbe mit gleichen Querschnitten, die getrennt auszuwerten sind bzw. unterschiedlichen Baugruppen angehören, sind unterschiedliche Querschnittsdefinitionen vorhanden. Dieses betrifft z.B. Längsrippen in der Brückenachse bzw. am Fahrbahnrand.

Tabelle 5-1. Überblick über die Berechnungsquerschnitte der *EÜ Köln-Ehrenfeld*

Lfd. Nr.	Querschnitt	Bemerkung
1 bis 5	OG1 bis OG5	Obergurt, Hohlkasten
6 bis 10	UG1 bis UG5	Untergurt, Hohlkasten
11	ENDDIAG	Enddiagonale, Hohlkasten
12 bis 20	D1 bis D9	Diagonalen, D1 und D2 Hohlkasten, sonst I-Profil
21	HORPORT	Endportal, Hohlkasten parallelogrammförmig
22	WV_DIAG	Windverband, Walzprofil
23	LR_RAND	Längsrippe im Randbereich
24	LR	Längsrippe im Einflußbereich der Verkehrslasten
25	LR_MITTE	Längsrippe in der Brückenachse
26	EQT_AN	Anschlußelement für Endquerträger zwischen Fachwerkachse und Innenkante des UG-Steges
27	EQT_ST	Stützquerschnitt des Endquerträgers
28	EQT_FELD	Feldquerschnitt des Endquerträgers
29	QT_AN	Anschlußelement für Querträger
30	QT_ST	Stützquerschnitt des Querträgers
31	QT_FELD	Feldquerschnitt des Querträgers
32	Fahrbahn	Fahrbahnelemente zur Lastgenerierung
33	LR_END	Längsrippe am Endknoten

In jedem Querschnitt sind für eine spätere Spannungsauswertung bestimmte Punkte (Fasern) von Interesse. Bei der Auswertung der Schnittkräfte sind i.d.R. unterschiedliche Nachweispunkte zu berücksichtigen. Zur Bestimmung der minimalen und maximalen Spannungen im Grundmaterial sind im allgemeinen die Eckpunkte des Querschnitts zu verwenden. Für zusammengesetzte Spannungs-

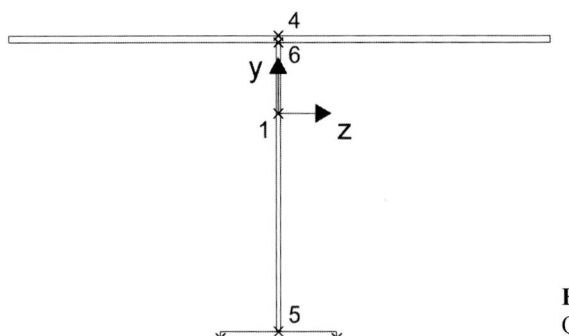

Bild 5-2.
Querträgerfeldquerschnitt mit Fasern zur Spannungsauswertung

nachweise sind die Normalspannungen an bestimmten inneren Fasern zu bestimmen. In dem in Bild 5-2 dargestellten Querträger sind folgende Spannungspunkte definiert:

1 – mittlere Normalspannung im Schwerpunkt
2, 3 – minimale und maximale Normalspannung im Untergurt
4 – minimale und maximale Normalspannung im Deckblech
5 – Normalspannung für den Vergleichsspannungsnachweis am UG-Anschluß
6 – Normalspannung für den Vergleichsspannungsnachweis am OG-Anschluß

Bei der Modellierung ist die Lage der lokalen Elementkoordinatensysteme zu beeinflussen. Die lokale x-Achse eines Balkenelements verläuft i.d.R. vom Startpunkt zum Endpunkt. Für Querschnitte einer Baugruppe (z.B. aller Stäbe einer Fachwerkscheibe) sollten die 2 anderen lokalen Achsen einheitlich definiert sein, so daß die Biegemomente M_y und M_z dieser Stäbe gleichgerichtet sind. Bei gleichartigen Bauteilen, wie den Hängern einer Stabbogenbrücke, ist es von besonderem Interesse, daß auch die lokale x-Achse in der gleichen Richtung verläuft. Bei der Auswertung der Schnittkräfte sind dann einheitlich nur die Werte des Start- oder Endknotens der entsprechenden Stäbe zu untersuchen.

Die Verwendung von Rechenprogrammen erhöht den Aufwand zur Aufstellung einer übersichtlichen statischen Berechnung. Vorgaben hierzu sind in entsprechenden Normen [12, 48] geregelt. In der eigentlichen statischen Berechnung sollten nur die maßgebenden Ergebnisse des Berechnungsprogramms in Form von Zahlen, Diagrammen oder Tabellen enthalten sein. Die Kontrollmöglichkeit der Ein- und Ausgabedaten ist über die Anlagen zu gewährleisten. Eine statische Berechnung muß auch noch in 50 Jahren prüfbar sein.

5.1 Schnittkraftzusammenstellung

Rechenprogramme liefern eine große Menge an Ergebnissen. In den Standsicherheitsnachweisen wird nur eine kleine Auswahl verwendet. Für die statische Berechnung sind vorbereitend die maßgebenden Schnittkräfte zusammenzustellen. Bedingt durch die Blechabmessungen und die begrenzte Anzahl an Blechdickenwechseln sind abschnittsweise konstante Querschnittsabmessungen vorhanden, wie es im Beispiel des Bildes 5-1 dargestellt ist. Dementsprechend sind die statischen Nachweise nur für die jeweils maßgebende Stelle jedes Querschnitts zu führen. Gleiches gilt für Bauteile mit in Längsrichtung dickenveränderlichen Blechen oder variablen Höhen, wobei die Zusammenstellung der Schnittkräfte anhand der Beanspruchungen mit den jeweils vorhandenen Querschnittskennwerten erfolgen muß. Für die Nachweise werden prinzipiell folgende Angaben für jeden Querschnitt benötigt:

- minimale und maximale Normalspannung mit den zugehörigen Schnittkräften
- maximale Querkräfte in beiden Richtungen mit den zugehörigen Schnittkräften
- maximale Torsionsmomente mit den zugehörigen Schnittkräften

Wenn im Berechnungsmodell Grundlastfälle definiert sind, müssen diese Werte aus den entsprechenden Lastfallkombinationen bestimmt werden. In Abhängigkeit der Berechnungsvorschriften sind durch die Superposition zusätzlich unterschiedliche Teilsicherheits- und Kombinationsbeiwerte bzw. getrennt ausgewertete Ergebnisse für die Lastfälle H, HZ und S zu berücksichtigen. Bei mehreren Berechnungsmodellen für unterschiedliche Lastanteile sind diese getrennt auszuwerten und bei der Nachweisführung zu superponieren, falls deren Ergebnisse nicht direkt überlagert werden können. Ergänzende Spannungen und Schnittkräfte z.B. zum Nachweis von Verbindungen oder bei Untersuchung der Lagerknoten sind über die entsprechenden Stabnummern direkt zu bestimmen. Die Berechnungsprogramme bieten ein begrenztes Angebot an Auswertemöglichkeiten. Mitunter ist es zweckmäßig, die Ergebnisse der FE-Berechnung über ergänzende Software bzw. Standardprogramme (Tabellenkalkulation) weiter zu verarbeiten. Für eine effektive Auswertung ist ein Programmsystem zu empfehlen, welches folgende Auswahlmöglichkeiten besitzt:

Schnittkräfte: Lastfälle statischer Berechnungen oder Schnittkräfte der Zeitschritte nichtlinearer oder dynamischer Berechnungen
Auswahlkriterium: Normal- oder Schubspannung, Schnittkraft (F_x, F_y, F_z, M_x, M_y, M_z) bzw. Bemessungskriterium
Auswahlliste: Vorgabe eines unteren Grenzwertes einer Spannung oder Schnittkraft
alternativ Grundlastfälle oder Lastfallkombinationen
Lastfälle
Querschnitt

	Stabnummer
	Stabanfang und/oder Stabende
	Fasern gemäß Querschnittsdefinition
Auswahlmethode:	(gemäß Auswahlkriterium für alle in der Auswahlliste enthaltenen Stäbe)
	Gesamtberechnung
	Minimum/Maximum für jeden Querschnitt
	Minimum/Maximum für jeden Stab
	maximale Differenz des Auswahlkriteriums für jeden Querschnitt
	maximale Differenz des Auswahlkriteriums für jeden Stab
Ausgabe:	Spannungen und Schnittkräfte
Optionen:	Konvertierung von Maßeinheiten zwischen FE-Programm und Auswertung
	alternative Berücksichtigung von Einzelknicklängen der Stäbe bei der Spannungsberechnung
	Verschiedene Lastfallkombinationen für Bauteile mit unterschiedlichen Schwing- bzw. Kombinationsbeiwerten

5.2 Spannungsnachweise

Das entscheidende Kriterium zur Dimensionierung sind die minimalen und maximalen Spannungen im Grundmaterial mit einer Auswertung nach Querschnitten. Bei Überschreitung der zulässigen Spannungen ist anhand der zugehörigen Schnittkräfte festzulegen, welche Bleche verstärkt werden müssen. Analog ist bei einer Nichtauslastung zu verfahren. Wenn die Spannungen zu groß sind, ist es bei statisch unbestimmten Konstruktionen manchmal zweckmäßig, für eine Schnittkraftumlagerung in andere Tragwerksbereiche das betreffende Bauteil schwächer zu dimensionieren. Bei Zwangsbeanspruchungen ist es mitunter nur möglich, die Konstruktion zu verändern, so daß diese Beanspruchungen ausgeschlossen werden. Die Tabelle 5-2 enthält ein Beispiel für die minimalen und maximalen Spannungen aller Querschnitte der *EÜ Köln-Ehrenfeld* im Lastfall H. Bauteile, die nicht infolge direkter Lasteinleitung aus Verkehr beansprucht werden (OG, Diagonalen, Windverband, Endportale), sind durch die Einhaltung der zulässigen Spannungen im Lastfall H bereits nachgewiesen. Die Längsnähte der zusammengesetzten Querschnitte sowie die Lasteinleitung in die Fachwerkknoten sind mit den entsprechenden maximalen Schnittkräften zu bemessen. Die Querträger sind analog zu behandeln, da die direkte Querträgerbelastung durch die Gesamttragwirkung erfaßt wurde. In den Schnittkräften der Fachwerkuntergurte sind die Verkehrslasten mit dem Schwingbeiwert der Gesamttragwirkung enthalten. Hier sind zusätzlich die Differenzanteile aus der Verkehrsbelastung zu ermitteln, die sich durch die unterschiedlichen Einflußlängen für die Schwingbeiwerte zwischen

5.2 Spannungsnachweise

lokaler und globaler Tragwirkung ergeben. Bei den Längsrippen sind neben den Beanspruchungen der Gesamttragwirkung noch die aus der direkten Lasteinleitung zu addieren. Im Fahrbahnblech sind die Tragwirkungen aus der Gesamttragwirkung der Brücke in Längsrichtung, der Belastung der Querträger und der lokalen Belastung der Längsrippen sowie des Fahrbahnbleches selbst zu berücksichtigen.

Tabelle 5-2. Minimale und maximale Spannungen im Lastfall H für jeden Querschnitt der *EÜ Köln-Ehrenfeld*

Quer-schnitt	LFK	Stab	Faser	Kn.	min σ_x [N/mm²]	LFK	Stab	Faser	Kn.	max σ_x [N/mm²]
OG1	122	1	2	1	−158.9	0	0	0	1	0.0
OG2	134	30	5	2	−178.3	0	0	0	1	0.0
OG3	125	12	4	2	−181.3	0	0	0	1	0.0
OG4	131	22	4	2	−181.7	0	0	0	1	0.0
OG5	129	18	4	2	−180.0	0	0	0	1	0.0
UG1	120	73	3	1	−70.9	138	172	5	2	48.6
UG2	104	81	4	1	−1.5	136	165	2	1	108.4
UG3	0	0	0	1	0.0	134	160	2	1	152.5
UG4	0	0	0	1	0.0	132	155	2	1	156.2
UG5	0	0	0	1	0.0	130	150	2	1	156.1
ENDDIAG	138	332	2	2	−147.9	0	0	0	1	0.0
D1	0	0	0	1	0.0	122	180	5	2	205.6
D2	122	181	3	1	−179.0	0	0	0	1	0.0
D3	0	0	0	1	0.0	117	317	4	1	207.0
D4	116	316	2	2	−139.1	105	189	4	1	3.1
D5	0	0	0	1	0.0	115	229	5	1	187.4
D6	114	228	3	2	−103.6	107	197	4	1	20.9
D7	0	0	0	1	0.0	113	221	5	1	126.6
D8	111	220	3	2	−77.7	109	205	4	1	37.8
D9	109	212	4	2	−32.2	111	213	5	1	76.9
HORPORT	119	333	2	1	−11.2	119	333	5	1	16.5
WV_DIAG	137	373	4	2	−49.4	113	370	2	2	29.8
LR_RAND	0	0	0	1	0.0	120	780	2	2	112.9
LR	118	676	2	1	−14.9	117	476	2	2	131.8
LR_MITTE	118	626	2	1	−20.0	117	626	2	2	107.7
LR_END	0	0	0	1	0.0	127	777	2	2	177.8
EQT_AN	160	838	4	2	−29.8	159	838	5	2	12.3
EQT_ST	159	836	5	1	−56.2	159	836	2	1	36.6
EQT_FELD	159	833	5	1	−83.0	159	833	2	1	52.1
QT_AN	157	1318	3	2	−68.4	157	1318	4	2	43.1
QT_ST	157	1317	3	2	−42.5	178	1405	3	2	65.8
QT_FELD	167	1072	4	2	−34.6	178	1408	3	2	112.7

LFK   Nummer der Lastfallkombination
Stab   Stabnummer des maßgebenden Querschnitts
Kn.   Knoten am Stab; 1 – Stabanfang, 2 – Stabende
Faser   Spannungspunkt gemäß Bezeichnung im Querschnitt

5.3 Stabilitätsnachweise

Einen Überblick über zu führende Stabilitätsnachweise gibt der Abschnitt 4.2. Für stabförmige Bauteile sind neben den normalen Spannungsnachweisen die Sicherheiten gegen das Knicken der druckbeanspruchten Stäbe nachzuweisen. Analog zu den Normalspannungsnachweisen ist hier die Untersuchung der verschiedenen Querschnitte ausreichend. Im Beispiel der *EÜ Köln-Ehrenfeld* erfolgte der Nachweis nach DIN 4114 [33]. Tabelle 5-3 enthält die Stabilitätsnachweise der maßgebenden Querschnitte gegen das knickstabähnliche Versagen.

Tabelle 5-3. Minimale und maximale Spannungen im Lastfall H unter Berücksichtigung der Knicklänge (ω-Faktor) für die maßgebenden Querschnitte der *EÜ Köln-Ehrenfeld*

Querschnitt	LFK	Stab	Faser	Kn.	$\min\sigma_x$ [N/mm²] $\max\sigma_x$ [N/mm²]		Knicklänge [mm]	Lambda	Omega
OG1	122	1	2	1	−168.7	> −210	11500.9	34.2	1.14
	0	0	0	1	0.0				
OG2	134	30	5	2	−198.8	> −210	11502.1	33.8	1.14
	0	0	0	1	0.0				
OG3	125	12	4	2	−203.3	> −210	11500.1	34.9	1.15
	0	0	0	1	0.0				
OG4	131	22	4	2	−204.5	> −210	11500.6	35.4	1.15
	0	0	0	1	0.0				
OG5	129	18	4	2	−203.0	> −210	11500.2	35.7	1.15
	0	0	0	1	0.0				
ENDDIAG	138	332	2	2	−159.8	> −210	12997.1	40.9	1.20
	0	0	0	1	0.0				
D2	136	324	2	2	−203.0	> −210	12973.7	48.9	1.27
	0	0	0	1	0.0				
D4	115	316	2	2	−187.5	> −210	12950.5	74.1	1.66
	0	0	0	1	0.0				
D6	113	228	3	2	−127.3	> −140	12927.4	78.7	1.53
	107	197	4	1	5.0		12868.3	78.3	1.53
D8	111	220	3	2	−93.9	> −140	12904.3	74.3	1.47
	109	205	4	1	37.8				
D9	109	292	5	2	−32.7	> −140	12881.4	74.1	1.47
	111	213	5	1	76.9				
WV_DIAG	137	373	4	2	−65.3	> −140	14736.0	108.5	2.08
	113	370	2	2	29.8				

Knicklänge	rechnerische Knicklänge des Stabes
Kn.	Knoten am Stab; 1 – Stabanfang, 2 – Stabende
Lambda	Schlankheit λ mit dem maßgebenden Trägheitsradius
Omega	ω-Faktor gemäß DIN 4114 für S 235 bzw. S 355

5.4 Betriebsfestigkeitsnachweise

Die Nachweise an Stahlbrücken sind in großem Umfang Betriebsfestigkeitsnachweise. Diese hängen von folgenden Faktoren ab:

1. Betriebsfestigkeitsrelevante Verkehrsbelastung
2. Geometrische Einflußlänge des Bauteils bei Verkehrsbelastung
3. Konstruktive Ausbildung des untersuchten Bauteils

Für die ersten beiden Punkte sind die erforderlichen Angaben in den entsprechenden Normen [12, 13, 21, 24, 49] geregelt. Die konstruktive Ausbildung ist in jedem Nachweispunkt hinsichtlich der Einstufung in eine Kerbgruppe gesondert zu beurteilen. Neben einachsigen Betriebsfestigkeitsnachweisen sind analog zu den normalen Spannungsnachweisen mehrachsige sowie Vergleichsspannungsnachweise zu führen. Ebenso treten Beanspruchungen aus der Gesamttragwirkung sowie aus der direkten Lasteinleitung auf. Die Nachweise müssen deshalb für jede maßgebende Stelle gesondert geführt werden. Durch die Auswertung der Ergebnisse des Berechnungsprogramms können jedoch die maßgebenden Spannungsdifferenzen der Querschnitte wie im Beispiel der Tabelle 5-4 bereitgestellt werden. Grundlage sind gesonderte Lastfallkombinationen, die die o.g. Einflüsse der Verkehrsbelastung und der Geometrie der Bauteile beinhalten.

Tabelle 5-4. Maximale Spannungsdifferenzen für den Betriebsfestigkeitsnachweis

Querschnitt	Stab	Faser	Kn.	$\Delta\sigma_x$ [N/mm²]	Kappa	max σ_x [N/mm²]	min σ_x [N/mm²]	max LFK	min LFK
OG1	1	2	1	29.0	0.77	−95.0	−124.0	300	322
OG2	8	4	2	34.9	0.76	−108.5	−143.4	300	323
OG3	12	4	2	35.9	0.76	−112.2	−148.1	300	325
OG4	16	4	2	35.5	0.76	−111.7	−147.2	300	327
OG5	17	4	2	35.0	0.76	−113.3	−148.3	300	329
ENDDIAG	252	3	2	29.5	0.74	−84.8	−114.3	300	338
D1	180	5	2	37.6	0.75	147.7	110.1	322	300
D2	181	3	1	36.2	0.75	−111.0	−147.2	302	322
D3	188	5	2	37.7	0.75	149.4	111.6	324	302
D4	189	3	1	35.3	0.73	−97.8	−133.1	304	325
D5	196	5	2	36.4	0.72	130.7	94.3	326	304
UG1	75	5	2	11.6	0.66	−22.6	−34.2	300	320
UG2	115	3	1	21.6	0.71	75.2	53.5	336	300
UG3	85	3	2	28.5	0.74	108.4	79.9	324	300
UG4	89	3	2	28.7	0.74	111.7	83.1	326	300
UG5	95	3	2	28.5	0.75	112.3	83.8	328	300
D6	197	3	1	26.4	0.69	−59.0	−85.5	306	327
D7	204	5	2	27.7	0.66	81.8	54.1	327	306
D8	205	3	1	25.0	0.51	−25.8	−50.8	308	330
D9	212	5	2	21.8	0.43	38.4	16.6	329	308

Tabelle 5-4. (Fortsetzung)

Querschnitt	Stab	Faser	Kn.	$\Delta\sigma_x$ [N/mm²]	Kappa	max σ_x [N/mm²]	min σ_x [N/mm²]	max LFK	min LFK
HORPORT	333	5	1	2.8	0.77	12.2	9.4	319	300
LR_RAND	380	2	2	20.2	0.75	81.7	61.5	320	300
LR	427	2	1	27.2	0.70	91.8	64.7	327	301
LR_MITTE	577	2	1	25.6	0.63	70.0	44.4	327	301
LR_END	377	2	2	30.6	0.77	130.6	100.0	327	300
WV_DIAG	343	2	2	9.3	0.46	–7.9	–17.2	300	321
EQT_AN	827	4	1	17.2	0.37	–10.1	–27.2	341	360
EQT_ST	829	5	2	26.7	0.47	–23.9	–50.6	300	359
EQT_FELD	832	5	2	40.3	0.46	–34.3	–74.6	300	359
QT_AN	947	2	1	41.0	0.31	–18.6	–59.6	342	363
QT_ST	1393	3	2	38.0	0.33	56.9	18.9	378	300
QT_FELD	1408	3	2	65.1	0.34	99.1	34.0	378	300

Kappa Spannungsverhältnis κ
Kn.   Knoten am Stab; 1 – Stabanfang, 2 – Stabende
Fa.   Spannungspunkt gemäß Bezeichnung im Querschnitt

5.5 Auswertung dynamischer Berechnungen

Die Auswertung der dynamischen Berechnungen von Brücken hängt immer von dem zu untersuchenden Problem ab. In vielen Fällen ist die Bestimmung von Eigenfrequenzen und -formen ausreichend. Damit reduziert sich die „Auswertung" auf die Darstellung der Eigenformen und einen Vergleich von Frequenzwerten mit zulässigen oder empfohlenen Werten. Im Abschnitt 4.3.2 ist am Beispiel der *Fußgängerbrücke Altglienicke* die Untersuchung des Eigenfrequenzverhaltens erläutert. Für den Fall, daß neben Eigenfrequenzen auch Verformungen oder Schnittkräfte über den Zeitverlauf zu untersuchen sind, fallen größere Datenmengen an. Die Auswertung der Zeitfunktionen von Knotenbeschleunigungen oder -verschiebungen, wie z.B. bei der Hohenzollerndammbrücke im Abschnitt 4.3.4, ist bei Beschränkung auf ausgewählte Einzelknoten ohne großen Aufwand möglich. Anders ist es, wenn in den Zeitschritten der Analyse einer dynamischen Belastung Schnittkräfte und Spannungen auszuwerten sind. Eine effiziente Datenverwaltung ergibt sich, wenn das statische Berechnungsmodell für die dynamischen Untersuchungen weiter genutzt wird und die Ergebnisse analog der statischen Nachweise aufbereitet werden. Für das Beispiel der *EÜ Köln-Ehrenfeld* wurden im Abschnitt 4.3.5 die Beanspruchungen in den Querschnitten der Fachwerkstäbe infolge einer dynamischen Verkehrsbelastung ausgewertet. Die Ermittlung der in Tabelle 4–10 angegebenen minimalen und maximalen Spannungen erfolgte analog der Werte der statischen Berechnung (s. Tabelle 5-2), wobei anstelle der Lastfallkombinationen die berechneten 1500 Zeitschritte traten. Weitere Vorteile des gleichen Berechnungsmodells sind:

- Das Modell ist hinsichtlich des statischen Tragverhaltens geprüft.
- Statische Vergleichslastfälle dienen der Kontrolle der dynamischen Ergebnisse.
- Statische Lastfälle und dynamische Zeitschritte lassen sich direkt superponieren, wodurch Gesamtbeanspruchungen aus statischen und dynamischen Belastungen bestimmt werden können.
- Der reine dynamische Lastanteil ist durch Abzug des jeweils entsprechenden statischen Vergleichslastfalles zu ermitteln.

Insofern sollte bei Brücken, bei denen mit zusätzlichen dynamischen Berechnungen zu rechnen ist, das Berechnungsmodell so aufgestellt werden, daß es für alle Analyseverfahren eingesetzt werden kann. Hinsichtlich der Modellierung und Auswertung dynamischer Berechnungen ist zu ergänzen, daß es für das Schwingungsverhalten einer Brücke nur in speziellen Fällen eine „sichere Seite" gibt. Diese betreffen die konstruktive Ausbildung im Hinblick auf die Größe der Eigenfrequenzen sowie die Dämpfung der Konstruktion. Bei einer Gefahr möglicher Resonanzerscheinungen (Schrittfrequenzen von Fußgängern, Resonanzfrequenzen durch Eisenbahnverkehr) sollten die Eigenfrequenzen des Überbaus möglichst mit großem Abstand zu den kritischen Werten liegen. Die tatsächlichen dynamischen Systemantworten sind umgekehrt proportional zur Dämpfung. Mit größeren Dämpfungswerten, die bei Stahlkonstruktionen meist nur durch zusätzliche Maßnahmen zu erreichen sind, nehmen die Schwingungserscheinungen ab.

5.6 Verformungen

Verformungsberechnungen (Verschiebungen, Verdrehungen) und deren Auswertung erfolgen für unterschiedliche Zwecke:

- Bestimmung der spannungslosen Werkstattform
- Nachweis zulässiger Durchbiegungen und Endtangentenverdrehungen
- Nachweis der Gebrauchstauglichkeit
- Ermittlung der erforderlichen Lagerverschiebungen und Verdrehungen
- Bestimmung der Dehnwege von Fugenübergängen
- Berechnung von Verformungen für Bauzustände

Das Herangehen für Verformungsberechnungen von Stahlbrücken sollte sein, alles so genau wie möglich zu berücksichtigen. Abgesehen vom Nachweis der Einhaltung zulässiger Grenzwerte gibt es bei Verformungsberechnungen keine sichere Seite. Zudem können ungewollte Einflüsse der Ausführung (Blechdickentoleranzen, Schrumpfungen der Schweißnähte usw.) nicht planmäßig berücksichtigt werden. In Sonderfällen sind Verformungszuwächse aus dem Einfluß der Theorie

II. Ordnung einzurechnen, auch wenn diese für die Spannungsnachweise nicht relevant sind.

Fertigungsgrundlage jeder Stahlbrücke sind die Werkstattzeichnungen. Neben den geometrischen Abmessungen ist in den Blechkonturen die spannungslose Werkstattform enthalten, mit der die Konstruktion „spannungslos" zusammengebaut wird. Nach Freisetzen sowie Einbau des Überbaus und Aufbringen der zusätzlichen ständigen Lasten muß die fertige Brücke planmäßige geometrische Abmessungen aufweisen, die in sehr geringen Toleranzen liegen. Deshalb sind zur Berechnung der spannungslosen Werkstattform alle maßgebenden Anteile zu erfassen. Grundlage bildet die Geometrie mit der Gradiente des zu überführenden Verkehrsweges. Der Sollgeometrie im Endzustand werden die Verformungen der Belastungen überlagert. Dazu zählen:

- das genaue Eigengewicht der Konstruktion sowie der Ausbauten
- Verkehrslastanteile (z. B. für 25 % der Verkehrsbelastung gemäß [12])
- ggf. zusätzliche Überhöhungen bei planmäßigen Stützpunktverschiebungen
- Montageunterstützungen und -reihenfolgen
- zeitabhängiges Verhalten von Abspannungen und Seilen
- Schwinden und Kriechen von Stahlbetonfahrbahnplatten

Neben vertikalen Überhöhungen der Haupt- und Querträger sind u. U. auch horizontale Vorverformungen, z. B. von freistehenden Bögen oder Pylonen, zu berücksichtigen.

Der Nachweis zulässiger Durchbiegungen und Endtangentenverdrehungen ist insbesondere für Eisenbahnbrücken notwendig, da die Verformungen aus Verkehrsbelastung in Abhängigkeit der Fahrgeschwindigkeit den Fahrkomfort sowie die Beanspruchungen der Gleise an den Fahrbahnübergängen bestimmen. Hierfür sind vor allem die Wirkungen der Verkehrslasten, ungleicher Temperaturänderungen sowie das Langzeitverhalten von massiven Fahrbahnplatten von Bedeutung. Für die Gebrauchstauglichkeit sind neben den Nachweisen zulässiger Grenzwerte auch die Freihaltung von Lichtraumprofilen für den Verkehr auf der Brücke bzw. des überführten Verkehrsweges zu garantieren. Dazu sind die elastischen Verformungen der Konstruktion zu untersuchen, die nicht durch die spannungslose Werkstattform ausgeglichen werden. Die Einhaltung zulässiger Maßabweichungen der Bauausführung ist, abgesehen von Ausnahmefällen wie im Beispiel der Stahlverbundhohlkastenbrücke des Abschnitts 6.2, rechnerisch nicht zu verfolgen.

Zur Ermittlung der Verschiebungen und Verdrehung von Lagern sowie der Dehnwege von Fahrbahnübergängen sind alle relevanten Anteile, wie z. B.

- Temperaturdehnungen
- Durchbiegungen des Tragwerks unter Eigengewicht und Verkehr
- Verformungen der Unterbauten

- Baugrundbewegungen
- Schwinden und Kriechen von massiven Fahrbahnplatten
- oder Lagerverschiebungen bei elastischer Lagerung

zu berücksichtigen. Die geltenden Normen [12, 19, 24] enthalten für die anzusetzenden Temperaturdifferenzen zulässige Abminderungen, wenn die Einstellung der Lager auf Grundlage der Messung der mittleren Bauwerkstemperatur erfolgt. Bei der praktischen Bauausführung werden die Bedingungen für ein solches Vorgehen nur in Einzelfällen gegeben sein, so daß bei der Berechnung von den jeweils anzusetzenden Maximalwerten auszugehen ist. Eine großzügige Dimensionierung der zulässigen Lagerverschiebungen und -verdrehungen erhöht die Funktionssicherheit über die gesamte Standzeit der Brücke.

5.7 Montagevorgänge

Der erforderliche Berechnungsaufwand für Montagevorgänge kann, wie die Beispiele im Abschnitt 3.3 zeigen, sehr umfangreich werden. Bei einer Vormontage des Stahlüberbaus mit nachfolgendem Einschub sind für die Bauausführung über den gesamten Montagezeitraum alle relevanten Verformungen sowie Unterstützungskräfte durch die statische Berechnung bereitzustellen. Beispiele von Verformungs- und Auflagerkraftdiagrammen des Einschubs einer Brücke zeigen die Bilder 3-31 und 3-32. Gleichfalls ist in jeder Phase die Standsicherheit des Überbaus nachzuweisen. Bei Verschubvorgängen sind sowohl die Spannungen im Gesamttragwerk als auch in örtlichen Lasteinleitungspunkten zu bestimmen. Der Nachweis der örtlichen Beanspruchung der Stahlkonstruktion über Verschublagern erfolgt mit den maximalen Auflagerkräften aus Eigengewicht, Verkehr und Zusatzlasten. Neben den Spannungsnachweisen sind insbesondere Stabilitätsnachweise zu führen (s. Abschnitt 4.2.2).

Die maßgebenden Beanspruchungen des Gesamttragwerks lassen sich analog zu den Spannungsnachweisen des Endzustandes gemeinsam für alle Verschubphasen ermitteln, wie am Beispiel der *EÜ Köln-Ehrenfeld* gezeigt wird. Der Überbau wurde auf einem Montageplatz hinter dem östlichen Widerlager 1,5 m parallel zur späteren Brückenachse vormontiert. Bedingt durch eine begrenzte Gesamtlänge des Vormontageplatzes auf 70 m war eine Vormontage des insgesamt 115 m langen Überbaus in einzelnen Abschnitten sowie ein Verschieben in mehreren Phasen erforderlich. Die Montage erfolgte in 3 Abschnitten. Das erste Montagesegment umfaßte 6 UG-Felder, beginnend vom westlichen Fahrbahnübergang. Nach Fertigstellung dieses Abschnitts wurde ein Längsverschub um 20,5 m vorgenommen, so daß der Überbau knapp 2 UG-Felder über das östliche Widerlager hinausragte. Im zweiten Teil erfolgte die Montage von zwei weiteren UG-Feldern mit nachfolgendem Verschub über eine Zwischenunterstützung. Die letzte Phase umfaßte den Anbau des 3. Abschnitts sowie den Längs- und Querverschub über weitere Monta-

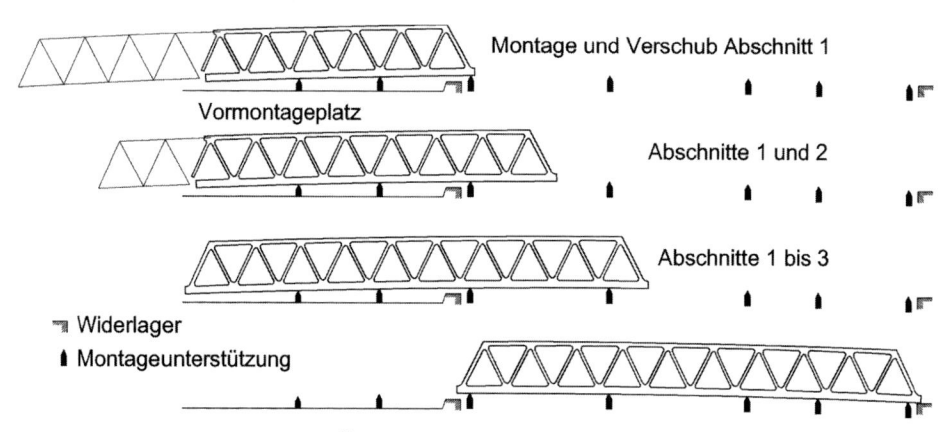

Bild 5-3. Montagephasen der *EÜ Köln-Ehrenfeld* während des Längsverschubs

geunterstützungen in die Endlage. Eine Ansicht des Überbaus kurz vor Erreichen des westlichen Widerlagers ist Bild 4-32 zu entnehmen.

Zur Schnittkraftermittlung diente das räumliche FE-Modell des Endzustandes. Die Stäbe von Bauteilen, die noch nicht existierten, wurden masse- und quasi steifigkeitslos definiert. Die Simulation des Verschubes im Berechnungsprogramm erfolgte durch die Veränderung der Lagerungsbedingungen mit einer Verschubschrittweite der Querträgerabstände von 2,3 m. Insgesamt ergaben sich 52 Schritte. Bei Erreichen oder Verlassen einer Verschubstation wurde je ein zusätzlicher Rechenschritt (Bezeichnung VS-Nr. 100 bzw. +200) eingefügt. Da in jedem Berechnungsschritt alle Stäbe im Modell vorhanden sind, ist eine gemeinsame Spannungsauswertung für jeden Querschnitt analog der statischen Nachweise möglich. Anstelle der Lastfallkombinationen treten dabei die Verschubschritte. Tabelle 5-5 enthält die minimalen und maximalen Normalspannungen im Tragwerk infolge Eigengewicht im Verlauf des gesamten Verschubvorgangs. Bei der Nachweisführung sind diesen Werten noch die Beanspruchungen aus Zusatzlasten und unplanmäßigen Einwirkungen zu überlagern.

5.7 Montagevorgänge

Tabelle 5-5. Minimale und maximale Spannungen in den Verschubzuständen für jeden Querschnitt der *EÜ Köln-Ehrenfeld*

Quer-schnitt	VS	Stab	Faser	Kn.	min σ$_x$ [N/mm^2]	VS	Stab	Faser	Kn.	max σ$_x$ [N/mm^2]
OG1	151	36	2	2	−40.7	44	40	4	2	11.3
OG2	151	30	5	2	−45.7	239	44	4	2	19.2
OG3	151	26	4	2	−46.0	31	61	4	1	23.5
OG4	151	22	5	2	−46.9	31	52	4	2	22.4
OG5	151	18	5	2	−46.7	128	53	4	1	19.0
UG1	52	121	3	2	−68.8	52	122	4	1	90.6
UG2	43	131	3	1	−61.8	43	130	4	2	67.1
UG3	239	134	3	2	−65.0	239	135	4	1	68.0
UG4	19	155	3	1	−52.3	19	105	5	1	49.9
UG5	128	146	3	1	−50.9	139	100	5	1	48.9
ENDDIAG	52	252	5	2	−43.1	139	253	3	1	12.8
D1	44	260	5	2	−19.4	52	180	5	2	51.8
D2	52	181	3	1	−50.2	16	324	3	2	17.1
D3	239	265	3	1	−33.5	151	268	4	2	49.3
D4	151	272	5	2	−34.8	15	316	3	2	29.7
D5	117	312	3	2	−42.8	52	196	5	2	45.0
D6	52	200	5	2	−25.8	13	277	3	1	34.9
D7	20	301	3	1	−37.1	151	284	4	2	27.3
D8	1	297	4	1	−36.0	16	205	2	1	34.1
D9	15	289	3	1	−38.8	1	293	4	1	40.0
HORPORT	128	336	3	2	−7.6	239	336	4	2	7.2
WV_DIAG	151	374	5	2	−25.9	151	369	3	2	22.3
LR_RAND	239	788	2	2	−39.8	151	801	2	1	26.4
LR	52	476	2	1	−35.1	151	750	2	1	26.1
LR_MITTE	239	589	2	1	−25.1	151	600	2	1	25.7
LR_END	52	377	2	2	−46.2	52	426	2	2	34.6
EQT_AN	52	827	4	1	−4.3	52	1427	2	1	3.1
EQT_ST	52	828	4	1	−4.0	52	828	3	1	3.0
EQT_FELD	151	832	5	2	−6.3	24	834	3	1	3.4
QT_AN	52	839	2	1	−12.1	52	839	4	1	7.8
QT_ST	52	840	3	1	−7.5	52	841	2	2	7.5
QT_FELD	52	844	4	2	−4.0	52	844	2	2	14.8

VS Nummer des Verschubschritts
Stab Stabnummer des maßgebenden Querschnitts
Faser Spannungspunkt gemäß Bezeichnung im Querschnitt
Kn. Knoten am Stab; 1 – Stabanfang, 2 – Stabende

Neuheiten in der Tragsicherheitsbewertung

Klaus Steffens
Experimentelle Tragsicherheitsbewertung von Bauwerken
Grundlagen und Anwendungsbeispiele
2002. 252 Seiten,
368 Abbildungen, 4 Tabellen
Br., € 69,-* / sFr 102,-
ISBN 3-433-01748-4

Die experimentelle Tragsicherheitsbewertung von Bauwerken in situ ist in Methodik und Technik entwickelt, erprobt und eingeführt. Mit Belastungsversuchen an vorhandenen Bauteilen und Bauwerken lassen sich ergänzend zu analytischen Verfahren bedeutende Erfolge bei der Substanzerhaltung und Ressourcenschonung erzielen. Das Buch vermittelt durch die exemplarische Darstellung von 70 Anwendungsbeispielen aus allen Bereichen des Bauwesens einen Einblick in die enorme Anwendungsbreite des Verfahrens.

Dirk Werner
Fehler und ihre Vermeidung bei Tragkonstruktionen im Hochbau
2002. 412 Seiten
zahlreiche Abbildungen
Gb., € 85,-* / sFr 125,-
ISBN 3-433-02848-6

Um Fehler bei der Planung und Ausführung künftig vermeiden zu helfen, sind in diesem Buch Fallbeispiele analysiert. Es werden typische Fehler im Beton-, Stahlbeton- und Spannbetonbau sowie im Stahlbau, Stahlverbundbau, Mauerwerksbau und Holzbau zusammengetragen, standsicherheitsrelevante Punkte beleuchtet und Schlussfolgerungen für die Planung und Ausführung gezogen. Erweiterbare Checklisten für die Überwachung von Arbeiten an tragenden Konstruktionen ergänzen das Buch und sind als Hilfsmittel für die Bauüberwachung gedacht.

Ernst & Sohn
Verlag für Architektur und
technische Wissenschaften GmbH & Co. KG

Für Bestellungen und Kundenservice:
Verlag Wiley-VCH
Boschstraße 12
69469 Weinheim
Telefon: (06201) 606-**400**
Telefax: (06201) 606-184
Email: service@wiley-vch.de

Ernst & Sohn
A Wiley Company
www.ernst-und-sohn.de

* Der €-Preis gilt ausschließlich für Deutschland

6 Zusätzliche Einflüsse und spezielle Anwendungen

*Vorhersagen sind immer schwierig,
insbesondere wenn sie die Zukunft betreffen.*

Niels Bohr (1885–1962)

Das Interessante an der Ingenieurtätigkeit ist, daß trotz „genauer" Planung und Berechnung mitunter das Ergebnis anders ist, als man erwartet hat. Dabei müssen nicht gleich (unangenehme) Schadensfälle auftreten, die eine intensive Suche nach Ursachen und Fehlern erfordern. Schon geringe unplanmäßige Abweichungen der ausgeführten Geometrie von der Sollform können intensive Überlegungen zur Klärung der mechanischen Hintergründe bedingen. Tatsächlich werden bei den Standsicherheitsnachweisen unbewußt eine Vielzahl von Einflüssen vollkommen außer Acht gelassen, die „im allgemeinen" für das Ergebnis ohne Bedeutung bzw. nicht vorhersehbar sind. Im folgenden sind einige Punkte aufgezählt, die das theoretische Ergebnis der Planung einer Stahlbrücke beeinflussen:

(1) Planungs- und Berechnungsfehler
(2) Ausführungsfehler
(3) Rechengenauigkeiten und Modellierungsansätze
(4) Blechdickentoleranzen
(5) E-Modul-Toleranzen
(6) Streuung der Dichte
(7) Masseneinfluß aus Beschichtungsstoffen, Aussteifungen, Schweißnähten
(8) Abweichung der tatsächlich ausgeführten spannungslosen Werkstattform von den Planvorgaben
(9) Schweißnahteigenspannungen und -verformungen
(10) Temperaturverteilung während des gesamten Montagezeitraums
(11) Anschlußgeometrie bei Verbindung von Montageeinheiten auf der Baustelle
(12) Schnittkraftumlagerungen durch das Freisetzen des in der „spannungslosen" Geometrie verschweißten Überbaus
(13) Lasteinfluß von Montagehilfsmitteln
(14) Schnittkraftumlagerungen aus Montageverbänden
(15) Lagerverformungen und -verschiebungen
(16) Setzungen von Hilfsunterstützungen während der Montage
(17) Einfluß aus Betoniervorgängen bei Stahlverbundbrücken
(18) Meß(un)genauigkeiten und -toleranzen
(19) Unzutreffende Belastungsannahmen und -vorgaben
(20) Zusammenbau- und Schweißnahtreihenfolgen
(21) Planmäßig und unplanmäßig geschweißte Montagelaschen, die nach Nutzung wieder entfernt werden
(22) Unplanmäßige Toleranzen der Einzelbauteile, die bei den Montageverbindungen passend gemacht werden

Diese Aufzählung ist weder vollständig, noch die Reihenfolge mit einer Wertung verbunden. Bei vorhandenen Unterschieden zwischen Theorie und Praxis sind in jedem Fall alle Schritte von der Planung über die Vormontage bis zum Zusammenbau auf der Baustelle in die Überlegungen einzubeziehen. Mitunter ist es zweckmäßig, auch offensichtlich unmaßgebliche Einflüsse zu berücksichtigen, da durch die Überlagerung dieser Einflüsse ungünstige Kombinationen entstehen können.

6.1 Schweißnahtspannungen

*Plausible Unmöglichkeiten sollten
unplausiblen Möglichkeiten vorgezogen werden.*

Aristoteles (384–322 v. Chr.)

Es ist nicht üblich, Schweißeigenspannungen – d. h. Spannungen, die sich bei Schweißarbeiten in der Naht und den angrenzenden Bauteilen aufbauen – in die Standsicherheitsnachweise einzubeziehen. Abgesehen von der Materialauswahl bezüglich der Terrassenbruchgefährdung, wo u. a. Nahtform und effektive Nahtdicke in den Nachweis der Z-Güte eingehen, sind rechnerische Untersuchungen der Spannungen aus den Schweißverbindungen bei den allgemeinen Standsicherheitsnachweisen selten. Grund hierfür ist das Argument, daß örtliche Schweißeigenspannungen ggf. ein Plastifizieren des Materials hervorrufen und dadurch die Spannungsspitzen abgebaut werden. Ansonsten wird darauf vertraut, daß die Montage so erfolgt, daß als Ergebnis eine *spannungslose* Werkstattform entsteht. Daß diese Annahme nicht zutrifft, zeigt der Untergurt- und Fahrbahnblech-Schweißstoß der folgenden Brücke.

Konstruktionsbeschreibung

Die Neubaustrecke Ebensfeld–Erfurt der Deutschen Bahn überquert südlich von Arnstadt das Tal der Wipfra. Die Bahntrasse verläuft im betreffenden Bereich im Grundriß in einem Radius von 6300 m. Die Gradiente fällt konstant mit 12,5‰ in Richtung Norden ab. Zur Überführung der Neubaustrecke wurde ein 172 m langer Brückenzug mit den Pfeilerabständen von 57,05–57,90–57,05 m errichtet. Der zweigleisige Neubau der Eisenbahnüberführung erfolgte mit drei einfeldrigen Fachwerkbrücken mit Diagonalfachwerk. Die Einzelüberbauten selbst wurden als gerade Tragwerke ausgebildet. Die drei Brücken sind im Grundriß polygonal angeordnet. Die Überbauten besitzen eine unten liegende geschlossene Fahrbahn mit Querträgern und Längsrippen. Der in der Obergurtebene gelegene Windverband besteht aus Walzprofilen und ist als Diagonalverband ausgebildet. Die Stützweiten der Überbauten betragen einheitlich 56,20 m mit zum Gleis orthogonalen Fahrbahnübergängen. Diese wurden mit wasserdichten Fugenübergängen ausgerüstet.

Bild 6-1. Ansicht der *EÜ Wipfratal* nach Montage des 2. Überbaus

Die Entwässerung erfolgt über Quergefälle der Fahrbahn sowie über Entwässerungsleitungen zum Widerlager Nord. An den Außenseiten der Fachwerkebenen sind beidseitig Dienstgehwege vorhanden. Die Lagerung der Überbauten erfolgt auf Topflagern. Der Überbau wird vertikal über 4 Lager, zwei längsfeste und zwei allseits bewegliche Lager, gestützt und in Brückenquerrichtung horizontal in der Brückenachse durch je ein zusätzliches Horizontallager gehalten.

Berechnungsmodell

Die Schnittkräfte für das Gesamttragwerk wurden mit einem räumlichen Finite-Elemente-Modell mit folgenden Idealisierungen bestimmt:

- Fachwerkstäbe mit biegesteifen Anschlüssen
- Schwerachsen des Fachwerks in den Schwerachsen von Obergurt, Untergurt und Diagonalen
- Modellierung der Fahrbahn als Trägerrost mit mittragenden Breiten für die Querträger
- erhöhte Querbiegesteifigkeiten von Querträgern, Längsrippen und Fachwerkuntergurt auf die horizontale Biegesteifigkeit der Fahrbahn
- exzentrische Anschlüsse von Querträgern und Längsrippen
- Länge der Querträger = Abstand der Fachwerkebenen
- Randelemente der Querträger (UG-Bereich) mit erhöhter Steifigkeit

- mittragende Breite für die Längsrippen im Gesamtmodell = LR-Abstand
- Berücksichtigung des Eigengewichts der Längsrippen und der Fahrbahn im Gesamtmodell bei den Querträgern
- Definition eines steifigkeits- und masselosen Fahrbahnbleches (ebene Schalenelemente) zur Generierung der Flächenlasten
- Windverband und Horizontalriegel der Endportale in Höhe der OG-Schwerachse
- Modellierung der Fahrbahn bis zur Achse der Endquerträger, Berücksichtigung des Fahrbahnüberstandes durch Zusatzlasten

Die Schnittkräfte aus direkter Lasteintragung auf Fahrbahnblech und Längsrippen wurden an Einzelmodellen bestimmt und mit denen der Gesamttragwirkung überlagert.

Montage

Für die in diesem Abschnitt behandelten Schweißnahtspannungen sind die Montagereihenfolge sowie nachfolgend auch der Einschubvorgang von Bedeutung, weshalb dieser kurz erläutert wird. Die Vormontage der Überbauten erfolgte hinter dem nördlichen Widerlager. Die 3 Überbauten wurden nacheinander hergestellt. Nach Fertigstellung des 1. Überbaus wurde dieser in das erste Brückenfeld über mehrere Hilfsstützen verschoben. Der Verschub des 2. Überbaus erfolgte zusammen mit dem 1. Überbau als biegesteif gekoppeltes System. Analog wurden in der letzten Phase die 3 gekoppelten Fachwerke in die Endlage geschoben. Durch die biegesteife Verbindung war jeweils nur noch eine Hilfsstütze in der Mitte des vordersten Feldes erforderlich. Die maximale Überbau- und Fachwerk-Untergurtbeanspruchung trat jeweils direkt vor Erreichen eines Pfeilers oder einer Hilfsstütze auf, genau dann, wenn der Kragarm bis zur Mitte eines Überbaus reichte. Die Montageabschnitte eines Einzelüberbaus waren so aufgeteilt, daß sich zum Schluß ein Totalstoß als Querstoß in Brückenmitte ergab. Die letzten Montagestöße bildeten die Ober- und Untergurte sowie das Fahrbahnblech.

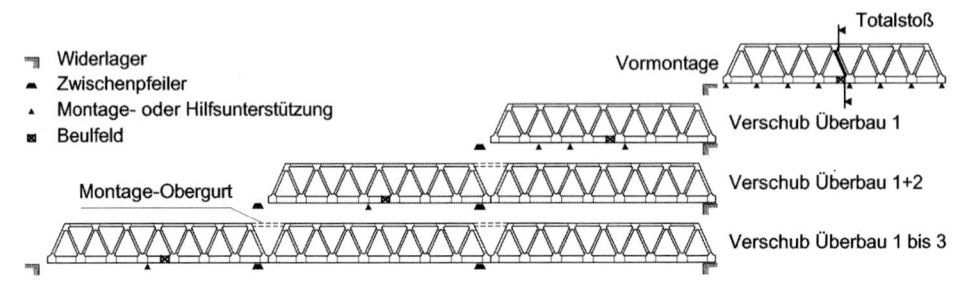

Bild 6-2. Montagephasen

6.1 Schweißnahtspannungen

Bild 6-3. Brückenquerschnitt

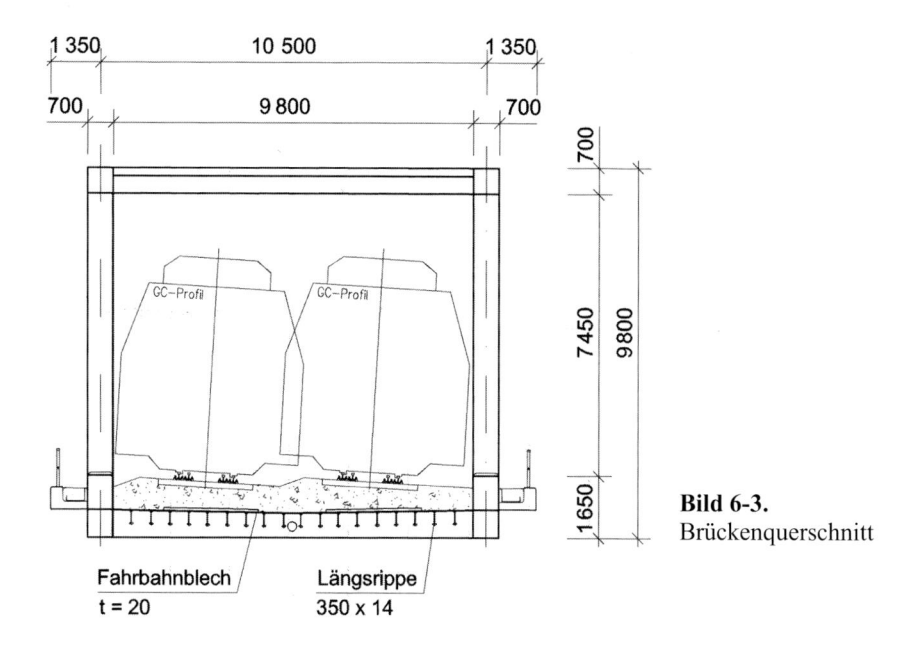

Bauzwischenzustand

Der betrachtete Bauzwischenzustand betrifft die Montage des 1. Überbaus. Die Stahlkonstuktion war bis auf folgende Bauteile des Totalstoßes in Brückenmitte vollständig verschweißt:

- Der einseitige Anschluß der Obergurte an den jeweils mittleren Obergurtknoten beider Fachwerkebenen war nicht geschlossen.
- Die Montagefenster mit Längen von 600 mm im Deckblech beider Untergurthohlkästen in Brückenmitte waren noch offen. Sowohl die Stege und Bodenbleche der Untergurte als auch die Fahrbahn waren vollständig abgeschweißt.

Vor Schließen des Deckels der Untergurte wurden die in Bild 6-4 dargestellten Verformungen festgestellt. In Längsrichtung nahmen diese bis zu den nächsten Querschotten der Querträgeranschlüsse ab.

Ursachen

Die Ausbeulungen der Untergurtstege waren nach deren Schweißstoß noch nicht vorhanden. Schweißverformungen durch die Stegstöße waren somit ausgeschlossen. Zur Klärung ist die Schweißreihenfolge zu betrachten. Aus bautechnologischen Gründen wurden zuerst die Bodenbleche und Stege der Fachwerkuntergurte verschweißt. Danach folgte die Fahrbahntafel mit den Längsrippen. Zum Abschluß des gesamten UG-Stoßes sollten die Montagefenster in den oberen Gurt der Untergurte eingesetzt werden. Als Ursache konnte nur das Schließen des Fahrbahnbe-

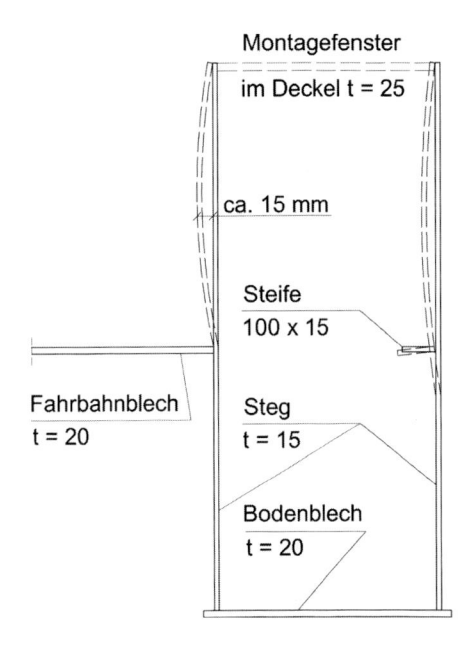

Bild 6-4.
Verformungen der Untergurtstege

reiches in Frage kommen. Ermittelt man die Längenänderung aus der Schweißnahtschrumpfung des Querstoßes nach Malisius in [50], so ergibt sich

$$\Delta l = 1{,}3 \cdot (0{,}6 \cdot \lambda_1 \cdot k \cdot F_{schw}/s + \lambda_2 \cdot b) \text{ [mm]}$$

mit
$\lambda_1 = 0{,}0044$
$\lambda_2 = 0{,}0093$
k = 55 für Kombination aus Elektroden- und UP-Schweißung
F_{schw} – Schweißnahtfläche
s – Blechdicke
b – mittlere Fugenbreite

$$\Delta l_{Fahrbahn} = 1{,}3 \cdot (0{,}6 \cdot 0{,}0044 \cdot 55 \cdot 20 \cdot 15/20 + 0{,}0093 \cdot 15)$$
$$= 3{,}0 \text{ mm}$$

In [51] wird von Malisius für einen Lamellenstoß mit einer Stumpfnaht (Wurzel mit umhüllter Elektrode, Füllagen mit UP geschweißt) eines Bleches 500 × 20 ein Querschrumpfmaß von 1,0 bis 2,8 mm in Abhängigkeit von der Lage der betrachteten Stelle (Oberseite, Unterseite, Blechrand, Blechmitte) angegeben. Gemäß [50, S. 37] beträgt die Schrumpfung knapp 3 mm bei einer V-Naht und einer Blechdicke von 20 mm. Wie die Unterschiede der vorgenannten Werte verdeutlichen, läßt sich die Größe von Schrumpfmaßen rechnerisch nur abschätzen, da die tatsächlichen Schrumpfungen von sehr vielen Faktoren wie z. B. Blechdicken, Nahtformen, Wurzelspalten, Schweißverfahren und -reihenfolgen oder Steifig-

6.1 Schweißnahtspannungen

Fahrbahnblech

Längsrippen

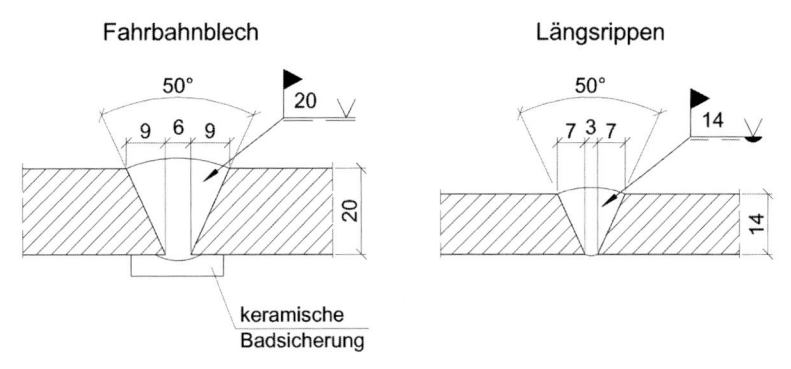

Bild 6-5. Schweißnahtdetail Fahrbahnblechquerstoß sowie Längsrippenstoß

keitsverhältnissen abhängen. Setzt man für den vorliegenden Fahrbahnblechstoß als mittleres resultierendes Schrumpfmaß 2,5 mm sowie eine Längsverteilung auf die Untergurte der Fachwerkträger unter 45° über eine Länge von 9800 mm an, ergibt sich eine Normalkraft in jedem Untergurt von

$$\begin{aligned} F_{UG} &= E \cdot \Sigma A \cdot \varepsilon \\ &= E \cdot (2 \cdot h_{Steg} \cdot t_{Steg} + b_{UG} \cdot t_{UG} + b_{OG} \cdot t_{OG}) \cdot \Delta l/l \\ &= 2{,}1e5 \cdot (2 \cdot 1630 \cdot 15 + 760 \cdot 20 + 670 \cdot 25) \cdot 2{,}5/9800 \\ &= 4{,}33e6 \text{ N} = 4330 \text{ kN} \end{aligned}$$

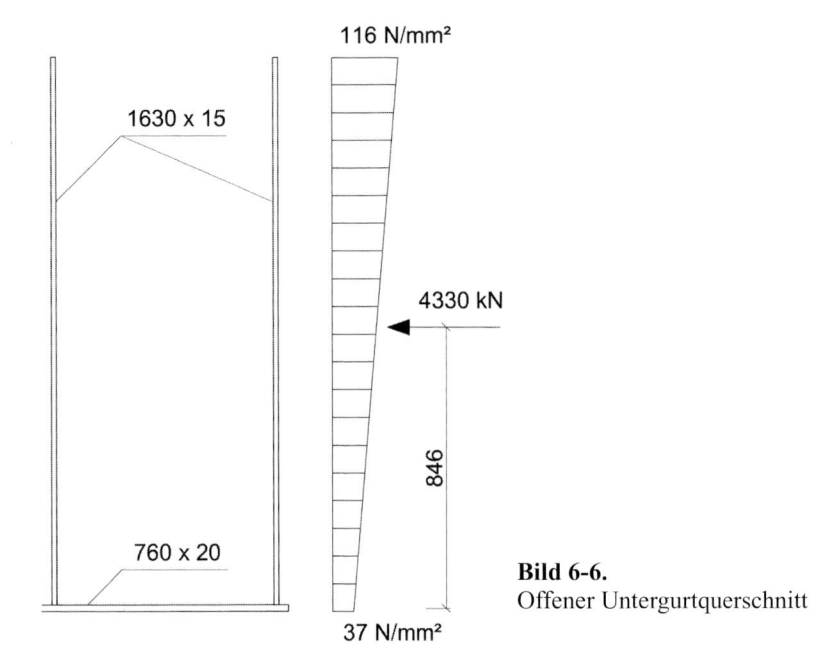

Bild 6-6. Offener Untergurtquerschnitt

Die Untergurte wurden aus S235J2G3 gefertigt. Die Normalkraft erzeugt im geschlossenen Kasten des Untergurts

$$\sigma_{UG} = F_{UG}/A_{UG}$$
$$= 4{,}33e6/80850$$
$$= 54 \text{ N/mm}^2$$

sowie im Untergurt mit offenem Montagefenster

$$\sigma_{UG}^{\text{offen}} = 116 \text{ N/mm}^2$$

Betrachtet man den unausgesteiften Steg im Bereich des Montagefensters, ist eine freie Knicklänge von 600 mm vorhanden. Führt man in erster Näherung den Knicknachweis nach DIN 4114 mit

$$s_k = 600 \text{ mm}$$

und

$$\lambda = s_k/i$$
$$= 600/\sqrt{15^2/12}$$
$$= 139$$
$$\Rightarrow \omega = 3{,}26$$

ergibt sich

$$\max \sigma_D = 3{,}26 \cdot 116$$
$$= 378 \text{ N/mm}^2 \gg 140 \text{ N/mm}^2 = \text{zul } \sigma_D$$

Die Vergleichsrechnung mit dem räumlichen Berechnungsmodell ergab eine Normalkraft in den Untergurtquerschnitten von 4850 kN (s. Bild 6-7). Die Schweiß-

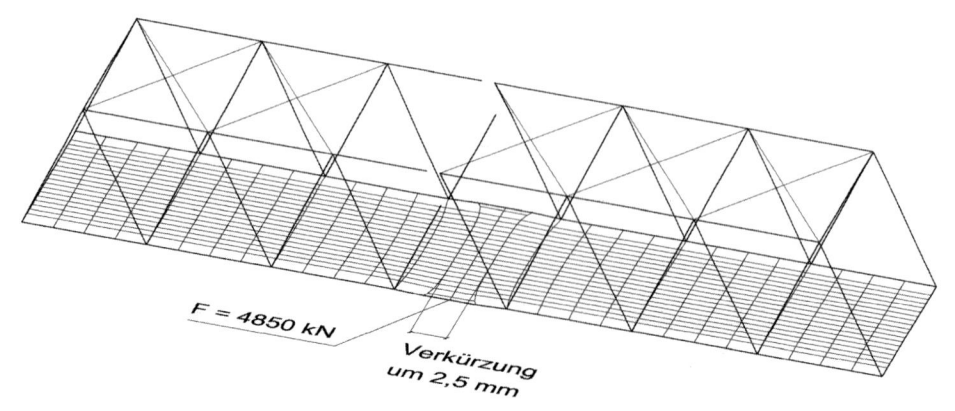

Bild 6-7. Ergebnis der Schrumpfberechnung am räumlichen Berechnungsmodell (Verformung überhöht dargestellt)

nahtschrumpfung wurde über eine Temperaturabkühlung der gestoßenen Fahrbahnblech- und Längsrippenstäbe in Brückenmitte eingegeben. Die exakte Größe ist von untergeordneter Bedeutung. Entscheidend ist, daß die Beanspruchung der Fachwerkuntergurte durch die Schrumpfung in den Schweißnähten der Fahrbahn und Längsrippen so groß war, daß die Stege ausbeulten.

Besonders hinzuweisen ist auf den Umstand, daß bei eingebautem oberen Deckel des Untergurtes die Stege ausreichend Beulstabilität gehabt hätten. Für die Standsicherheit des Überbaus im Endzustand wäre dies vermutlich ohne weitere Folgen geblieben, da der Untergurt planmäßig der „Vorspannung" entgegengesetzt auf Zug beansprucht wird. Durch den oben beschriebenen Verschubvorgang war jedoch der Untergurtabschnitt mit dem Montagestoß für die Lasteinleitung aus den Verschubstationen bemessungsrelevant. Die Summe aus Schrumpfspannungen und Beanspruchungen des Verschubvorganges wäre für den Untergurt zum Zeitpunkt des maximalen Kragarmes sehr kritisch geworden.

Sanierung und Schlußfolgerungen

Die Behebung der aufgetretenen Verformungen war entsprechend einfach. Die Stege wurden vollständig getrennt und gerichtet, die Normalspannungen im Bodenblech gezielt durch Wärmebehandlung weitestgehend abgebaut sowie Stege und Montagefenster des Untergurtes geschlossen. Zur Überprüfung der aufgestellten Theorie für die Ursachen der Stegverformungen erfolgten Dehnungs- und Verformungsmessungen vor und nach dem Trennen der Stege. In Bild 6-8 sind die Entlastungsverformungen nach Korrektur des Temperaturanteils des östlichen Außensteges nach dem Trennschnitt aufgetragen. Am oberen Rand wurde ein Maximalwert von

$$\Delta u_{Längs} = -2{,}2 \text{ mm}$$

festgestellt. Die Größenordnungen der Verformungen sowie die resultierende Spannungsverteilung korrespondiert mit den vorab angesetzten Schweißnahtschrumpfungen.

Die aufgetretenen Stegbeulen nur mit dem Hinweis auf eine ungeeignete Schweißreihenfolge zu begründen, ist nicht ausreichend. Zu bedenken ist, daß bei einer Schweißreihenfolge, bei der zuerst das Fahrbahnblech und dann der Untergurt verschweißt werden, die Schrumpfungen des Untergurtes wiederum in den angrenzenden Bauteilen Normal- und Schubspannungen erzeugen. Bei Schweißkonstruktionen läßt es sich nicht vermeiden, daß Verschiebungen, Winkelschrumpfungen und Eigenspannungen entstehen, die nicht immer durch Nahtzugaben und Schweißtechnologien ausgeglichen werden können. Entscheidend ist, wie die Wirkungen des Schweißens durch die Konstruktion „verkraftet" wird. Als Schlußfolgerung sei hier Malisius in seinem Vorwort zur 4. Auflage von „Schrumpfungen,

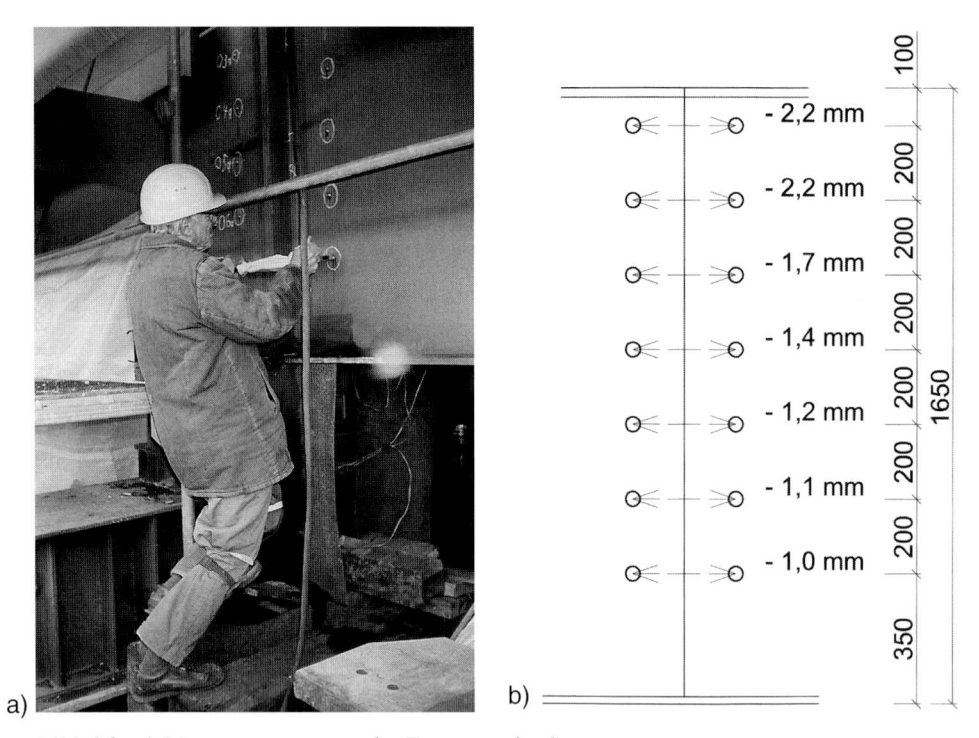

Bild 6-8. a) Längenmessung vor der Trennung der Stege
b) Gemessene Verformungen am östlichen Außensteg

Spannungen und Risse beim Schweißen" [51] zitiert: „Die Kenntnis der Schweißeigenspannungen, die ja in den Grundzügen vorliegt, zwingt doch dazu, diese Probleme genauer zu studieren und in Bauvorschriften zu berücksichtigen, denn was nützt eine noch so genaue Berechnung der zulässigen Beanspruchung, wenn übersehen wird, daß die Schweißeigenspannungen in vielen Fällen die festgelegte Grenze bereits überschreiten." Hinzuzufügen ist: Der Schweißfachingenieur, der die Montage- und Schweißreihenfolge festlegt, kennt die Schweißverformungen. Der Statiker kann einschätzen, ob die aufgetretenen oder verhinderten Verformungen kritische Beanspruchungen hervorrufen. Beide sollten zusammen über die für das jeweilige Bauwerk geeignete Schweißreihenfolge nachdenken.

6.2 Temperaturverformungen

*Das Naturgesetz von der Wärmeausdehung
der Metalle ist unerbittlich.*

Dr. Richard Malisius

Verkehrslasten lassen sich durch menschliches Handeln beeinflussen. Wenn vor einer Brücke ein Schild für eine zulässige Achslast von 7,5 t steht, sollte der Statiker davon ausgehen können, daß auch nur diese Maximalbelastung auftritt. Wenn in einer Vorschrift steht: „In besonderen Fällen ist eine ungleiche Erwärmung verschiedener Bauteile zu berücksichtigen." [19], kann der Statiker davon ausgehen, daß dieser „besondere" Fall mit Sicherheit immer auftritt. Die Art der tatsächlichen Temperaturbeanspruchungen (Größe, Verteilung) hängt nicht von der entsprechenden Vorschrift, sondern von den örtlichen Gegebenheiten ab. Vorschriften liefern mitunter Bemessungswerte, die ingenieurmäßig auf das Bauwerk angewendet werden müssen. Die tatsächlichen Temperaturbeanspruchungen sind kompromißlos – es treten immer Verformungen oder Beanspruchungen oder beides auf. Das folgende Beispiel behandelt analog zu [52] unplanmäßige, bleibende Verformungen eines Überbaus, die sich ursächlich aus der Wirkung der Sonneneinstrahlung ergeben hatten.

Konstruktionsbeschreibung

Im Zuge der Erneuerung von Brücken über größere Flußtäler werden häufig Stahlverbundbrücken als mehrfeldrige Hohlkastenbrücken ausgeführt. Dabei ergeben sich neben einer größeren Stromöffnung zusätzlich kürzere Stützweiten in den Vorlandbereichen. Unter Freihaltung der entsprechenden Lichträume für Schiffahrt und anderer überführter Verkehrswege wird die Geometrie oft durch gevoutete Stützquerschnitte der Momentenlinie angepaßt. Es ergibt sich eine gefälligere Gestaltung, die häufig durch die Vorgänger dieser Brücken vorgegeben ist. Betrachtet wird der Neubau eine Straßenbrücke als mehrfeldrige Stahlverbundbrücke mit je einem getrennten Überbau für jede Richtungsfahrbahn. Von besonderem Interesse sind die mittleren 3 Felder mit den Stützweiten 90,5–125,3–90,5 m, wobei die größte Öffnung einen Fluß überspannt. Die Gesamtbreite der Ortbetonfahrbahnplatte beträgt 17,8 m zzgl. des Überstandes der Randkappen. Die Fahrbahn ist in Querrichtung mit 2,5 % geneigt, wodurch der Querschnitt unsymmetrisch ist. Im Flußfeld beträgt die Bauhöhe der Stahlkonstruktion von UK Bodenblech bis OK Obergurt in der Mitte 3,15 m und über dem Pfeiler 5,73 m. In den Pfeilerachsen der Stromöffnung ist die Bauhöhe durch ca. 1 m hohe trapezförmige Stahlkästen vergrößert, die unterhalb des Hohlkastens angeordnet sind. Das Bodenblech ist mit einer konstanten Systembreite von 6,00 m horizontal ausgeführt. Die stählernen Stege sind geneigt. Durch die Voutung des Überbaus ergibt sich eine veränderliche Stegneigung. Der Querschnitt ist durch Querrahmen in

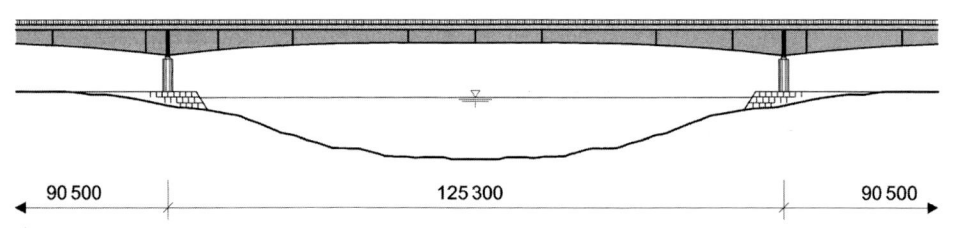

140   6 Zusätzliche Einflüsse und spezielle Anwendungen

| 90 500 | 125 300 | 90 500 |

Bild 6-9. Ansicht des Mittelbereiches der Brücke

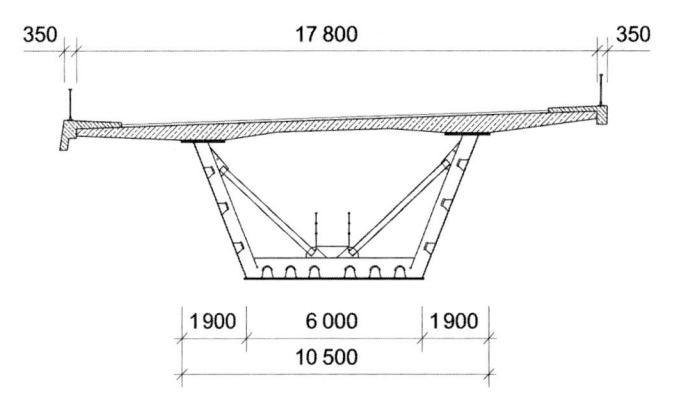

350   17 800   350

| 1 900 | 6 000 | 1 900 |
| 10 500 |

Bild 6-10. Querschnitt des Überbaus

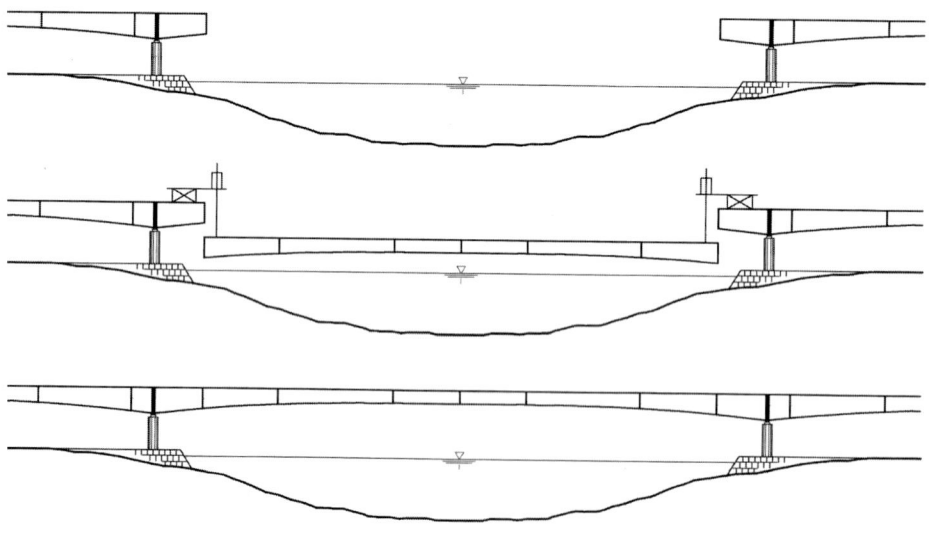

Bild 6-11. Montagephasen

6.2 Temperaturverformungen

variablen Abständen von 3,2 bis 4,0 m ausgesteift, wobei an jedem 3. Querrahmen ein zusätzlicher V-Verband vorhanden ist. Durch die erforderliche Lasteinleitung in den Pfeilerbereichen sind dort entsprechend verstärkte Aussteifungen (Schotte, Verbände) vorhanden.

Die Montage des Überbaus erfolgte in zwei wesentlichen Bauabschnitten. Zuerst wurden die Vorlandbereiche bis über die Stützen des Mittelfeldes auf Zwischenpfeilern und Montageunterstützungen hergestellt. Im zweiten Bauabschnitt wurde das verbleibende Mittelfeld mit einer Länge von ca. 106 m auf Pontons vorgefertigt, eingeschwommen, mit 4 Litzenhebern eingehoben und mit den beiden Kragarmen der Seitenfelder verschweißt. Das mittlere Montagesegment bestand nur aus dem offenen Trog und besaß keine torsionsaussteifenden Verbände in der Obergurtebene. Zum Zeitpunkt der Montage dieses Trogabschnittes war der Überbau bis auf die 3 mittleren Felder bereits durch die Ortbetonfahrbahnplatte komplettiert.

Berechnungsmodell

Nach Montage des letzten Stahlbauteils sowie nach Betonieren des ersten Abschnitts in Feldmitte der Stromöffnung wurden nicht erwartete, große Verformungen des Überbaus festgestellt, die sich in einer vergrößerten Verdrehung des Querschnittes in Brückenmitte sowie einer zusätzlichen Horizontalverschiebung bemerkbar machten. Wenn eine Aufgabenstellung vorliegt, bei der unplanmäßige Verformungen zu beurteilen sind, deren Ursache vollständig unbekannt ist, sollten alle möglichen und unmöglichen Gründe in Betracht gezogen werden. Dementsprechend erfolgte die Aufstellung eines detaillierten Berechnungsmodells unter Berücksichtigung der zu Beginn dieses Abschnitts aufgeführten Einflüsse „so genau wie möglich".

Zur Verformungsermittlung wurde ein Finite-Elemente-Modell aufgestellt, welches alle vorhandenen Bleche und Versteifungen im maßgebenden Bereich beinhaltete. Analog zur Montage waren zwei Modelle zu betrachten:

Modell 1: 106 m langes, vorgefertigtes Mittelteil
Modell 2: Gesamtmodell mit verschweißtem Mittelteil

Die zusätzlichen Verformungen beim Betonieren des ersten Abschnitts im Mittelteil waren ursächlich aus den unplanmäßigen Verformungen herzuleiten, die sich nach dem Verschweißen der Stahlkonstruktion eingestellt hatten. Aus diesem Grund wird hier auf den Betonierzustand nicht weiter eingegangen. Das erste Modell wurde aus dem Gesamtmodell generiert. Insgesamt erfolgte die Modellierung bis zur Symmetrieachse in der Mitte der Stromöffnung. Im maßgebenden Bereich des Mittelfeldes sowie bis zur Mitte des anschließenden Feldes wurden finite Schalenelemente mit zusätzlichen Balkenelementen verwendet. Zur Weiterführung im Bereich der bereits betonierten, torsionssteifen Vorlandfelder konstanter Bau-

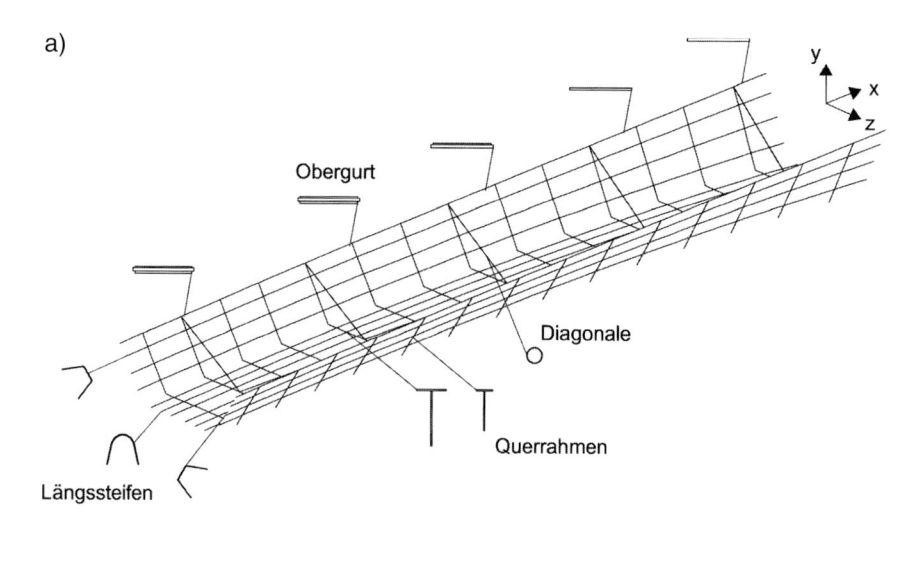

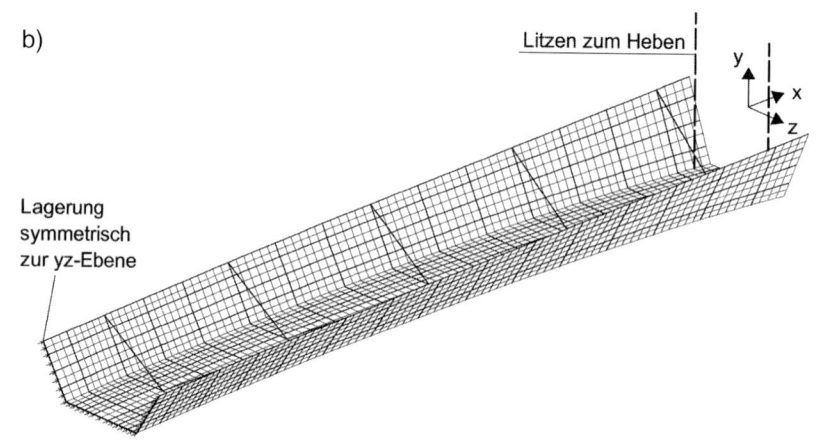

Bild 6-12. Berechnungsmodell des Mittelbereiches
a) Balkenelemente mit Querschnittszuordnung
b) Finite Elemente mit Lagerungsbedingungen

höhe war eine Idealisierung als Stab ausreichend. Folgende Modellierungsgrundsätze lagen dem FE-Modell zugrunde:

- Eingabe der planmäßigen Geometrie nach Prüfung der Meßblätter der Werkstattfertigung
- Berücksichtigung der spannungslosen Werkstattform bei der Geometrieeingabe für das einzuhängende Mittelteil
- Modellierung des Bodenbleches und der Stege mit 4-knotigen Schalenelementen
- Eingabe der Obergurte über Balkenelemente unter Berücksichtigung der seitlichen Exzentrizität

6.2 Temperaturverformungen

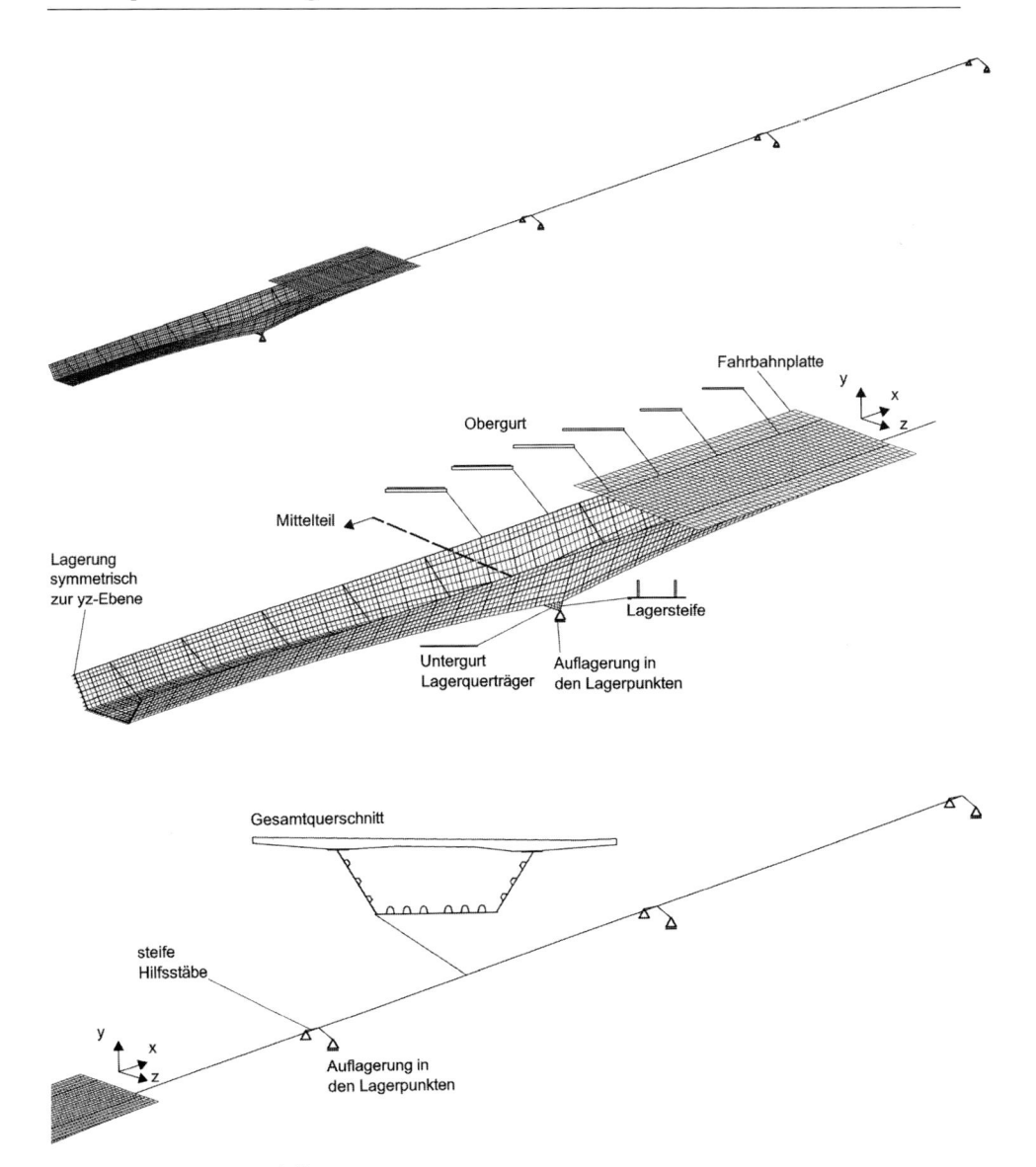

Bild 6-13. Gesamtmodell

- Definition der Querrahmen mit exzentrischen Balkenelementen sowie der V-Verbände mit zusätzliche Stäben
- Vereinbarung der Längsrippen über exzentrische Balkenelemente
- Ermittlung des Eigengewichtes durch das Berechnungsprogramm über die Dichte und die Erdbeschleunigung
- Berücksichtigung der gemessenen Plus-Toleranzen der Blechdicken und Kontrolle des Gesamtgewichtes des Mittelteils mit den gemessenen Litzenkräften

Die bei den einzelnen Belastungsstadien ermittelte verformte Geometrie wurde als neue Ausgangsgeometrie für die jeweils nächste Belastung angesetzt. In den Eigengewichtslastfällen erfolgte die maßgebende Schnittkraftermittlung am verformten System.

Belastung

Die maßgebenden Belastungen für die beobachteten Verformungen waren die Eigengewichtsbeanspruchung des einzuhebenden Mittelteils sowie Temperaturzustände während der Montage.

Die anzusetzenden Temperaturzustände sind für Straßenbrücken im allgemeinen in der DIN 1072 [19] geregelt. In Tabelle 3 der Norm sind neben gleichmäßigen Temperaturänderungen lineare Temperaturunterschiede zwischen der Ober- und Unterseite der Konstruktion angegeben. In Bauzuständen sind die anzusetzenden Temperaturdifferenzen im Fall „Oberseite wärmer als Unterseite" für Stahlverbundbrücken geringer als im Endzustand. „Temperaturunterschiede zwischen den seitlichen Querschnittsrändern brauchen in der Regel nicht berücksichtigt zu werden". Im Beiblatt 1 zur DIN 1072 wird eine Festlegung von horizontalen Temperaturunterschieden der Querschnittsränder nur in Sonderfällen in Betracht gezogen, wobei keine Werte angegeben sind. Die Messung des Temperaturzustandes nach Einhub des Mittelteils ergab folgende Werte:

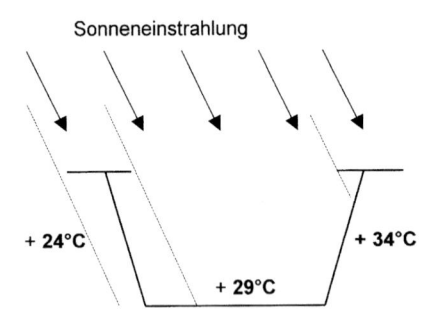

Bild 6-14.
Temperaturbelastung

Der linke Steg lag durch den Obergurt im Schatten, der rechte hingegen war fast vollständig der direkten Sonneneinstrahlung ausgesetzt. Für die Berechnungen wurde eine Temperaturdifferenz zwischen beiden Hohlkastenstegen von $\Delta T = +10$ K angesetzt, der Untergurt erhielt eine entsprechend linear veränderliche Temperatur. Bei den durchgeführten Berechnungen wurde davon ausgegangen, daß diese Temperaturdifferenz nur im einzuhebenden Mittelteil vorhanden ist. Die bereits montierten Überbaubereiche waren größtenteils durch die betonierte Fahrbahnplatte von der Sonneneinwirkung abgeschirmt. Die schon montierten noch offenen Stahltrogbereiche waren durch die Auflagerung auf den Zwischenpfeilern hinsichtlich der Verdrehung fixiert, so daß deren Verformungseinfluß im Vergleich zu den großen Werten des Mittelbereiches vernachlässigt wurde. Tatsächlich war die Temperaturverteilung in Brückenlängs- und Querrichtung mit Sicherheit wesentlich komplexer. Zur Beurteilung der unplanmäßigen Verformungen ist die angesetzte lineare Temperaturverteilung auf Grundlage der 3 Meßwerte ausreichend.

Zur Bestimmung der Soll-Verformungen ohne Temperatureinfluß werden 2 Lastfälle am „frei" hängenden Mittelbauteil (Modell 1) berechnet.

Lastfall 1: Eigengewicht des Mittelteils mit der spannungslosen Werkstattform als Ausgangsgeometrie, Berechnung nach Theorie I. Ordnung

Lastfall 2: Eigengewicht des Mittelteils mit der spannungslosen Werkstattform als Ausgangsgeometrie, Berechnung nach Theorie II. Ordnung

Die Berechnungen mit Temperatureinfluß am „frei" hängenden Mittelbauteil (Modell 1) betreffen 3 Lastfälle.

Lastfall 3: Erwärmung des Mittelteils um $\Delta T = 10$ K mit der spannungslosen Werkstattform als Ausgangsgeometrie

Lastfall 4: Eigengewicht des Mittelteils mit der infolge Lastfall 3 vorverformten Ausgangsgeometrie, Berechnung nach Theorie I. Ordnung

Lastfall 5: Eigengewicht des Mittelteils mit der infolge Lastfall 3 vorverformten Ausgangsgeometrie, Berechnung nach Theorie II. Ordnung

Am Endsystem (Modell 2) ist der 6. Lastfall zu untersuchen.

Lastfall 6: Abkühlen des Mittelteils um $\Delta T = 10$ K nach Verbindung innerhalb des Gesamtsystems mit der nach Lastfall 5 entstandenen verformten Geometrie des Mittelbereiches

Berechnungsergebnisse

Die Verformungen des Überbaus in den Lastfällen 3, 5 und 6 sind dem Bild 6-15 als überhöhte Darstellung zu entnehmen. Eine Zusammenstellung der vertikalen und horizontalen Durchbiegungen sowie der Verdrehung des Querschnittes um die Tragwerksachse in Feldmitte ist in Tabelle 6-1 enthalten. Die vertikalen Durchbiegungen am Obergurt sind die Verschiebungen u_Y, der Mittelwert aus den horizontalen Querverschiebungen beider Obergurte ist $u_{Z,\varnothing}$. Die Verdrehungen $\varphi_{X,\varnothing}$ wurden aus den Differenzdurchbiegungen der Obergurte mit dem OG-Abstand ermittelt.

$$\varphi_{X,\varnothing} = (u_{Y,OG1} - u_{Y,OG2})/a_{OG}$$
$$\text{mit } a_{OG} = 9800 \text{ mm}$$

Folgendes Verformungsverhalten ist festzustellen:

Der frei aufliegende eingehängte Träger ist neben einer horizontalen Verformung aus der ungleichförmigen Temperaturänderung auf Grund des U-förmigen Quer-

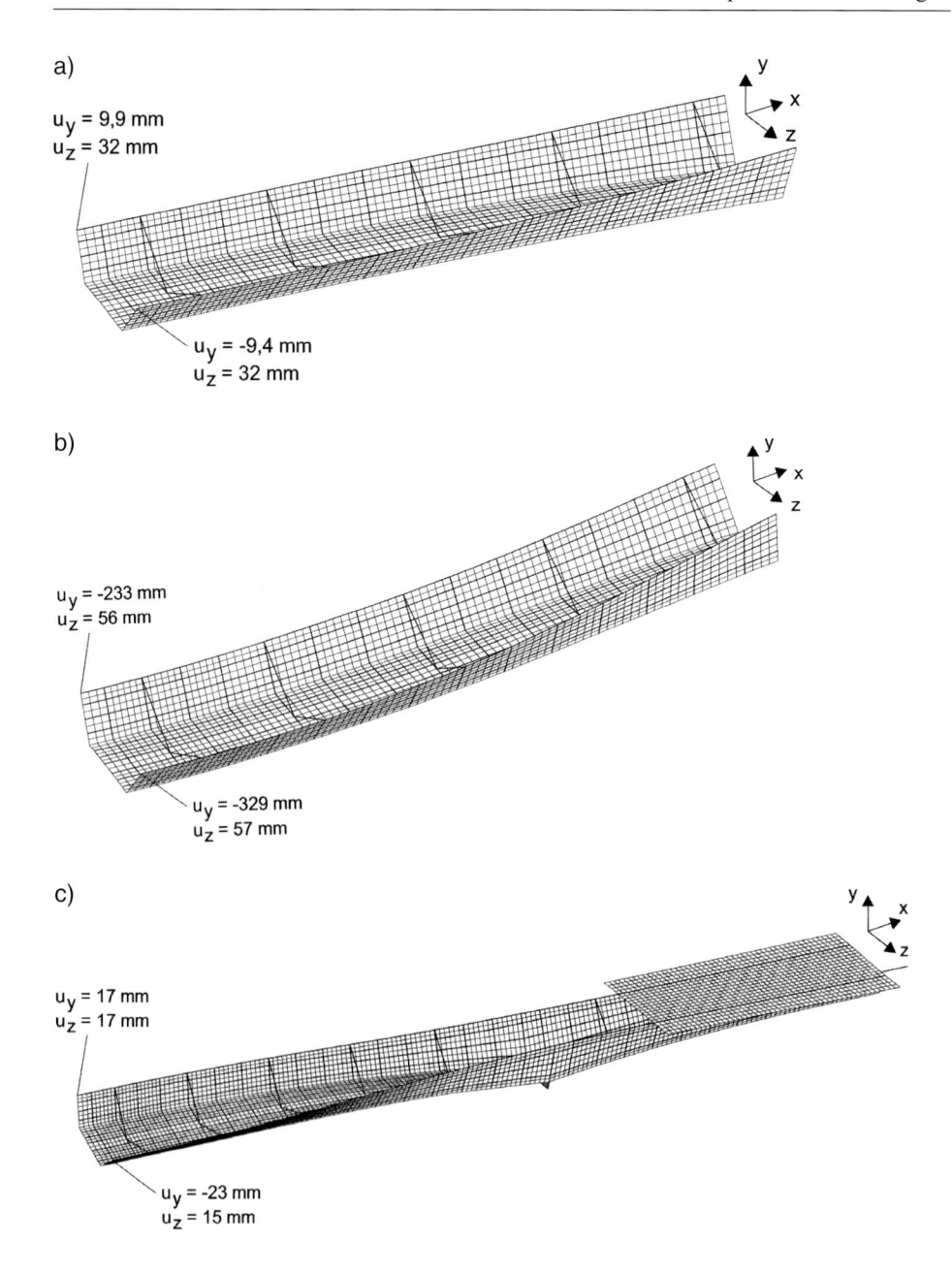

Bild 6-15. Verformungen durch Temperatur und Eigengewicht, überhöhte Darstellung
a) Einseitige Temperaturerwärmung des Mittelteils um $\Delta T = 10$ K, LF 3
b) Eigengewicht des Mittelteils, LF 5
c) Einseitige Temperaturabkühlung des Mittelteils um $\Delta T = -10$ K, LF 6

6.2 Temperaturverformungen

Tabelle 6-1. Verformungen in Brückenmitte

Modell	LF	Bemerkung	u_Y OG 1 [mm]	u_Y OG 2 [mm]	$\Delta u_{Y,OG}$ [mm]	$u_{Z,\varnothing}$ OG$_{quer}$ [mm]	$\varphi_{X,\varnothing}$ [rad]
1	1	Mittelfeld Eigengewicht, Th.I.O.	−253,6	−305,9	52,3	31,3	5,34e-3
	2	Mittelfeld Eigengewicht, Th.II.O.	−247,1	−313,7	**66,6**	**39,2**	**6,80e-3**
	3	Mittelfeld frei $\Delta T = +10$ K	9,9	−9,4	**19,3**	32,2	1,97e-3
	4	Mittelfeld Eigengewicht, Th.I.O.	−242,9	−317,6	74,7	45,3	7,62e-3
	5	Mittelfeld Eigengewicht, Th.II.O.	−233,4	−329,0	**95,6**	56,7	9,76e-3
2	6	Mittelfeld verschweißt − 10 K	16,7	−23,3	**40,0**	15,8	4,08e-3

schnittes verdreht. Nach Verschweißen des Einhängeträgers mit den Kragarmen der Seitenfelder weist das Mittelfeld ein anderes statisches System auf. Dementsprechend ist das Verhalten bei Temperaturbelastung verändert. Die ungleichförmige Temperaturabkühlung bewirkt nun durch die gevoutete Geometrie mit den zusätzlichen trapezförmigen Aufständerungen über den Pfeilern, die geringere Steifigkeit des Brückenquerschnittes um die horizontale Achse gegenüber der um die Lotrechte sowie die nicht mittige horizontale Schwerachse eine zusätzliche vertikale Verschiebung des temperaturbelasteten Steges nach unten. Der offene Querschnitt verdreht sich dadurch relativ frei weiter.

Der torsionsweiche, offene Querschnitt mit der unsymmetrischen Steifigkeitsverteilung beider Stege reagiert bei äußeren Lasten empfindlich gegenüber auftretenden Verformungen, so daß die Verformungsberechnungen nach Theorie II. Ordnung zu verwenden sind. Bei dem durch die einseitige Temperaturbelastung vorverformten System sind die Durchbiegungen und Verdrehungen infolge Eigengewicht deshalb größer. Die planmäßige Differenzdurchbiegung beider Obergurte beträgt

$$\Delta u_{Y,OG,Soll} = 67 \text{ mm} \hspace{2cm} \text{(LF 2, s. Tabelle 6-1)}$$

Die Summe der Differenzdurchbiegungen unter Berücksichtigung der verschweißten Temperaturverformungen von $\Delta T = 10$ K liegt bei

$$\begin{aligned}\Sigma \Delta u_{Y,T+g} &= \Delta u_{Y,LF3} + \Delta u_{Y,LF5} + \Delta u_{Y,LF6} \\ &= 19,3 + 95,6 + 40,0 \\ &= 155 \text{ mm}\end{aligned}$$

Die unplanmäßige zusätzliche Differenzdurchbiegung ergibt sich zu

$$\begin{aligned}\Delta u_{Y,OG,\Delta T} &= \Sigma \Delta u_{Y,T+g} - \Delta u_{Y,OG,Soll} \\ &= 155 - 67 \\ &= 88 \text{ mm}\end{aligned}$$

Somit ist die ungewollte zusätzliche Verdrehung

$$\Delta \varphi_{X,\varnothing} = \Delta u_{Y,OG,\Delta T}/a_{OG}$$
$$= 88/9800$$
$$= 9{,}0\text{e-}3 \text{ rad}$$

Analog ist die zusätzliche Horizontalverschiebung zu ermitteln

$$u_{Z,OG,Soll} = 39 \text{ mm} \qquad \text{(LF 2, s. Tabelle 6-1)}$$
$$\Sigma u_{Z,T+g} = u_{Z,LF3} + u_{Z,LF5} + u_{Z,LF6}$$
$$= 32{,}2 + 56{,}7 + 15{,}8$$
$$= 105 \text{ mm}$$
$$\Delta u_{Z,OG} = \Sigma u_{Z,T+g} - u_{Z,OG,Soll}$$
$$= 105 - 39$$
$$= 66 \text{ mm}$$

Die Verformungen des Mittelfelds betrugen bei Ansatz eines horizontalen Temperaturgradienten von 10 K für den untersuchten Überbau 0,9%. Dieser Wert ist erheblich größer als die zugelassene maximale Abweichung des Quergefälles von der Sollgradiente gemäß ZTV-K [25] in Höhe von 0,2%. Das Maß der Obergurtquerverformung ist mit 66 mm größer als der maximal zulässige Wert von 40 mm gemäß DIN 13920 [53] in der mit den größten zulässigen Abweichungen aufgeführten Toleranzklasse H. Zusätzlich ist zu erwähnen, daß durch die Änderung

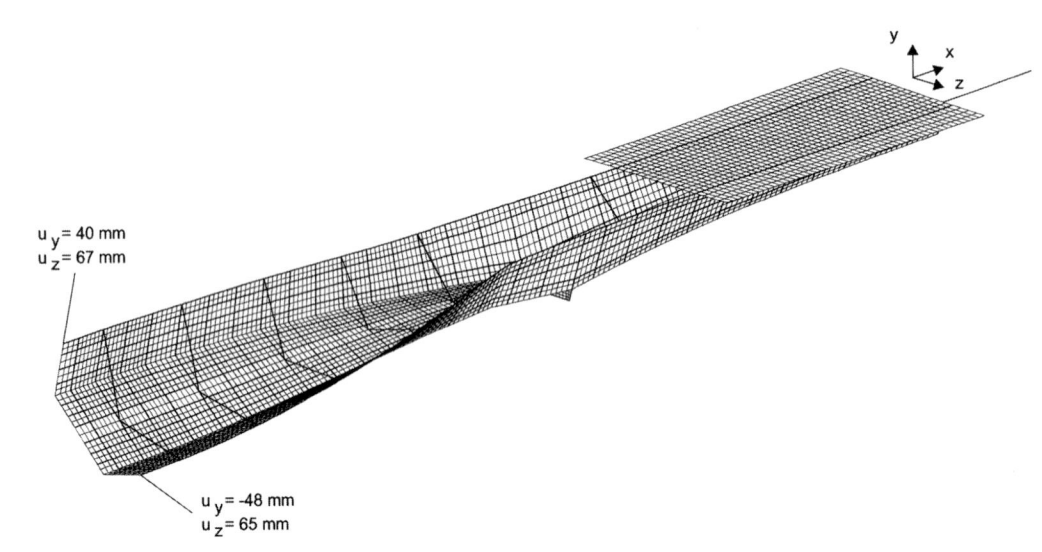

Bild 6-16. Unplanmäßige Differenzverformungen des Gesamtmodells infolge ungleichförmiger Temperaturbeanspruchung sowie aus Einfluß Theorie II. Ordnung (LF 3 + LF 5 + LF 6 − LF 2)

des statischen Systems während der Montage unter einer Temperatureinwirkung neben bleibenden Verformungen auch Spannungen im Tragwerk fixiert werden. Anhaltswerte zu den Größenordnungen der Beanspruchungen sind in [52] aufgeführt.

Die realen Verformungen hängen, wie bereits erwähnt, von einer Vielzahl unterschiedlicher Einflüsse ab. Analog der Querverschiebungen und -verdrehungen treten auch ungleichförmige Längsverformungen des Überbaus auf. Diese machen sich am Montagestoß bei der Einstellung des Wurzelspalts für den Schweißstoß bemerkbar. Wenn zum Ausgleich von Toleranzen eine Überlänge vorhanden ist, die vor Verbindung der Bauteile gekürzt wird, werden die Längenänderungen durch die Verbindung endgültig fixiert. Bei direkter Verbindung müssen die Längendifferenzen durch Montagehilfen und Schweißnähte angepaßt werden, wodurch unter Umständen eine Reduzierung der unplanmäßigen Verformungen möglich ist. Es ist nochmals festzuhalten, daß der verwendete Temperaturansatz eine grobe Abschätzung für die komplizierten und sich ständig verändernden Temperaturverhältnisse des Überbaus ist. Ziel der Berechnung war die Bestimmung des möglichen Einflusses von real vorhandenen Temperaturen auf die Montage eines Stahlüberbaus. Aus diesem Grund wird auch auf einen direkten Vergleich mit den gemessenen Verformungen verzichtet. Die praktisch aufgetretenen Werte lagen jedoch auch unter Berücksichtigung von Meßtoleranzen und Modellierungsannahmen in der Größenordnung der berechneten Überbauverformungen.

Schlußfolgerungen

Für den Montagevorgang einer mehrfeldrigen, gevouteten und unsymmetrischen Stahlverbundbrücke wurden Auswirkungen von Temperaturänderungen während des Einbaus des Mittelfeldes rechnerisch untersucht. Der Einbau erfolgte ohne einen zusätzlichen oberen Montageverband. Die maximalen Verformungen überschritten alle durch Vorschriften zugelassenen Werte. Da zufällige Temperaturbeanspruchungen nicht vorhersehbar sind, müssen bei Bedarf entsprechende Gegen- bzw. Vorsichtsmaßnahmen vor der Bauausführung eingeplant werden. In [52] ist eine Vergleichsrechnung bei ähnlicher Überbaugeometrie enthalten, wobei die Obergurtebene zur Montage durch einen zusätzlichen Diagonalverband verstärkt wurde.

Zusammenfassend sind folgende Schlußfolgerungen festzuhalten:

- Temperaturbeanspruchungen in Montagezuständen sind vor Baubeginn zu untersuchen.
- Bei relevanten Auswirkungen auf den Endzustand sind diese bei Bauausführung zu verfolgen.
- Horizontale Temperaturverformungen und -beanspruchungen in Bauzuständen sind keine Sonderfälle.

- In den neuen Normen [24] sind für besondere Fälle Empfehlungen zum Ansatz einer Horizontalkomponente der linearen Temperaturverteilung enthalten.
- Spannungen aus bleibenden Temperaturverformungen sind dem LF H zuzuordnen.
- Bei Änderungen der statischen Systeme während der Montage sollte die Ausführung so erfolgen, daß möglichst wenig Temperaturbeanspruchungen im Tragwerk verbleiben.
- Montageverbände können unvorhergesehene Verformungen reduzieren. In Abhängigkeit der Konstruktion der Aussteifungen sind u. U. zusätzliche Beanspruchungen aus anderen Lastzuständen zu verfolgen.
- In jedem Fall sind die Auswirkungen infolge Temperaturbelastung bei Einhub eines Mittelfeldes zu untersuchen.

6.3 Hängeranschluß

*Denn von den Extremen ist das eine mehr,
das andere weniger fehlerhaft.*

Aristoteles (384–322 v. Chr.)

Interessante Bauteile jeder Stabbogenbrücke sind die Anschlüsse der Hänger an die Bögen und Versteifungsträger. Sowohl für die Querschnitte der Hänger als auch deren Anschlüsse gibt es sehr viele Ausführungsvarianten. Die Hänger selbst weisen im allgemeinen einen kreis- oder rechteckförmigen Querschnitt auf. Die Anschlüsse der Hänger reichen von parallel oder senkrecht zur Bogenebene angeordneten Knotenblechen mit ein- oder angeschweißten Hängerprofilen über Schmiedestücke als Verbindungselement zwischen Hänger und Tragwerk [54] bis zu geschraubten Konstruktionen [55]. Im Zusammenhang mit Schäden an Bogenhängern sind besonders in den letzten 10 Jahren eine Vielzahl von Messungen und Berechnungen durchgeführt worden, vgl. z. B. [41 bis 43]. Unabhängig von den in [43] aufgeführten Empfehlungen für die geometrische und konstruktive Ausbildung von Hängeranschlüssen sowie deren Nachweisführung muß jede einzelne Konstruktion im Zusammenhang mit der tatsächlichen Beanspruchung innerhalb des Gesamttragwerks sowie den gestalterischen und konstruktiven Gesichtspunkten untersucht werden. Neben der Normalkraft der Hänger werden die Anschlüsse planmäßig durch Biegemomente parallel und senkrecht zur Bogenebene beansprucht. Nicht zu vernachlässigen sind Einflüsse aus der Herstellung – der Vorbereitung im Werk sowie der Montage auf der Baustelle – insbesondere bei geschweißten Konstruktionen. Am Beispiel der im Abschnitt 3.1.2 vorgestellten Bogenbrücke wird der untere Hängeranschluß mit einem Finite-Elemente-Modell genauer untersucht.

6.3 Hängeranschluß

Geometrie und Modellierung im Gesamtsystem

Die Modellbildung des unteren Hängeranschlusses im Berechnungsmodell des Gesamtsystems erfolgte analog zum oberen Anschluß über Biegestäbe mit den zugehörigen Steifigkeiten. Den rechnerischen Stab von der Schwerachse des Versteifungsträgers bis zum Knotenblechanschluß bildeten die mittragenden Stegbreiten von Versteifungs- und Randträger mit der Aussteifungsrippe. Das Knotenblech selbst wurde mit dem Minimalquerschnitt eingegeben.

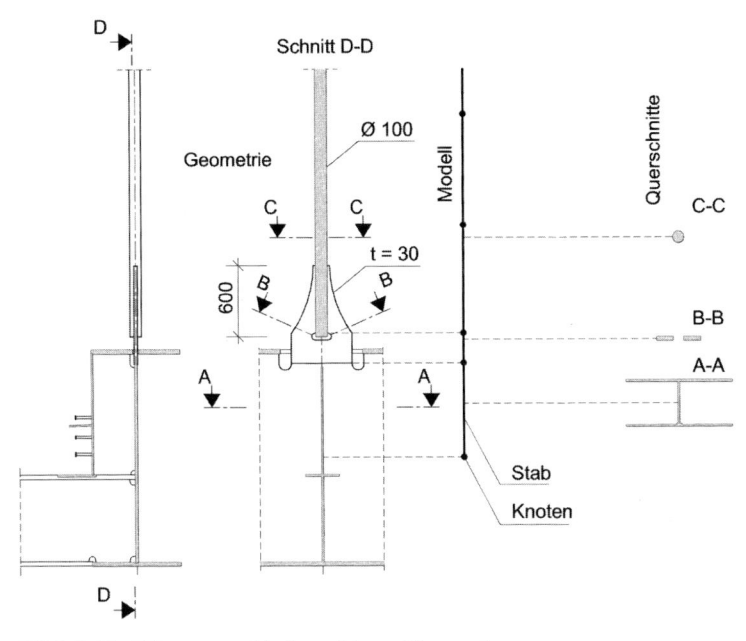

Bild 6-17. Hängeranschluß am Versteifungsträger

Die Spannungsnachweise für den Hängeranschluß wurden mit den Schnittkräften der idealisierten Querschnitte geführt. Für das Knotenblech wurden die Randspannungen des rechnerischen Minimalquerschnittes maßgebend. Die Ermittlung der Schubspannungen im Schweißnahtanschluß zwischen Hänger und Knotenblech erfolgte unter Annahme einer dreiecksförmigen Spannungsverteilung, vgl. [12, Abs. 178]. Als Hauptbedingung zur Festlegung der Knotenblechdicke und der Nahtanschlußlänge diente der Grundsatz, daß bei o.g. Nachweisführung die Dauerschwingbeanspruchung der Anschlußnaht unabhängig von deren Ausführungsform unterhalb des Schwellenwertes der Ermüdungsfestigkeit liegt. Der ermüdungswirksame Verkehrslastanteil war mit 70% der Verkehrsregellasten anzusetzen (s. [21]), wobei als Schnittkraft nur die Hängernormalkraft berücksichtigt wurde.

$$\Delta \tau_{Be} = 0{,}7 \cdot 2 \cdot F_{x,Verkehr}/(l_{Naht} \cdot 2 \cdot a_{Naht})$$

$$\text{mit } F_{x,Verkehr} = 347 \text{ kN}$$
$$l_{Naht} = 600 \text{ mm}$$
$$a_{Naht} = 30 \text{ mm}$$

$$= 0{,}7 \cdot 2 \cdot 347\,e3/(600 \cdot 2 \cdot 30)$$
$$= 13{,}5 \text{ N/mm}^2$$

Die vorhandene Schubspannungsdifferenz lag unter dem Schwellenwert der Ermüdungsfestigkeit nach EC 3 [36] für den ungünstigsten Kerbfall 36 bei einer Lastspielzahl von $2 \cdot 10^6$ gemäß DIN 18809 [13, Abs. 6.1.1]. Die maximale Randfaserbeanspruchung (Normalspannung in senkrechter Richtung) unter Gesamtlast betrug im rechnerischen Hängeranschlußblech

$$\sigma_{y,Stab} = 210 \text{ N/mm}^2 < 240 \text{ N/mm}^2 = \text{zul } \sigma_{S355}$$

Zusätzliche Einflußfaktoren

Es ist offensichtlich, daß die mit dem Berechnungsmodell des Gesamtsystems bestimmten Spannungen nicht die reale Spannungsverteilung im ausgeführten Knotenblech beschreibt. Bei einem Knotenblech mit einem inneren Freischnitt treten Spannungskonzentrationen am Rand des Freischnittes auf, die durch einen Ersatzstab nicht erfaßt werden können. Gleichfalls ist die Schubspannungsverteilung in der Schweißnaht nicht linear mit der Länge veränderlich. Die o.g. Nachweise lieferten jedoch eine praktische Dimensionierung der Querschnitte, die mit einem Finite-Elemente-Modell eines Teilmodells kontrolliert wurden. Zu den geometri-

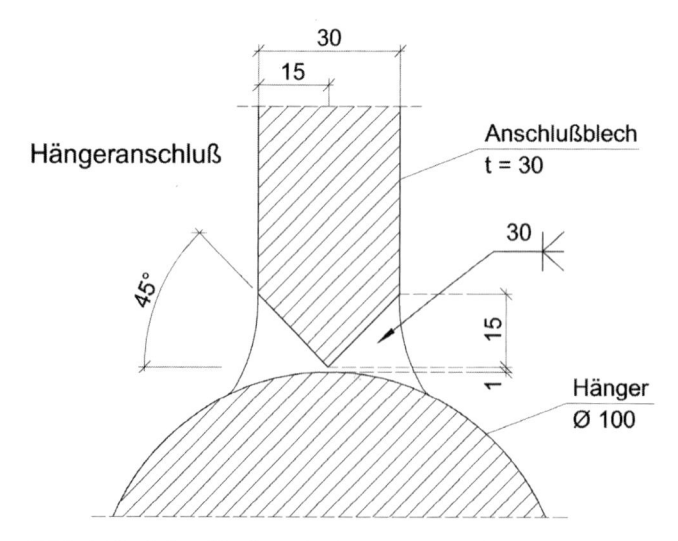

Bild 6-18. Schweißnaht zwischen Hänger und Knotenblech

6.3 Hängeranschluß

schen Randbedingungen des Hängeranschlusses treten zusätzliche ungewollte Beanspruchungen auf, die in der Regel bei der Nachweisführung unberücksichtigt bleiben. Dazu zählen

- Schrumpfspannungen der Schweißnähte, die wiederum von vielen Faktoren abhängen, sowie
- Temperaturdifferenzen zwischen Hänger und Knotenblech aus dem Vorwärmen der Bauteile zum Schweißen

Neben der planmäßigen Belastung werden für diese beiden Beanspruchungsarten rechnerische Abschätzungen am FE-Modell vorgenommen. Aus der Liste der einleitenden Bemerkungen zum Kapitel 6 lassen sich noch weitere Einflüsse ableiten, die jedoch nicht weiter verfolgt werden.

Entscheidend für die Schrumpfbeanspruchung ist die geometrische Ausbildung der Schweißnaht sowie deren Ausführung. Für die rechnerische Ermittlung von Schrumpfmaßen existiert eine große Anzahl von Formeln. Ein Überblick hierzu ist z. B. in [56] enthalten. Im folgenden wird nur die Querschrumpfung der Naht betrachtet. Bestimmt man in erster Näherung das Maß der freien Schrumpfung nach Malisius [50], ergibt sich:

$$S = 1{,}3 \cdot (0{,}6 \cdot \lambda_1 \cdot k \cdot F_{schw}/s + \lambda_2 \cdot b) \; [mm]$$

$$\text{mit } \lambda_1 = 0{,}0044$$
$$\lambda_2 = 0{,}0093$$
$$k = 50 \text{ für Lichtbogenschweißung mit ummantelter Elektrode}$$
$$F_{schw} - \text{Schweißnahtfläche}$$
$$s - \text{Blechdicke}$$
$$b - \text{mittlere Fugenbreite}$$

$$S_{Anschluß} = 1{,}3 \cdot (0{,}6 \cdot 0{,}0044 \cdot 50 \cdot 30 \cdot 9/30 + 0{,}0093 \cdot 9)$$
$$= 1{,}6 \text{ mm}$$

Bei Schrumpfbehinderungen, wie sie im vorliegenden Fall durch das unten durchgehende Knotenblech bestehen, werden die Schrumpfmaße geringer. Die Größe und Verteilung läßt sich außerdem durch die Schweißtechnologie (Verfahren, Reihenfolgen, Schweißrichtung usw.) beeinflussen. Aus diesem Grund wurden verschiedene theoretische Verläufe der Schrumpfverformungen für eine rechnerische Untersuchung betrachtet.

Dicke Bauteile werden zur Ausführung von Schweißungen auf Temperaturen von ca. 100 °C vorgewärmt. Bei den zu verbindenden Bauteilen ist eine unterschiedliche Vorwärmtemperatur der einzelnen Teile nicht auszuschließen. Als Einheitslastfall wurde eine geringere Erwärmung des Hängers gegenüber dem Knotenblech um 10 K betrachtet.

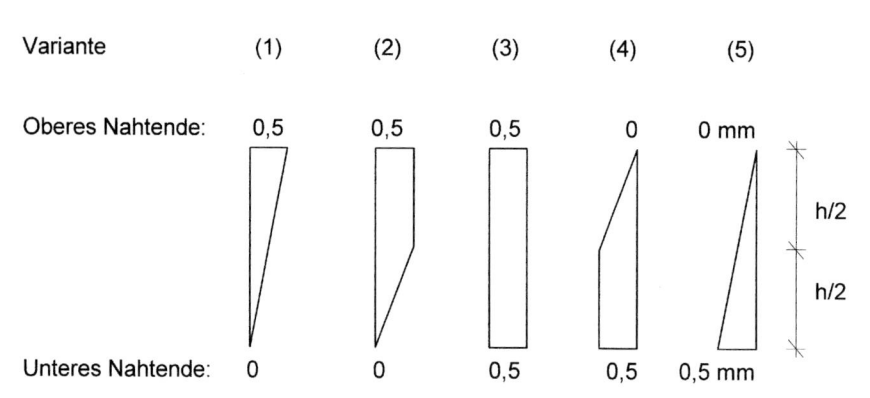

Bild 6-19. Varianten der Schweißnahtschrumpfungen im FE-Modell

Finite-Elemente-Modell

Das Berechnungsmodell mit finiten Elementen umfaßte das Hängeranschlußblech mit einer über das Blech hinausragenden Hängerlänge von 200 mm. Das Modell ist dem Bild 6–22 zu entnehmen. Die Vernetzung erfolgte mit ebenen 3- und 4-knotigen Schalenelementen. Die unterschiedlichen Dicken im Bereich des kreisförmigen Hängers wurden elementweise konstant definiert. Das Knotenblech war im FE-Modell am Steg des Versteifungsträgers eingespannt. Die maßgebenden Lasten ergaben sich aus der Kombination von Eigenlasten, Verkehr sowie Schwinden und Kriechen am 2. Bogenhänger neben dem Fußpunkt. Dort wurden neben entsprechend großen Normalkräften die Momente der Zwangsbeanspruchung aus der Verformung des Bogens gegenüber dem Versteifungsträger bemessungsrelevant.

Zur Modellierung von Schweißnahtschrumpfungen können folgende 3 Varianten eingesetzt werden:

1. Eingabe der Schrumpfung über Temperaturlasten
Die Elemente des Schweißnahtbereiches werden bei einem definierten Temperaturausdehnungskoeffizienten mit einer, auf die Elementlänge umgerechneten, Temperaturabkühlung belastet. Bei isotropem Materialverhalten tritt dann die Schrumpfung zweiaxial auf. Bei Elementtypen mit orthotropen Eigenschaften kann ein unterschiedliches Schrumpfverhalten quer und längs zur Naht simuliert werden. Die berechneten Verformungen werden durch die Steifigkeit der zu verbindenden Bauteile geringer sein als die oben definierten Temperaturlasten, die für eine „freie" Schrumpfung ermittelt wurden. Weiterhin wird die Verteilung der Verformungen über die Schweißnahtlänge in Abhängigkeit der örtlichen Behinderung unterschiedlich sein.

2. Eingabe der Schrumpfung über Knotenverschiebungen
Für diese Modellierungsmethode sind die zu verbindenden Bauteile getrennt zu betrachten. Zuerst ist für die einzelnen Bauteile der Anteil an der Gesamt-

schrumpfung durch Einheitslastberechnungen zu ermitteln, da ein Kräftegleichgewicht in der Schweißnaht vorliegt. Dann sind getrennt die Beanspruchungen aus den Schrumpfverformungen der einzelnen Bauteile zu berechnen und diese im Ergebnis zu superponieren.

3. Eingabe der Schrumpfung über Knotenkräfte
Analog zur 2. Variante können anstelle der Knotenverschiebungen auch resultierende Knotenkräfte eingegeben werden.

Die erste Variante ist eine praktikable Lösung bei Kenntnis der tatsächlichen Schweißnahtschrumpfungen und möglichen orthotropen Elementeigenschaften im Berechnungsmodell. Im vorliegenden Fall sollte der Einfluß definierter Querschrumpfungen auf die Beanspruchung des Anschlußbleches untersucht werden, weshalb die zweite Variante zur Anwendung kam. Die Modellierung erfolgte über Knotenverschiebungen im Anschluß an den Hänger bei steifigkeitslosem Hängerprofil in getrennten Lastfällen für die Verformungswerte gemäß Bild 6-19.

Auswertung der FE-Berechnungen

Eine Übersicht über die Maximalwerte der Spannungen ist in Tabelle 6-2 enthalten. Die Spannungsdarstellungen sind den Bildern 6-22 bis 6-33 zu entnehmen. Die Auswertung erfolgt mit gemittelten Knotenspannungen. Zur Einschätzung der Genauigkeit sind vergleichend sowohl Knoten- als auch Elementspannungen für einen Lastfall in Bild 6-24 ausgedruckt. Alle Maximalwerte treten an Bauteilecken bzw. an Ecken des FE-Netzes auf. Dementsprechend ist bei der Bewertung zu berücksichtigen, daß durch die Singularitäten u.U. Eckspannungen ermittelt wurden, die in dieser Größe tatsächlich nicht auftreten. Schlußfolgerungen aus den qualitativen Ergebnissen sowie den quantitativen Vergleichen zwischen verschiedenen Varianten sind jedoch ohne weiteres möglich, zumal überhöhte Werte auf der sicheren Seite liegen.

Zum Vergleich der Berechnungsergebnisse der Varianten untereinander werden im allgemeinen die Maximalwerte der Vergleichsspannungen der Tabelle 6-2 herangezogen. Bei der Auswertung von Schrumpfbeanspruchungen wurden die finiten Elemente der Hänger zur Spannungsauswertung unterdrückt, da die Mittelung an den Verbindungsknoten zwischen Blech und Hänger falsche Werte liefern würde. In den entsprechenden grafischen Darstellungen fehlen die Hängerelemente.

Beanspruchung im LF H
Die Belastung des Knotenblechs im LF H wurde sowohl linear elastisch als auch unter Berücksichtigung der Spannungsumlagerungen durch die Bauteilverformungen untersucht. Die Verformung infolge der Momente parallel zum Gleis bewirkt eine geringfügige Reduzierung der Spitzenwerte um 2% (s. Bilder 6-22 und 6-23). Auf der Druckseite der Momentenbeanspruchung verringern sich der Maximalwert um ca. 6%. Nicht berücksichtigt ist, daß die Momente um die Achse

Tabelle 6-2. Maximalwerte der Spannungen in [N/mm²] im Anschlußblech des Hängers

Beschreibung	Bild	Lastfall				
			$\sigma_{V,\text{vorn}}$	$\sigma_{V,\text{hinten}}$		
LF H, Theorie I. Ordnung	6-22	Lc1	283			
LF H, Theorie II. Ordnung	6-23	Lc51	277	259		
			σ_V	σ_y	σ_x	τ_{xy}
Hänger $\Delta T = -10$ K	6-32/6-33	Lc3	35,9	32,5	26,5	13,5
			σ_V	σ_y	σ_x	τ_{xy}
Schrumpfen Variante (1)	6-25/6-26	Lc61	107	40,5	26,5	13,5
Schrumpfen Variante (2)	6-27	Lc62	218			
Schrumpfen Variante (3)	6-27	Lc63	732			
Schrumpfen Variante (4)	6-28	Lc64	731			
Schrumpfen Variante (5)	6-28	Lc65	827			
			σ_V	σ_y	σ_x	τ_{xy}
LF H, Th.II.O. + Schrumpfen (1)	6-29/6-30	Lc71	227	179	15,8	39,6
LF H, Th.II.O. + Schrumpfen (2)	6-31	Lc72	293			
LF H, Th.II.O. + Schrumpfen (3)	6-31	Lc73	728			
LF H, Th.II.O. + Schrumpfen (4)		Lc74	728			
LF H, Th.II.O. + Schrumpfen (5)		Lc75	824			

senkrecht zum Gleis durch die Horizontalverformung des Bogens gegenüber dem Versteifungsträger nach Theorie II. Ordnung größer werden. Der Einfluß auf den maßgebenden Rand des inneren Freischnittes ist jedoch unbedeutend.

Unterschiedliche Vorwärmtemperatur

Die geometrische Verbindung zwischen Hänger und Anschlußblech wird durch die Heftnähte fixiert. Zur Schweißung werden beide Bauteile vorgewärmt. Bereits eine Temperaturdifferenz von 10 K bewirkt nach dem Verschweißen und Abkühlen der Bauteile Eckspannungen von ca. 10 % der aufnehmbaren Beanspruchung (s. Bilder 6-32 und 6-33).

Varianten des Schrumpfverhaltens

Die Auswertung der angenommenen Schrumpfungen zeigt, daß die Beanspruchungen bei ungünstigen Verformungen die Fließgrenze des Materials örtlich erheblich überschreiten (s. Bilder 6-27 und 6-28). Eine linear-elastische Berechnung wäre für diese Fälle unzutreffend. In den Spannungsbildern sind nur die Anschlußbleche dargestellt. Bei einer Schrumpfverformung gemäß Variante (1) treten die geringsten Eigenspannungen auf. Die Abschätzung der Schrumpfwerte nach Malisius hat gezeigt, daß die berücksichtigte Größenordnung realistisch ist. Dementsprechend mußte eine Schweißtechnologie mit den Zielwerten der Variante (1) ausgearbeitet werden.

Überlagerung der Ergebnisse

Die Bilder 6-29 bis 6-31 enthalten die Überlagerung des Lastfalles H bei Berechnung nach Theorie II. Ordnung mit den Schweißeigenspannungen. Bei Maximalwerten über der zulässigen Spannung von S 355 wurde auf den Wert von 240 N/mm^2 normiert, so daß die Bereiche mit Spannungsüberschreitungen rot hervorgehoben sind. Bei der Schrumpfvariante (3) (s. Bild 6-31), sind große Bereiche um den inneren Freischnitt erheblich überbeansprucht. Die Überlagerungen mit den Varianten (4) und (5) ergeben qualitativ gleiche Ergebnisse (vgl. Bilder 6-27 und 6-28). Bei der Überlagerung mit Variante (1) liegen sowohl die Einzelspannungen als auch die Vergleichsspannung im Bereich der zulässigen Werte.

Messung von Schrumpfwerten

Als Ergebnis der rechnerischen Untersuchung war eindeutig festzustellen, daß durch die Verbindung von Hänger und Knotenblech Spannungen aus Schweißnahtschrumpfungen auftreten können, die allein schon oberhalb der Streckgrenze des Grundmaterials liegen. Aus diesem Grund wurde die Herstellung eines Probe-

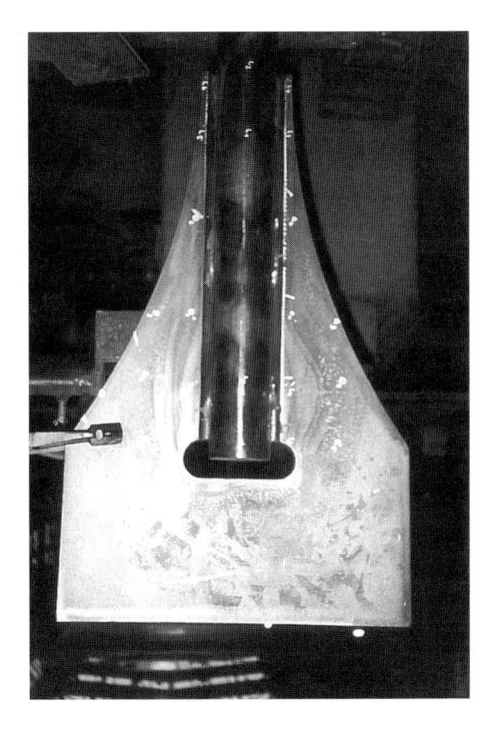

Bild 6-20.
Probestück des unteren Hängeranschlusses der *Neckarbrücke Wohlgelegen*

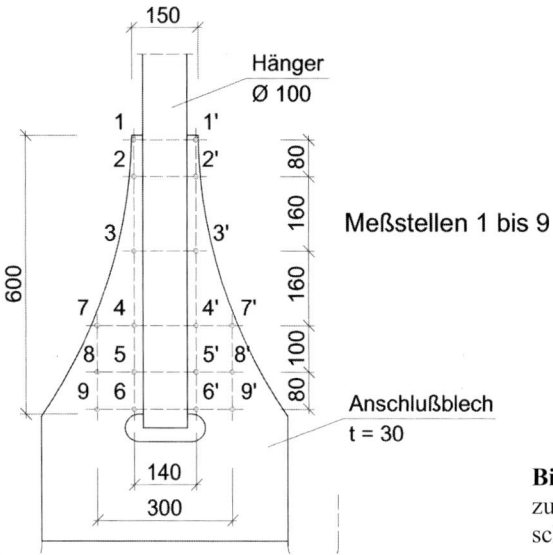

Bild 6-21. Meßstellen am Probestück zur Ermittlung der Schweißnahtquerschrumpfung

stückes im Maßstab 1:1 vorgenommen, an dem die tatsächlichen Querschrumpfungen gemessen wurden. In Auswertung der Rechenergebnisse wurde als Schweißreihenfolge ein Pilgerschrittverfahren von unten nach oben in 4 Abschnitten festgelegt. Heftnähte waren beidseitig am Anfang, in der Mitte und am Ende vorgesehen. Die Meßpunkte für Differenzmessungen der Verformungen sind in Bild 6-21 dargestellt. Im unteren Bereich konnten durch das breitere Anschlußblech Werte über 2 Meßlängen aufgenommen werden.

Die Durchschnittswerte der aufgenommenen Meßwerte als Differenz zwischen Nullmessung und verschweißtem Hängeranschluß sind in Tabelle 6-3 aufgeführt.

Tabelle 6-3. Meßwerte der Schrumpfungen [mm] in Querrichtung

Abstand von UK Schweißnaht [mm]	Meßstrecke	$\Sigma \Delta s$ [mm]	Δs_{Naht} [mm]	Meßstrecke	$\Sigma \Delta s$ [mm]	Δs_{Naht} [mm]
590				1–1'	−0,60	−0,30
510				2–2'	−1,29	−0,65
350				3–3'	−1,56	−0,78
190	7–7'	−1,97	−0,98	4–4'	−1,86	−0,93
90	8–8'	−1,63	−0,82	5–5'	−1,60	−0,80
10	9–9'	−0,53	−0,27	6–6'	−0,98	−0,49

6.3 Hängeranschluß

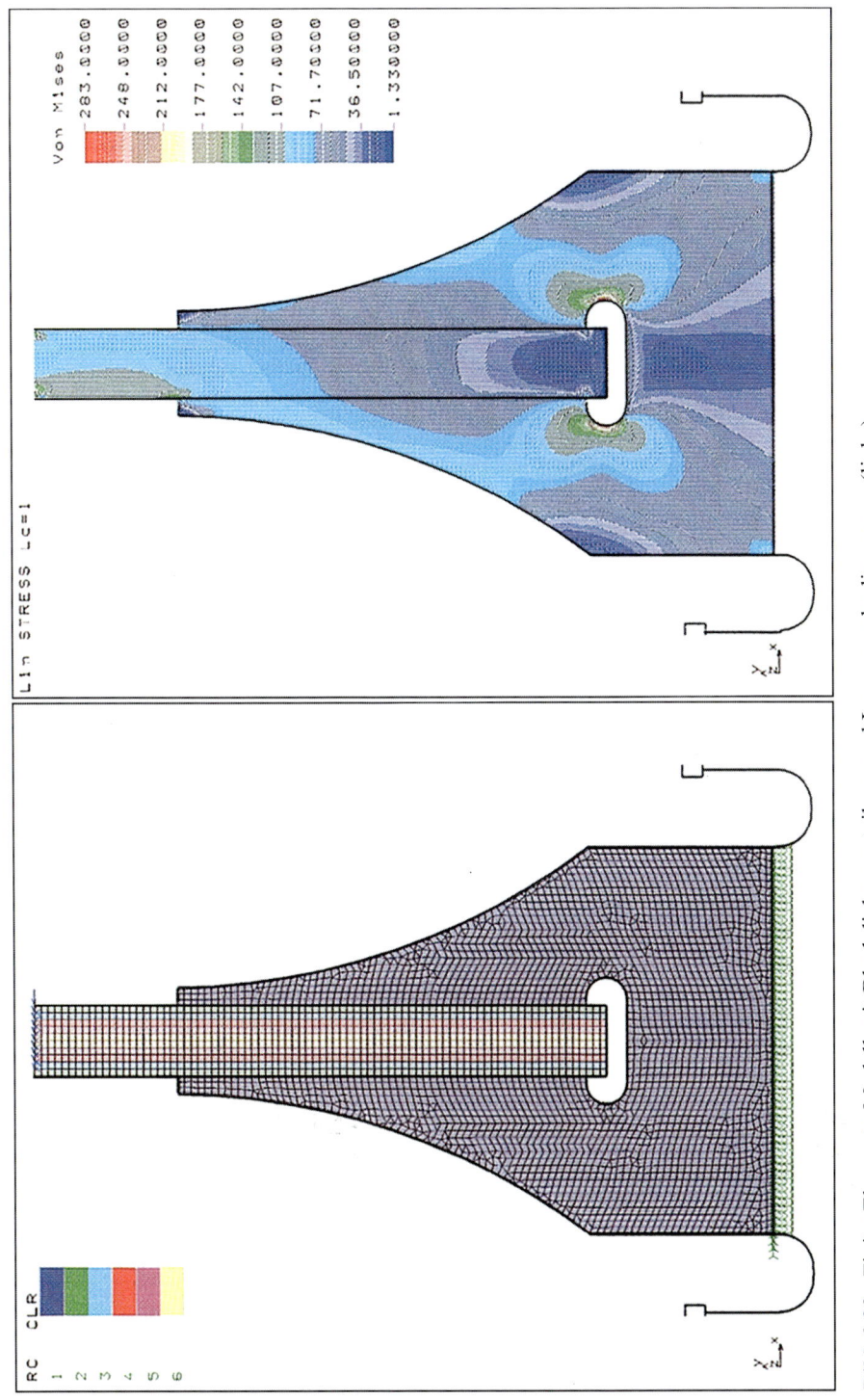

Bild 6-22. Finite-Elemente-Modell mit Blechdickenverteilung und Lagerungsbedingungen (links) Vergleichsspannungen in [N/mm^2] unter Gesamtlast im LF H nach Theorie I. Ordnung (rechts)

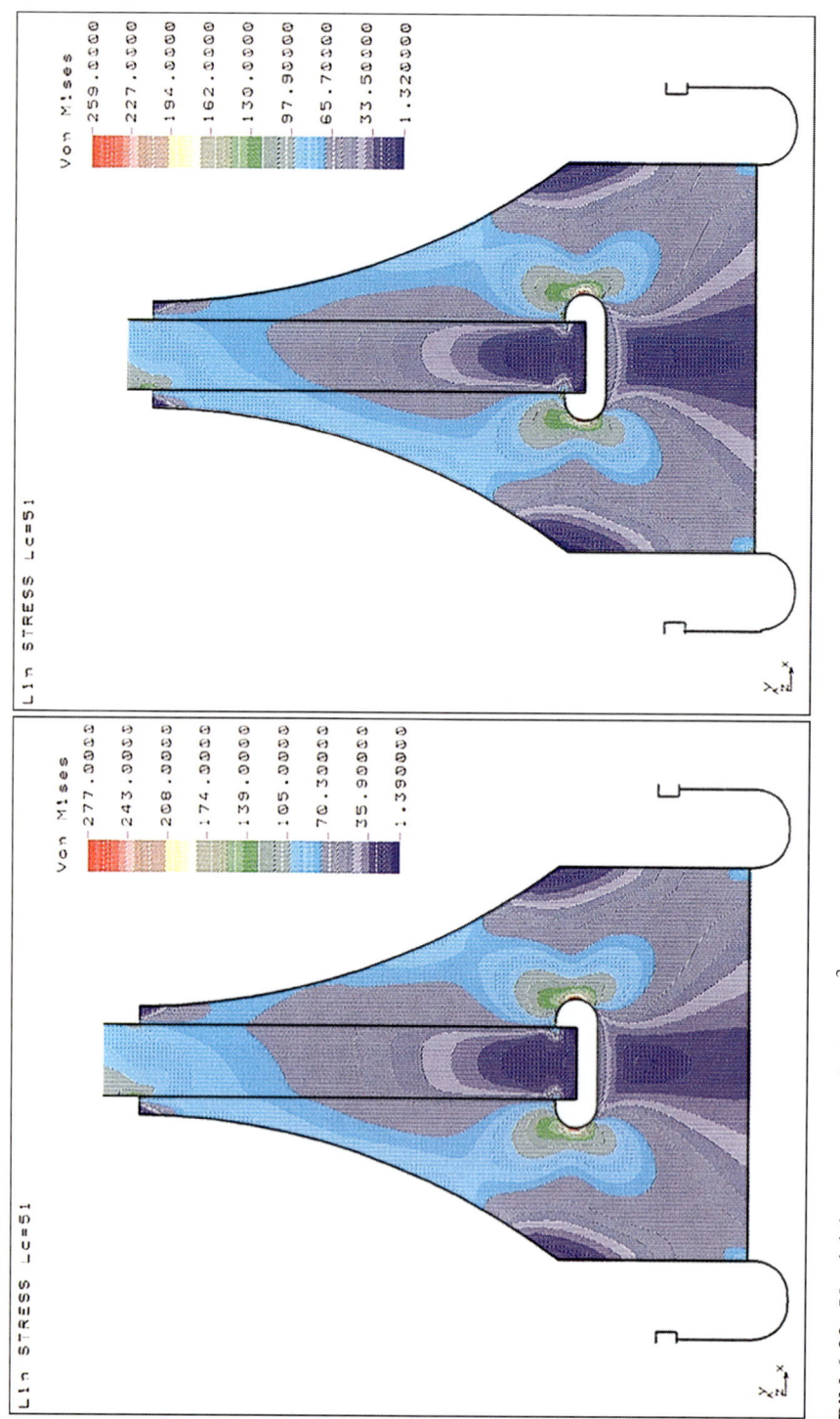

Bild 6-23. Vergleichsspannungen in [N/mm^2] unter Gesamtlast im LF H nach Theorie II. Ordnung, Vorderseite (links), Rückseite (rechts)

6.3 Hängeranschluß 161

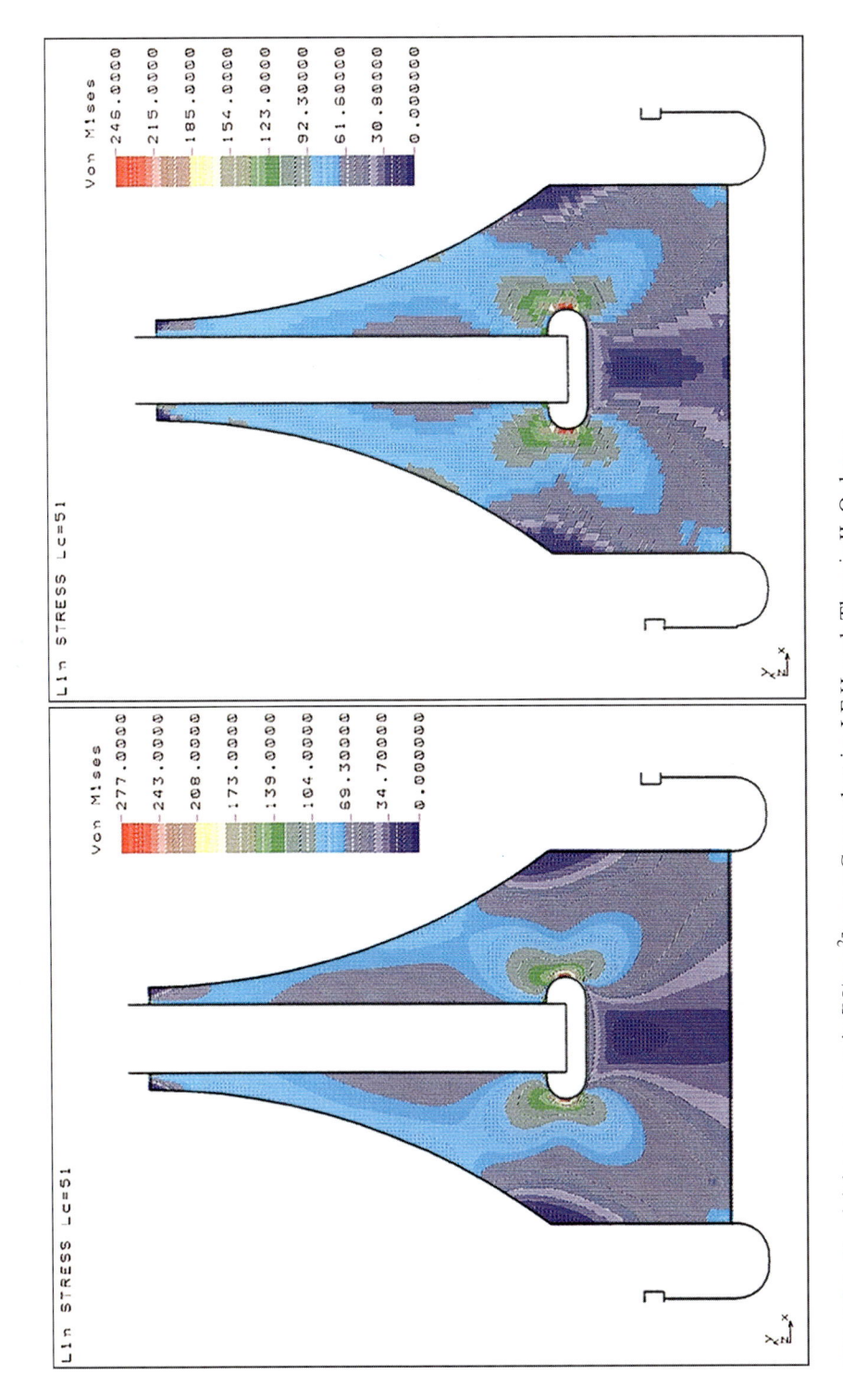

Bild 6-24. Vergleichsspannungen in [N/mm^2] unter Gesamtlast im LF H nach Theorie II. Ordnung, Knotenspannungen (links), Elementspannungen (rechts)

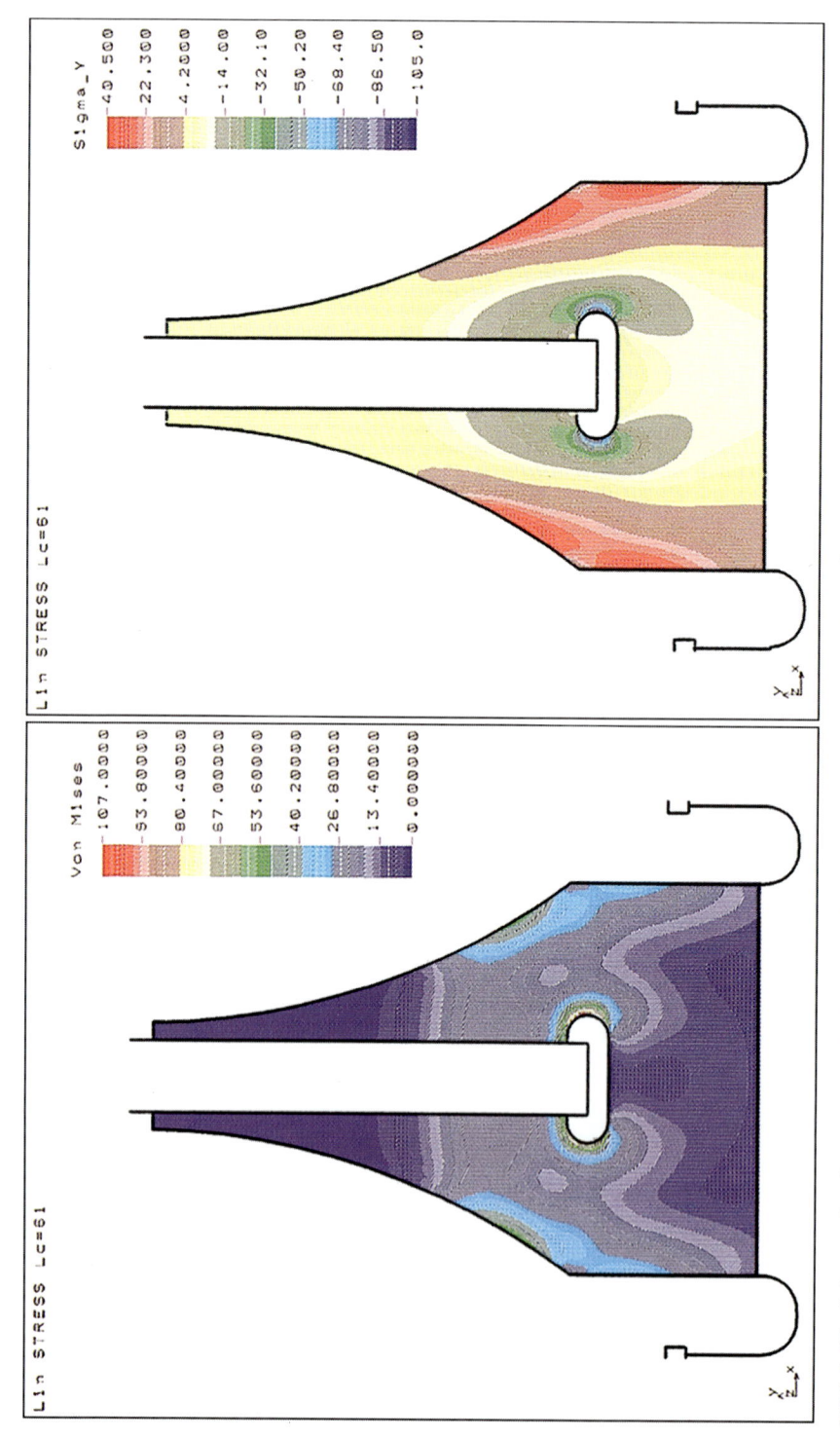

Bild 6-25. Schrumpfverformung gemäß Variante (1), Vergleichsspannungen in [N/mm²] (links), Normalspannungen senkrecht (rechts)

6.3 Hängeranschluß

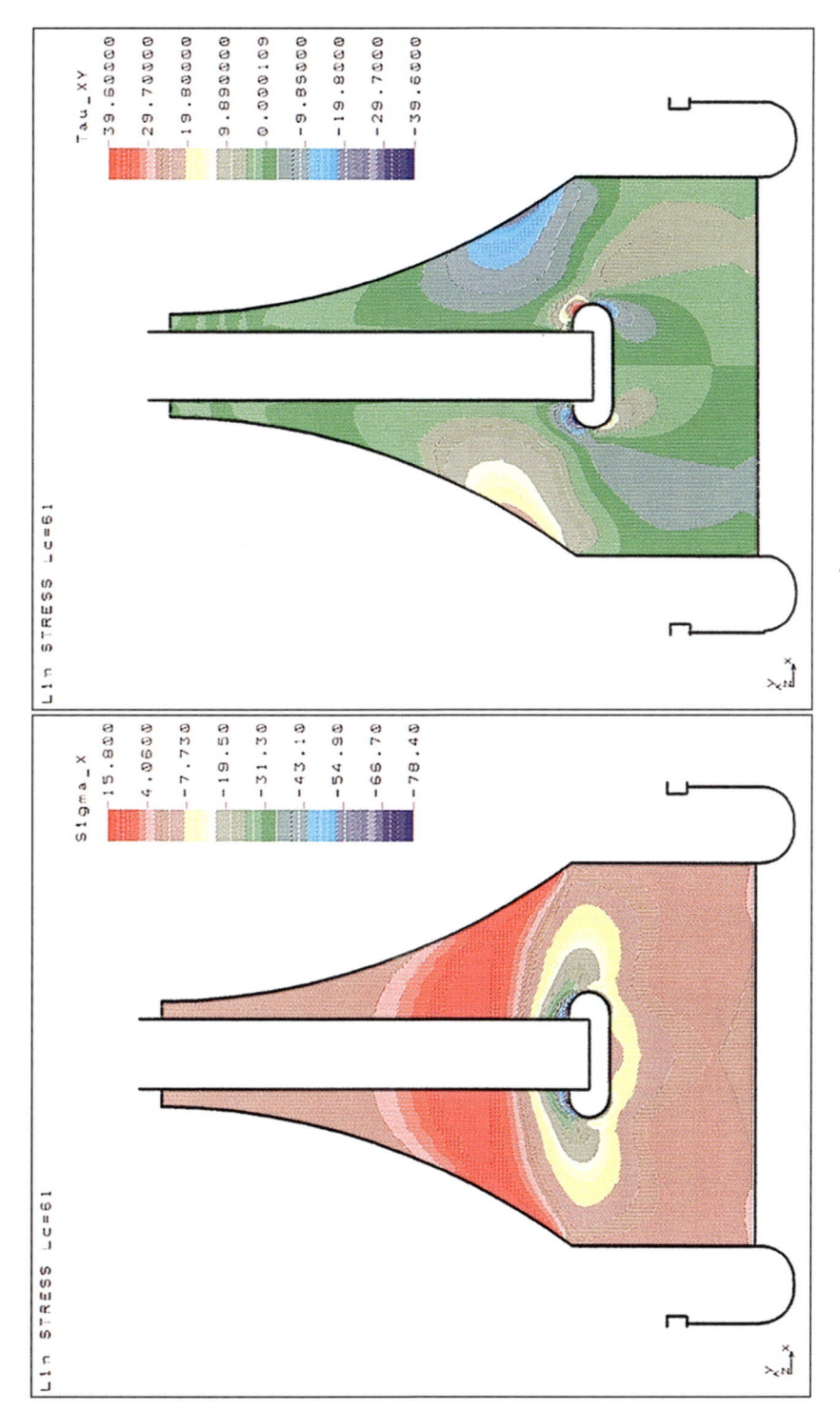

Bild 6-26. Schrumpfverformung gemäß Variante (1), Normalspannungen in [N/mm²] horizontal (links), Schubspannungen (rechts)

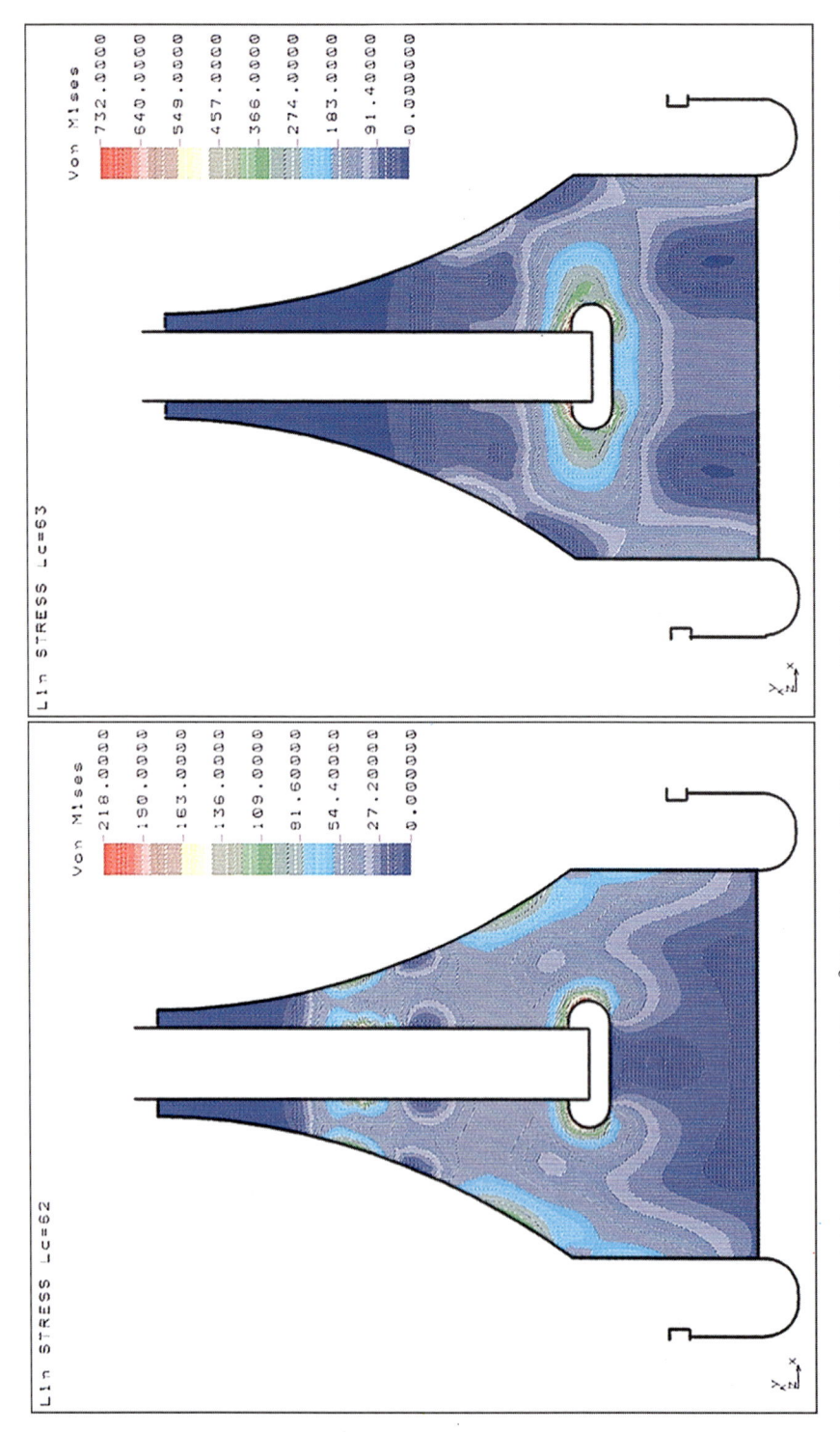

Bild 6-27. Vergleichsspannungen in [N/mm^2] bei Schrumpfverformung nach Variante (2) (links), nach Variante (3) (rechts)

6.3 Hängeranschluß

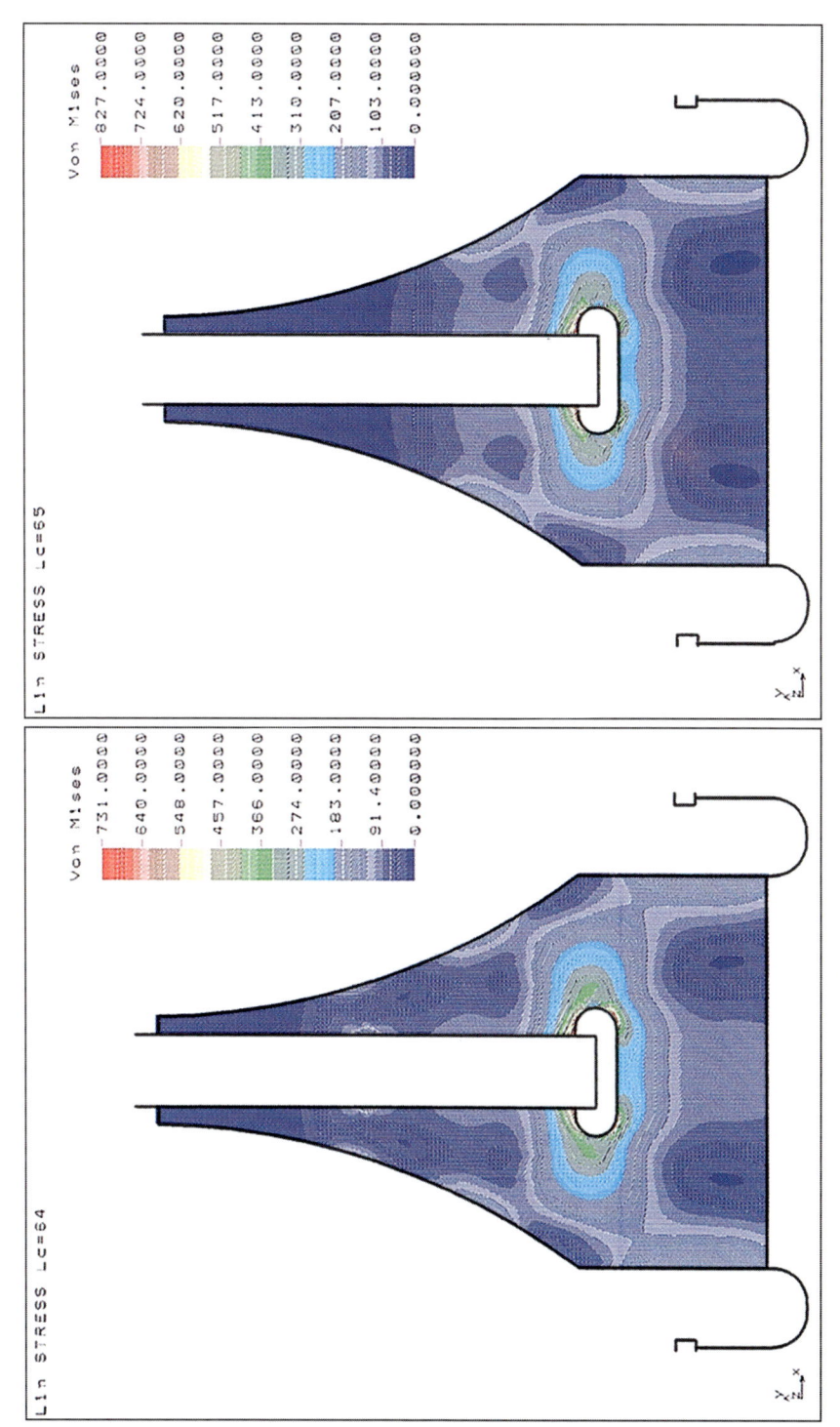

Bild 6-28. Vergleichsspannungen in [N/mm²] bei Schrumpfverformung nach Variante (4) (links), nach Variante (5) (rechts)

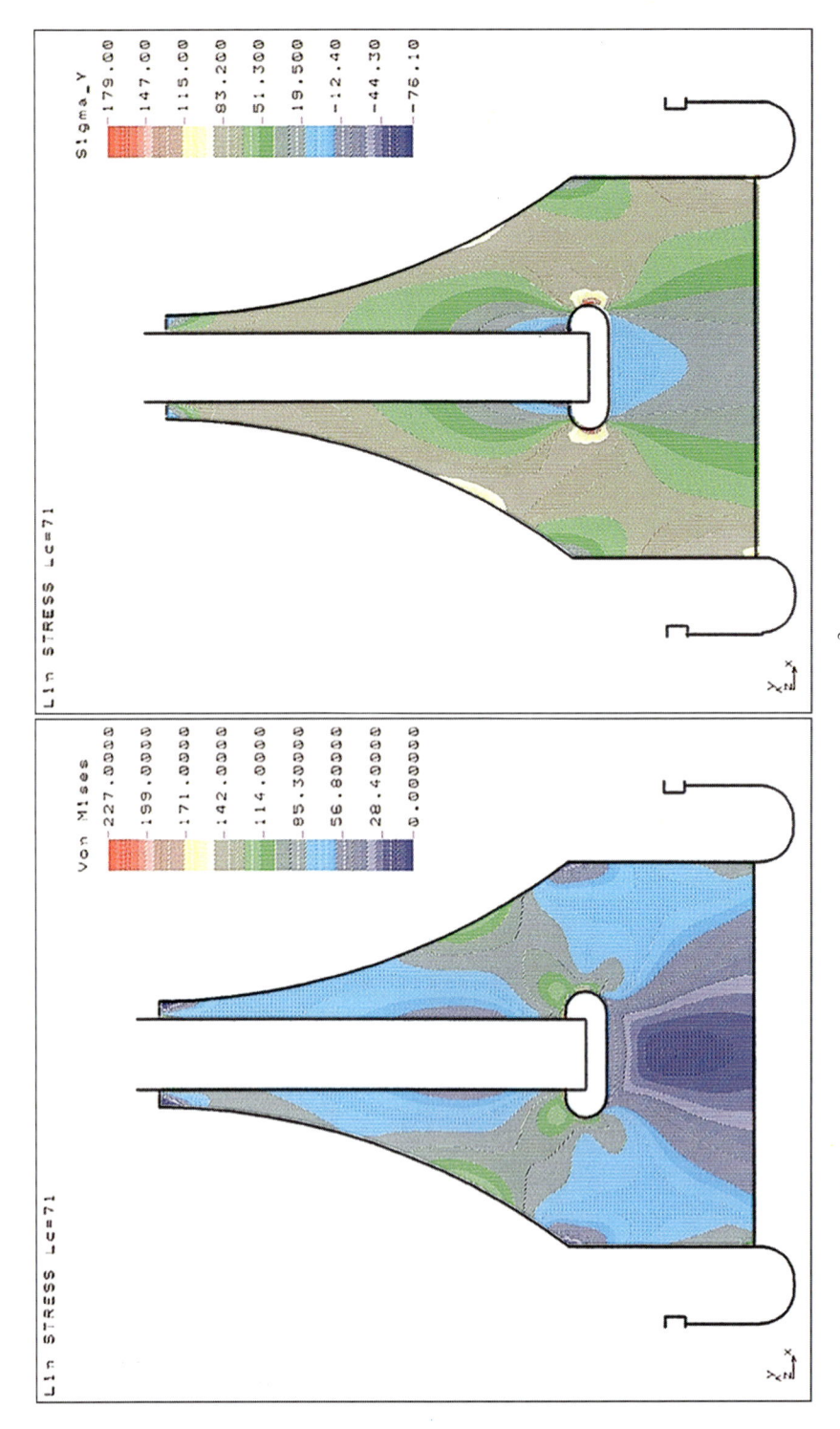

Bild 6-29. LF H, Th.II.O. + Schrumpfen (1), Vergleichsspannungen in [N/mm²] (links), Normalspannungen senkrecht (rechts)

6.3 Hängeranschluß

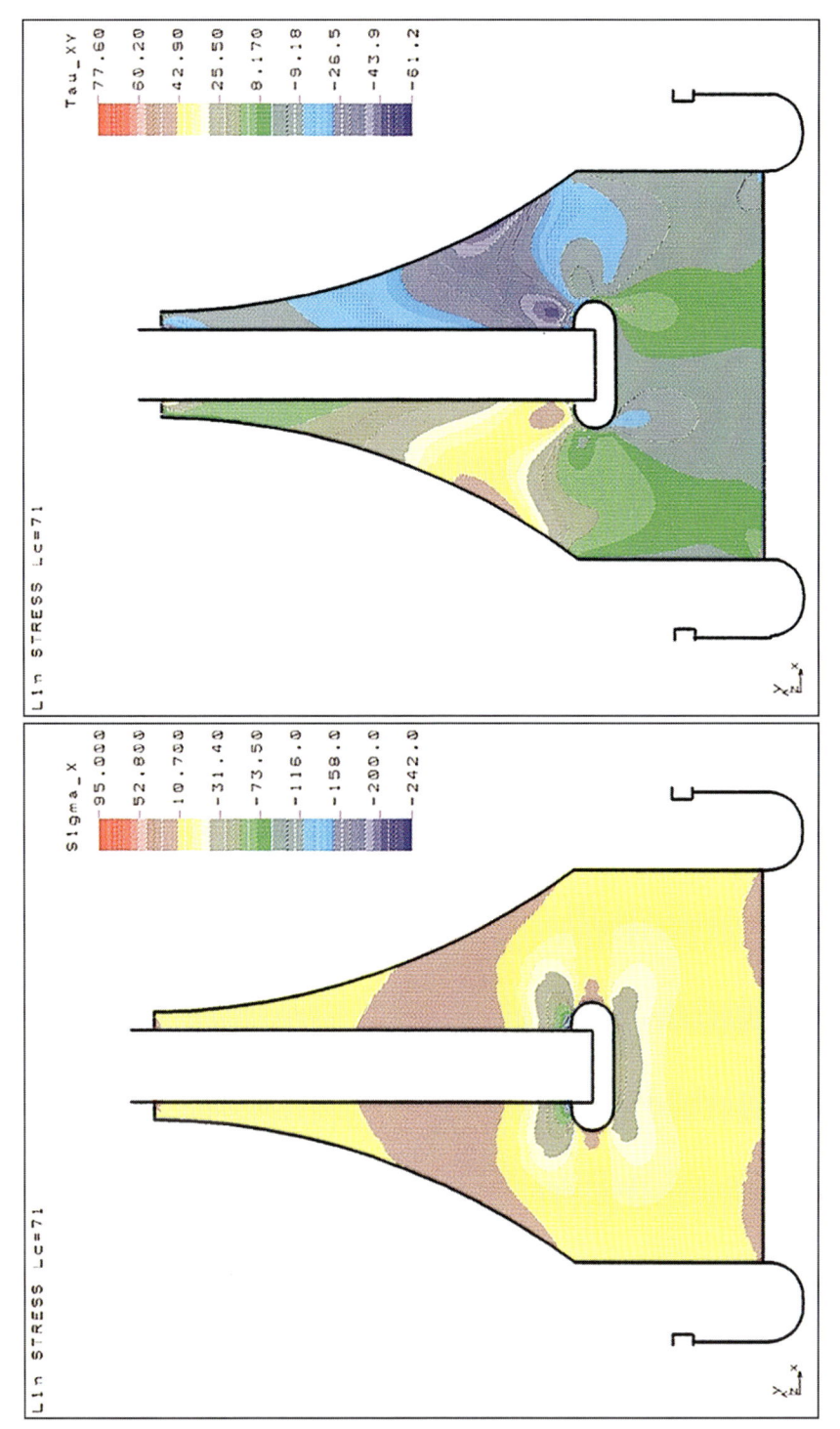

Bild 6-30. LF H, Th.II.O. + Schrumpfen (1), Normalspannungen horizontal in [N/mm^2] (links), Schubspannungen (rechts)

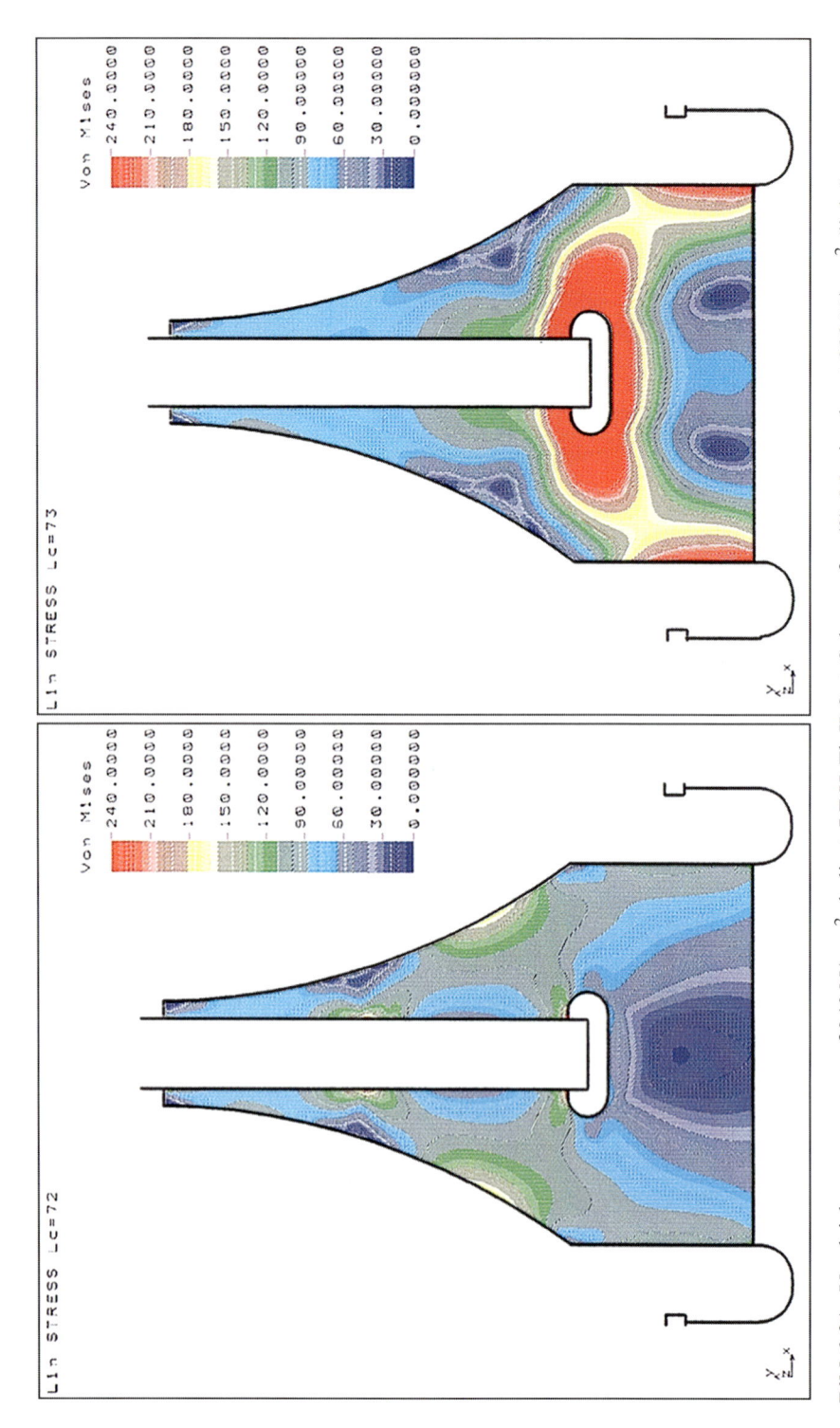

Bild 6-31. Vergleichsspannungen auf 240 N/mm² skaliert, LF H, Th.II.O. + Schrumpfen (2), Maximalwert 293 N/mm² (links), LF H, Th.II.O. + Schrumpfen (3), Maximalwert 728 N/mm² (rechts)

6.3 Hängeranschluß

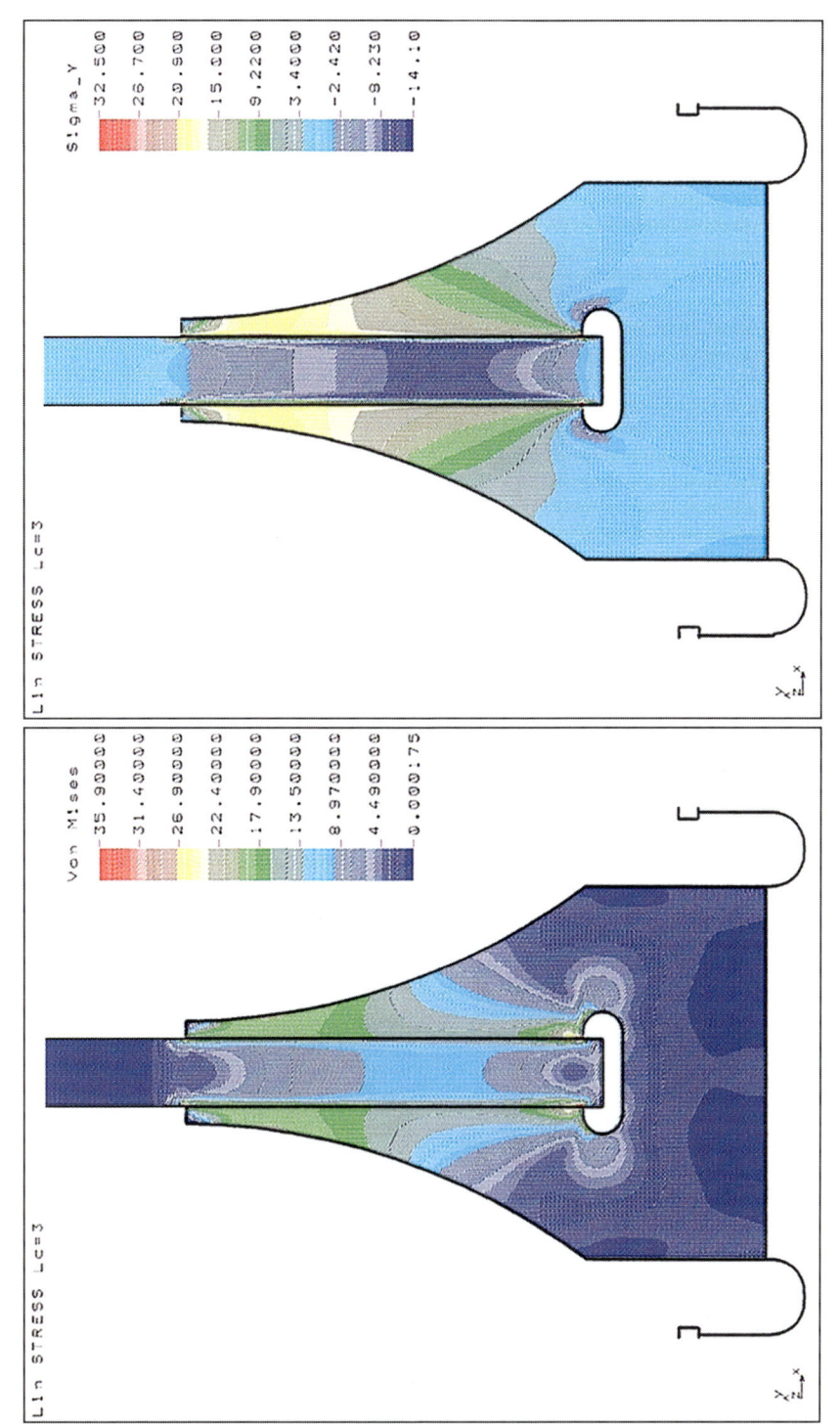

Bild 6-32. Vorwärmen, Temperaturunterschied von 10 K, Vergleichsspannungen in [N/mm²] (links), Normalspannungen senkrecht (rechts)

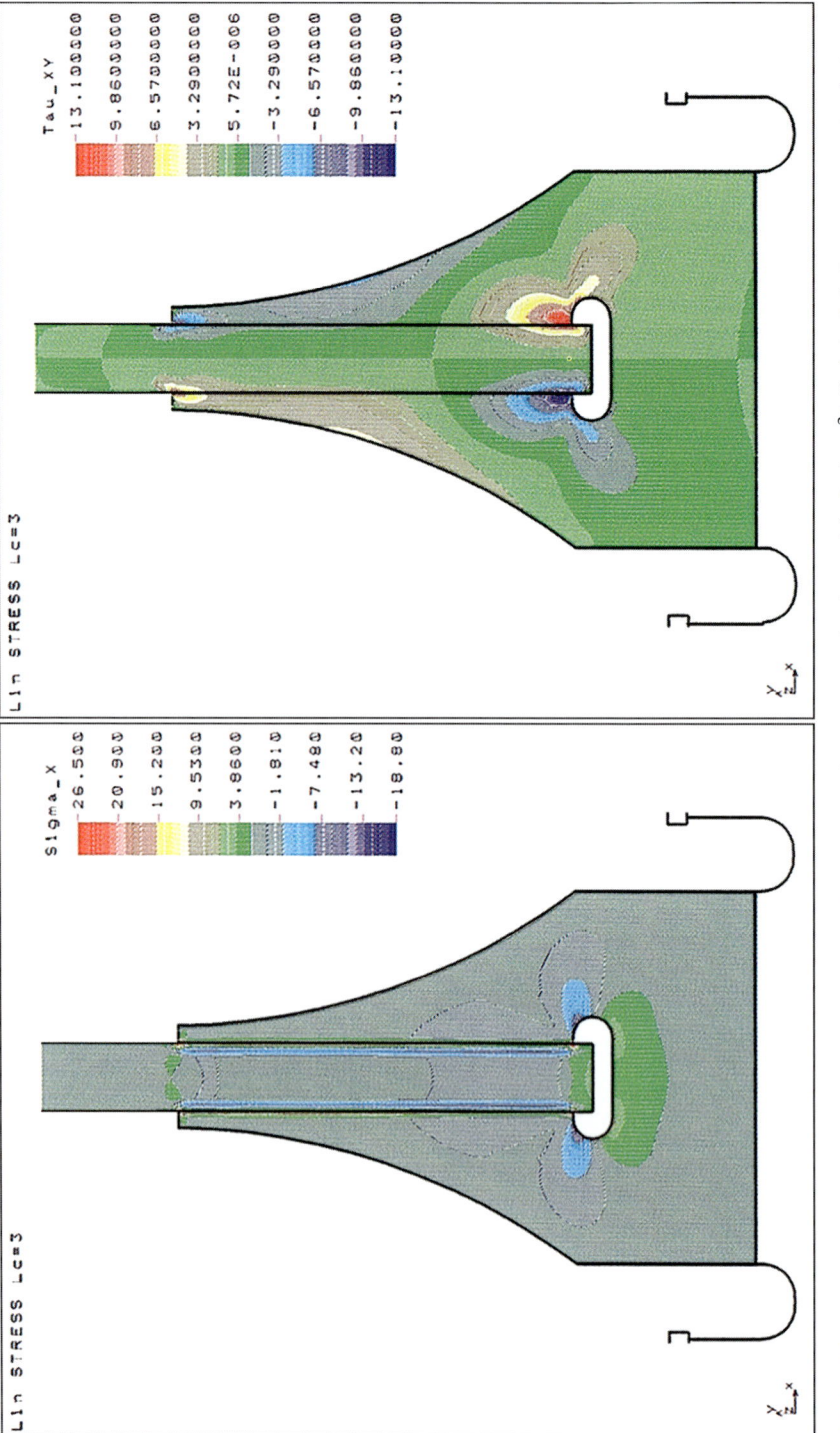

Bild 6-33. Vorwärmen, Temperaturunterschied von 10 K, Normalspannungen horizontal in [N/mm²] (links), Schubspannungen (rechts)

6.3 Hängeranschluß

Die gemessenen Längendifferenzen sind die Angaben $\Sigma \Delta s$, die halbierten Werte Δs_{Naht} sind auf eine Schweißnaht bezogen. Die praktischen Schrumpfungswerte einer Naht sind die Summe der Dehnungen des Anschlußbleches und des Hängers. Für einen Vergleich mit den rechnerischen Schrumpfmaßen sind die Meßwerte der Anschlußbleche im Verhältnis der Steifigkeiten abzumindern. Weiterhin ist zu berücksichtigen, daß im Gegensatz zum Berechnungsmodell der untere Rand des Probestückes frei war. Die eine durchgeführte Probeschweißung reicht nicht für eine statistisch gesicherte Auswertung aus. Für die ausgeführte Probeschweißung ergeben sich jedoch folgende prinzipielle Aussagen:

1. Die Schrumpfwerte steigen von einem Minimum am unteren Rand über eine Länge von ca. 1/3 der Naht auf ein Maximum an.
2. Zum oberen Ende der Naht fallen die Schrumpfwerte kontinuierlich ab.
3. Die Größenordnung der Schrumpfmaße liegt im Bereich der numerischen Untersuchung.
4. Eine „Null"-Schrumpfung am unteren Rand ist nicht erreichbar.
5. Die geringeren Längenänderungen der langen Meßstrecke gegenüber der kürzeren im Bereich des unteren Nahtanfangs weisen auf örtliche Dehnungskonzentrationen hin. Unter Ansatz der Ergebnisse des FE-Modells ergeben sich hier bereits durch das Schweißen lokale Plastifizierungen.

Schlußfolgerungen

Für die endgültigen Spannungsnachweise der statischen Berechnung wurde eine rechnerische Schrumpfverformung angenommen, deren Maximalwert im unteren Drittelspunkt erreicht wird. Zum Vergleich mit dem oben aufgeführten Maximalwert der Randspannungen des Anschlußbleches im Gesamtmodell von $\sigma_{y,Stab} = 210$ N/mm² sei hier die entsprechende Spannung des FE-Modells angegeben:

$$\sigma_{y,FE} = 197 \text{ N/mm}^2 < 240 \text{ N/mm}^2 = zul\ \sigma_{S355}$$

Die Ergebnisse dieses „genaueren" Berechnungsmodells liegen im Bereich der nachgewiesenen Beanspruchungen mit den Querschnittswerten des Gesamtmodells. Durch die meßtechnischen Untersuchungen wird jedoch deutlich, daß eine Rundung auf die erste Stelle mit

$$\sigma_y \approx 200 \text{ N/mm}^2$$

die tatsächliche Beanspruchung besser beschreibt als die Angabe von drei signifikanten Stellen. Bei einem kompakten, schrumpfbehinderten Bauteil, wie dem Hängeranschluß einer Bogenbrücke, haben die „sekundären" Einflüsse eine derart große Wirkung, daß eine Berechnung ohne diese Einflußfaktoren ein Resultat liefert, welches mehr oder weniger falsch ist. Auch bei Berücksichtigung von Schweißnahtschrumpfungen sind die tatsächlichen Eigenspannungen vorher nur sehr ungenau zu ermitteln. Hier sei besonders darauf hingewiesen, daß bei den dargelegten Ergebnissen nur auf die Querschrumpfung der Nähte eingegangen wurde. Schrumpfungen parallel zur Naht sowie in Dickenrichtung der Bleche treten ebenfalls auf. Diese können erhebliche Beanspruchungen hervorrufen. Im vorliegenden Fall bewirken die Längsschrumpfungen eine Druckspannung im Hänger und Knotenblech sowie eine resultierende Zugspannung in der Schweißnaht. Diese Beanspruchungen werden durch die spätere Zugkraft der Hänger überlagert. Auch wenn man annimmt, daß lokale Spannungsüberschreitungen durch örtliches Plastifizieren abgebaut werden, bleibt jedoch der Einfluß der Schweißeigenspannungen auf die Betriebsfestigkeitsnachweise bestehen. Durch die hohen Grundspannungswerte ist es praktisch kaum zu vermeiden, daß Oberspannungen bzw. das Spannungsniveau (Schwellbereich bzw. Zug-Druck-Bereich) maßgeblich anders sind als bei einem Nachweis eines Hängeranschlusses ohne Eigenspannungen.

Als Schlußfolgerungen werden einige Hinweise für die Gestaltung und Ausführung von Bogenhängern und deren geschweißte Anschlüsse angegeben.

Entwurfsgeometrie
Bei der Planung von Hängeranschlüssen ist es zweckmäßig, Steifigkeitssprünge zu vermeiden. Dazu können Hängerprofile „angespitzt", Anschlußbleche entsprechend optimiert ausgebildet oder Blechübergänge und Nähte nach dem Schweißen bearbeitet werden. Neben den Fertigungsaufwendungen und -risiken sind sowohl der theoretische Nutzen als auch das mögliche Schadenspotential jeder Maßnahme zu berücksichtigen und hinsichtlich aller Lasteinflüsse zu bewerten.

Vermeidung extremer Schweißeigenspannungen
Bereits während der Entwurfsgestaltung von Hängern und deren Anschlüsse ist darauf zu achten, daß extreme Schweißeigenspannungen vermieden werden. Zum Beispiel erlauben die Anschlüsse von Rechteckhängern oder die Verbindung über Schmiedestücke eine praktisch zwängungsfreie Ausführung der Stumpfstöße. Die konstruktive Veränderung eines Entwurfes im Zuge der Ausführungsplanung ist oft aus terminlichen, vertraglichen oder finanziellen Gründen nicht mehr realisierbar.

Konstruktionsgrundsatz hinsichtlich der Ausführung
Die konstruktive Ausbildung sollte so erfolgen, daß durch die Ausführung möglichst wenig Fehlstellen oder ähnliche Unregelmäßigkeiten in die Bauteile eingebracht werden können. Die Anschlußbleche der oben angeführten Hängerkonstruktion könnten nach der Schweißung am oberen Abschluß bearbeitet werden, so daß ein stufenloser Übergang entsteht. Dadurch ergibt sich eine günstigere Kerbgruppe für den Nachweis der Betriebsfestigkeit. Es ist jedoch zu bedenken, daß bei den im Beispiel vorhandenen 32 Hängern in der Summe 128 Blechbearbeitungen, davon mindestens die Hälfte auf der Baustelle, auszuführen sind. Die Wahrscheinlichkeit, daß kein Blechanschluß einen nicht sichtbaren Fehler aufweist (z. B. eine überschweißte und beschliffene Kerbe, die sich beim

Bearbeiten ergeben hat), ist außerordentlich gering. Da im vorliegenden Fall die Dimensionierung hinsichtlich der Betriebsfestigkeit unabhängig vom Konstruktionsdetail erfolgte, war eine potentielle Gefährdung der Konstruktion durch eine zusätzliche Blechbearbeitung nicht erforderlich.

Extrembereiche
Kritische Bereiche sind beim Schweißnahtanschluß von Rundstahlhängern die Ränder des inneren Freischnittes im Anschlußblech bei 0° und 180°. Hinsichtlich der Betriebsfestigkeit ist hier eine konstruktive Ausbildung zu empfehlen, die in diesem Bereich keine Beeinflussung durch eine Schweißnaht aufweist.

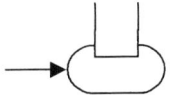

Schweißnahtdetails und -reihenfolgen
Die Schweißnahtdetails sowie Schweißreihenfolgen sollten zwischen dem Schweißfachingenieur der ausführenden Firma und dem Statiker abgestimmt werden.

Berechnungsmodell
Zum Nachweis der Hängeranschlüsse sind neben vereinfachten Modellen auch detaillierte FE-Modelle aufzustellen. In Anbetracht der Gesamtaufwendungen zur Herstellung einer Bogenbrücke sollten Detailuntersuchungen an kritischen Bauteilen wie den Hängeranschlüssen den Normalfall darstellen, zumal heute Finite-Elemente-Programme zum üblichen Handwerkszeug des Statikers gehören.

Betriebsfestigkeitsnachweise
Es ist zu empfehlen, die Bauteilabmessungen und Schweißnahtflächen so zu wählen, daß die Betriebsfestigkeitsnachweise, unabhängig von deren Ausführungsform, nicht relevant werden.

Spannungsauslastung
Die rechnerische Auslastung eines Bogenhängers mit dessen Anschlüssen sollte nicht das Ziel einer statischen Berechnung sein.

- In der statischen Berechnung werden nicht alle auftretenden Beanspruchungen realistisch erfaßt.

- Die Erhöhung des Durchmessers eines Rundstahlhängers um 20% vergrößert die Querschnittsfläche um 44%. Ob ein Hänger 80 oder 96 mm im Durchmesser aufweist, ist optisch kaum sichtbar. Andererseits ist zu berücksichtigen, daß die Windlasten sowie Windabtriebskräfte mit größerem Durchmesser steigen und u. U. größere Zwangsbeanspruchungen auftreten.

- Eine konstruktiv höherfestere Stahlsorte als erforderlich verbessert zwar rechnerisch nicht die Betriebsfestigkeit des Bauwerks, schafft jedoch Reserven für nicht kalkulierte Oberspannungen sowie unplanmäßige Extremsituationen, zumal Verfügbarkeit und Kosten von z. B. Rundstählen aus S 355 mitunter günstiger sind als aus S 235.

Brennschnittkanten
Die Brennschnittkanten der Kontur der Hängeranschlußbleche sollten in kritischen Zonen gesondert visuell geprüft und bei Bedarf beschliffen werden.

Vorwärmtemperaturen
Zur Ausführung der Heftnähte zwischen Hänger und Anschlußblech ist eine gleichmäßige Vorwärmtemperatur aller Bauteile zu gewährleisten.

Nahtbearbeitung
Die oberen und unteren Nahtenden der Schweißnähte zwischen Hänger und Anschlußblech sind unabhängig von den Berechnungsannahmen kerbfrei zu bearbeiten, da hier insbesondere durch die Fertigung erhöhte Eigenspannungen auftreten.

Nachbehandlung
Zur Reduzierung von Walz- und Schweißeigenspannungen ist das Spannungsarmglühen ein zuverlässiges Verfahren, welches für Hängeranschlüsse effektiv eingesetzt werden kann. Grundvoraussetzung ist neben einer definierten Glühtemperatur von ca. 600 bis 650 °C ein gleichmäßiges und langsames Erwärmen und ein mindestes doppelt so langes Abkühlen [51].

Schweißvolumina
Höhere Schweißvolumina vergrößern die Eigenspannungen in den Bauteilen. Insofern ist eine Minimierung des Schweißaufwandes anzustreben.

Inspektion
Bei Stabbogenbrücken sind im Zuge der Brückenprüfungen die Hängeranschlüsse von besonderem Interesse. Da die oberen Anschlüsse geometrisch bedingt schlechter zugänglich sind, sollten diese rechnerisch etwas geringer ausgelastet werden, so daß für Inspektionen die unteren Anschlüsse theoretisch maßgebend werden.

Es wird nicht möglich sein, alle Hinweise gleichermaßen zu berücksichtigen. Einige der Punkte verhalten sich entgegengesetzt, so daß im Zuge der Planung und statischen Berechnung immer Entscheidungen hinsichtlich der konstruktiven Ausbildung und der Auslastung der Konstruktion zu treffen sind. In Zweifelsfällen ist eine meßtechnisch begleitete Ausführung von Probestücken ein effektives Hilfsmittel zur Bewertung des tatsächlich auszuführenden Hängeranschlusses.

6.4 Lagerquerträger

Kraft macht keinen Lärm, sie ist da und wirkt.

Albert Schweitzer (1875–1965)

In den Lagerbereichen der Brücken konzentrieren sich die Lasten, um über die Lager in die Unterbauten abgetragen zu werden. In vielen Fällen können die Aussteifungen der Lagerpunkte mit vereinfachten Modellen auf Grundlage der maximalen Lagerkräfte bzw. der Stabschnittkräfte der angeschlossenen Stäbe dimensioniert werden. Das Tragverhalten von Lagerbereichen mit hohen Auflagerträgern oder großen Lasteinleitungsbereichen wird durch vereinfachte Berechnungsmodelle mitunter nur unzureichend beschrieben. Lagerquerträger von Hohlkastenbrücken sind dieser Bauart zuzuordnen, wenn neben einem durchgehenden Querschott zusätzlich größere Freischnitte für Kabel, Leitungen oder Durchstiegsöffnungen vorhanden sind. Bei derartigen Konstruktionen sind ebene oder räumliche Finite-Elemente-Modelle bestens geeignet, das Tragverhalten abzubilden. Das folgende Beispiel behandelt den Lagerquerträger einer mehrfeldrigen Straßenbrücke. Die Aussteifung des Querschnittes über dem Zwischenpfeiler des Überbaus bilden zwei Schotte, die im Abstand von 850 mm angeordnet sind. Das zugehörige Lager ist in Brückenlängsrichtung beweglich. Im Brückenquerschnitt sind Öffnungen zur Durchführung verschiedener Kabel und Leitungen vorhanden. Zwei Durchstiegsöffnungen sichern die Begehbarkeit des Hohlkastens. Die Schotte sind zusammen mit den zusätzlichen Aussteifungen um die Freischnitte gasdicht verschweißt.

Berechnungsmodell

Zur Berechnung der Auflagerquerscheiben wird eine der zwei Querscheiben mit einem Finite-Elemente-Modell abgebildet. Betrachtet wird der Bereich ab Unterkante Hohlkasten mit folgenden Annahmen:

- Abbildung der genauen Geometrie mit ebenen Schalenelementen
- Randverstärkungen der Freischnitte durch zusätzliche Eingabe von Stabelementen
- Modellierung der Fahrbahn, des Bodenbleches und der Stege durch zusätzliche Stabelemente mit mittragenden Breiten in Brückenlängsrichtung
- Eingabe der Belastung durch Knoten- und Linienlasten
  1. im Auflagerbereich für die anteilmäßigen Lagerlasten der Querscheibe
  2. über die Hohlkastenstege im Gleichgewicht zu den Lagerlasten

Nachweise

Maßgebend für die Nachweisführung ist im vorliegenden Fall der LF HZ, da durch Längsverformungen des Überbaus infolge Temperaturänderungen die beiden Querscheiben ungleichmäßig beansprucht werden. Alle Bauteile bestehen aus S 355.

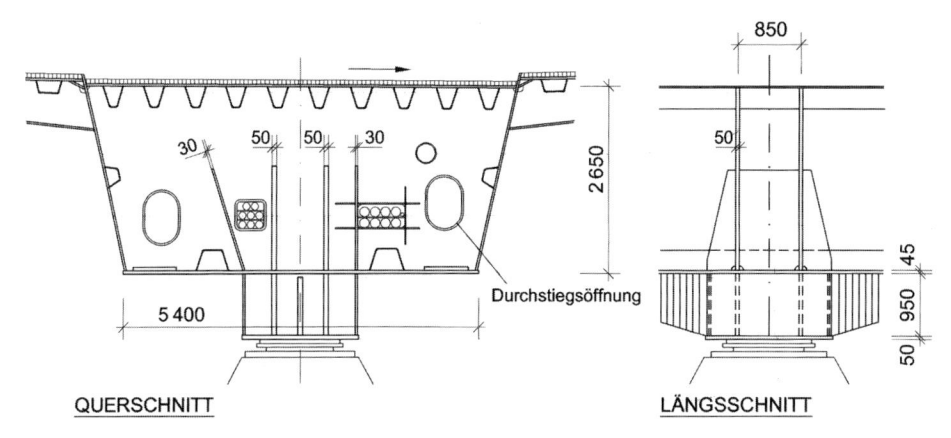

Bild 6-34. Lagerquerschnitt einer Hohlkastenbrücke

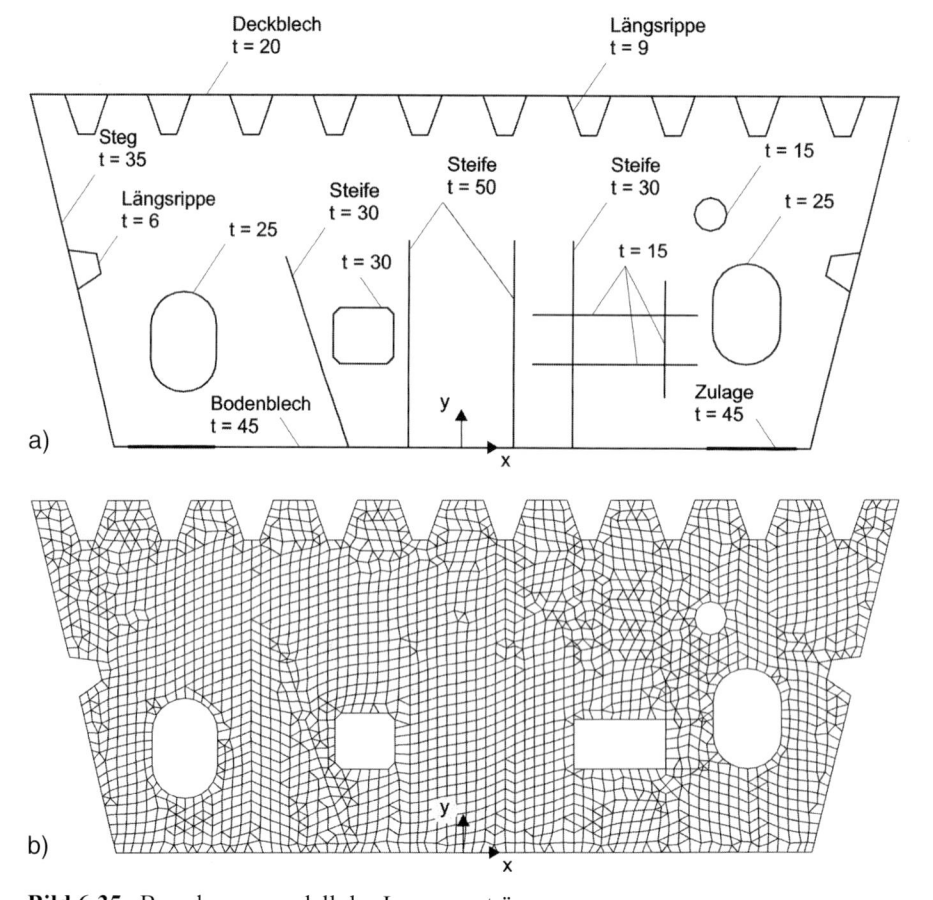

Bild 6-35. Berechnungsmodell des Lagerquerträgers
a) Stäbe der mittragenden Gurte, Stege und Aussteifungen
b) FE-Netz des Querschotts, t = 50 mm

6.4 Lagerquerträger

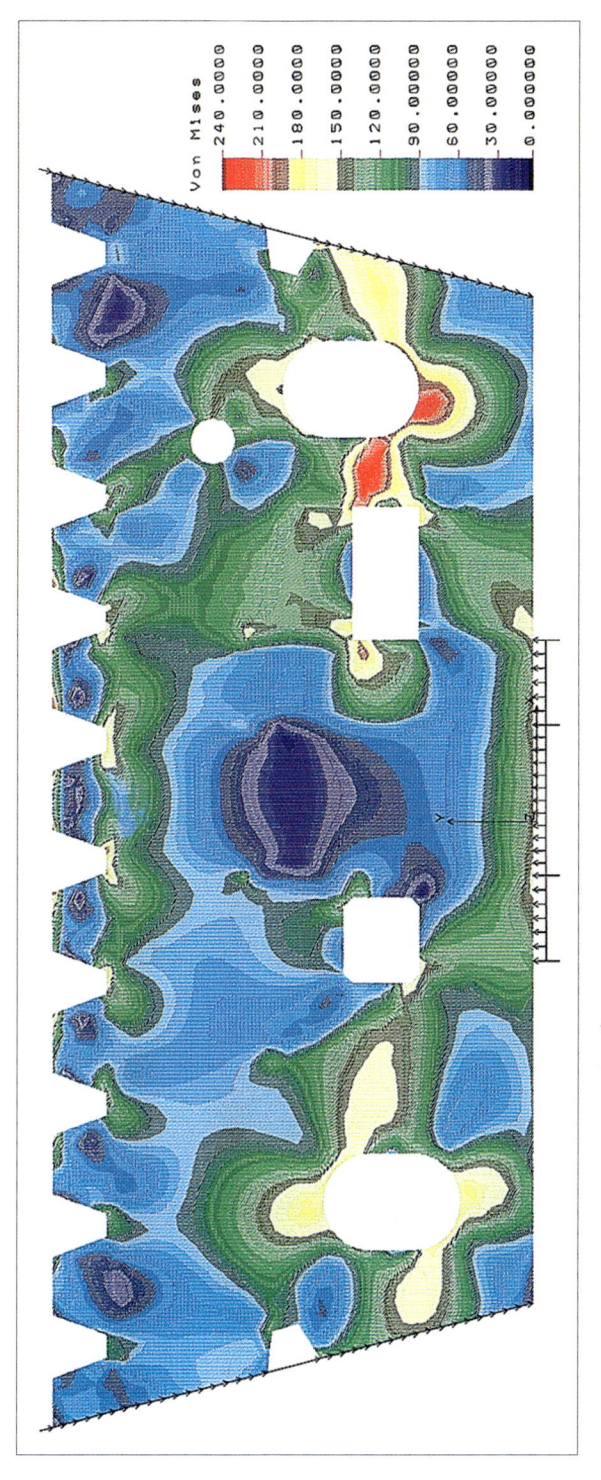

Bild 6-36. Vergleichsspannungen [N/mm^2] im Querschottblech im Lastfall HZ

Im Grundmaterial der Querscheibe sind die Normal-, Schub- und Vergleichsspannungen nachzuweisen. Bild 6–36 enthält als Beispiel die grafische Darstellung der Vergleichsspannungen im Querschottblech. Der zulässige Wert ist mit

$$\max \sigma_V = 240 \text{ N/mm}^2 < 270 \text{ N/mm}^2 = \text{zul } \sigma_V$$

eingehalten.

Analog sind die Nachweise im Grundmaterial der Aussteifungsrippen sowie der mittragenden Stege und Gurte zu führen. In Tabelle 6-4 sind die minimalen und maximalen Normalspannungen in den Rippen angegeben.

Tabelle 6-4. Minimale und maximale Normalspannungen in den Aussteifungsblechen

Querschnitt	LF	Stab	Faser	Kn.	min N/mm²	LF	Stab	Faser	Kn.	max
DECKBL	0	0	0	1	0.0	HZ	76	1	1	177.2
STEG	HZ	1	1	1	−102.4	HZ	359	1	1	10.3
BODENBL	HZ	432	1	1	−151.5	0	0	0	1	0.0
ZULAGE	HZ	414	1	1	−37.0	0	0	0	1	0.0
LR_DECK	HZ	242	1	1	−91.1	HZ	194	1	1	195.2
LR_STEG	HZ	322	1	1	−111.1	HZ	328	1	1	136.1
RIPPE_15	HZ	537	4	2	−140.2	HZ	528	4	2	124.9
RIPPE_25	HZ	569	5	2	−259.5	HZ	486	4	2	263.7
RIPPE_30	HZ	484	5	1	−232.0	HZ	481	4	1	110.0
STEIF_30	HZ	88	1	1	−67.4	0	0	0	1	0.0
STEIF_50	HZ	122	1	1	−48.9	0	0	0	1	0.0

LF Lastfall
Stab Stabnummer des maßgebenden Querschnitts
Kn. Knoten am Stab; 1 – Stabanfang, 2 – Stabende
Faser Spannungspunkt im Querschnitt

Neben den Spannungsnachweisen im Grundmaterial der Bleche des Lagerquerträgers sind folgende Berechnungen durchzuführen:

- Dimensionierung der Schweißnähte zum Anschluß der Aussteifungen, Stege und Gurte
- Nachweis der örtlichen Lasteinleitungsbereiche über dem Lager
- Überlagerung der Scheibenbeanspruchung mit der Verkehrsbelastung auf das Deckblech
- zusammengesetzte Spannungsnachweise mit der Längsbeanspruchung der Bauteile aus der Gesamttragwirkung

7   Datenaufbereitung und -kontrolle

Die Zahl ist das Wesen aller Dinge.
Pythagoras von Samos (580–500 v. Chr.)

Die Modellierung und Berechnung einer Brücke ist durch den Einsatz von Computern und deren Programmen gekennzeichnet. Projekte werden von der Berechnung über die Konstruktion bis zur Fertigung durch Rechner unterstützt. In der Tragwerksplanung werden sowohl spezielle Berechnungsprogramme wie auch CAD-Programme oder Standardsoftware verwendet. Ein Vorteil ist die Möglichkeit, große Datenmengen schnell zu verarbeiten. Nachteilig ist, daß sich Fehler bis zum Ende der Berechnung durchziehen. Zusätzlich können Fehler im Rechenprogramm bzw. in der Hardware nicht ausgeschlossen werden.

Die statische Berechnung mit einem Computerprogramm wird im günstigsten Fall genauer als eine „Handrechnung", jedoch nicht unbedingt fehlerfreier. Die Verwendung von Statikprogrammen bedeutet die Verwaltung von Daten, angefangen bei der Eingabe bis zur endgültigen Ergebnisdarstellung. Einen Teil dieser Arbeit nimmt die meistens korrekt arbeitende Software ab. Doch viele Daten müssen für die Eingabe zusammengestellt und aufbereitet sowie für die Nachweise weiterverarbeitet werden. Eine Zahl beim Abschreiben mit Hand verkehrt zu schreiben ist sicher unwahrscheinlicher, als sich zu vertippen oder zu vergessen bzw. zu übersehen, in einer kopierten Formel oder in einer bestehenden Berechnung einen Wert zu korrigieren!

Die Art der Dateneingabe hängt sehr von den verwendeten Programmen ab. Bedingt durch die Softwareentwicklung sind vielfältige Möglichkeiten gegeben, wie z.B. Abrollmenüs, Dialogboxen, vorgegebene Formulare oder Kommandoeingabe. Entwickler komplexer Programmsysteme bemühen sich, dem Nutzer die Datenverwaltung abzunehmen. Schnittstellen ermöglichen den Datenaustausch zu anderen Programmen oder zu CAD-Systemen. Entscheidend ist, daß die eingegebenen Werte in allen Phasen des Berechnungsablaufs kontrollierbar sind. Für eine effektive Datenverarbeitung gilt:

> Man gibt Daten nur einmal ein – und kontrolliert sie mehrmals.

In jedem Fall sollten die Eingabedaten (Geometrie, Lasten, Lagerungsbedingungen, Querschnittswerte) grafisch geprüft werden. Neben Summenkontrollen von Lasten und Stützkräften stellt eine separate grafische Darstellung von Datenreihen (z.B. der planmäßigen Stützpunktverschiebungen bei Verschubvorgängen) in Tabellenkalkulationsprogrammen eine effektive Kontrollmöglichkeit dar. Wenn Berechnungsprogramme die Möglichkeit bieten, die Eingabedaten auch über ASCII-Dateien (separat zu erstellende bzw. zu bearbeitende Textdateien) einzulesen, sind der Datenaufbereitung durch die Verwendung zusätzlicher Software (z.B. Programmiersprache, Tabellenkalkulation) kaum Grenzen gesetzt. Gleiches gilt für Programmergebnisse. Falls im Berechnungsprogramm nicht planmäßig entsprechende Verfahren integriert sind, lassen sich u. a. folgende Möglichkeiten nutzen:

- Überlagerung der Eingabegeometrie mit faktorisierten Verformungen oder Eigenformen zur Erzeugung einer planmäßig vorverformten Ausgangsgeometrie
- Berechnung von Knoten- und Elementlasten aus den Spannungen finiter Elemente oder den Schnittkräften von Stäben zur Definition neuer Lastfälle
- Ergebnisaufbereitung von Spannungen, Schnittkräften, Verformungen oder Eigenformen zur Weiterverarbeitung in anderen Programmen
- Überlagerung der Ergebnisse unterschiedlicher Berechnungsmodelle
- Aufteilung nichtlinearer Vorgänge in schrittweise lineare Berechnungen mit allen Kontroll- und Auswertemöglichkeiten nach jedem Schritt
- Simulation von Montage- und Verschubvorgängen

Vor Aufstellen eines Berechnungsmodells sollten im Hinblick auf eine effektive Dateneingabe und Ergebnisauswertung entsprechende Festlegungen getroffen werden, die stark vom Berechnungsprogamm abhängen. Beispielsweise betrifft das die

- Festlegung von globalen und lokalen Koordinatensystemen
- Reihenfolge der Querschnittsdefinitionen
- Reihenfolge der Eingabe bzw. Generierung von Knoten und Elementen
- Numerierung der Knoten und Elemente (ggf. durchgehend im Bereich der Fahrbahn zur Lastdefinition)
- Zuordnung der Elemente zu Materialeigenschaften

Für die Ergebnisaufbereitung, d. h. für eine Übernahme in die statische Berechnung, sollten generell getrennt zwei Formen vorliegen:

1. Form: Verwendung direkt in der statischen Berechnung
   - Ausdruck nur der maßgebenden Spannungen, Schnittkräfte, Stützkräfte und Verformungen

2. Form: Verwendung in Anlagen der statischen Berechnung zur Prüfung der in der 1. Form angegebenen Ergebnisse
   - Ausdruck der Eingabedaten des Berechnungsprogramms
   - Ausdruck aller durch das Berechnungsprogramm ermittelten Ergebnisse

Neben den für die Nachweise interessierenden Zahlen erhöhen grafische Darstellungen von Verformungsbildern, Schnittkraftdiagrammen, Schnittkraftumgrenzungslinien oder Einflußfunktionen die Übersichtlichkeit.

8 Allgemeine Empfehlungen

Der Mensch muß sich stets auf neue Überraschungen gefaßt machen.
Max Karl Ernst Ludwig Planck (1858–1947)

Berechnungsprogramme

Der Einsatz von Finite-Elemente-Programmen in der Tragwerksplanung konstruktiver Ingenieurbauwerke gehört heute zum Standardwerkzeug eines Bauingenieurs. Die Anwendung der Finite-Elemente-Methode ermöglicht es, komplexe Strukturen mit definierter numerischer Genauigkeit zu berechnen. Voraussetzung ist die Einhaltung wesentlicher Grundregeln. Bei der Idealisierung vom Bauwerk zum Berechnungsmodell sind neben der Wahl der statischen Ersatzsysteme und der Festlegung der Belastung sowie deren Diskretisierung die allgemeinen Modellierungsvorschriften für die Verwendung finiter Elemente zu beachten. Dazu zählen u. a. die zu verwendenden Elementgrößen und Vernetzungsdichten, Material- und Elementeigenschaften, spezielle Rand- und Übergangsbedingungen sowie singuläre Punkte. Bei der Ergebnisinterpretation ist zu berücksichtigen, daß die Definition einer „sicheren Seite" im Modell nicht immer möglich ist. Die Genauigkeit der Ergebnisse wird durch die Modellbildung bestimmt. Der Vorteil der Verwendung von Rechenprogrammen ist, daß große Datenmengen schnell zu verarbeiten sind. Bei gleichen Rechenoperationen ist mit großer Sicherheit auch ein qualitativ gleichwertiges Ergebnis zu erwarten. Entsprechend nachteilig ist, daß sich Fehler in den Eingangsdaten konsequent bis zum Ende durchziehen. Auch sind Fehler in Programmen bzw. in der Hardware nicht auszuschließen. Insbesondere ist zu empfehlen, Programmupdates an Hand bereits vorliegender Berechnungen zu prüfen. Unabhängige Berechnungskontrollen sind in jedem Fall zum Ausschluß von Fehlern durchzuführen.

Stahlauswahl

Im deutschen Stahlbrückenbau sind im Gegensatz zu den europäischen Nachbarländern gegenwärtig Stähle mit Festigkeiten größer als die eines S 355 noch eine Ausnahme. Bei Stahl- und Spannbetonbrücken werden ausnahmslos Stähle mit höheren Zugfestigkeiten eingesetzt. Bewehrung aus S 235 würde Befremden auslösen. Insofern sollten Baustähle mit Festigkeiten oberhalb des S 355 in Bereichen, in denen Betriebsfestigkeit, Stabilität bzw. Verformung nicht maßgebend sind, ebenfalls im normalen Stahl- und Stahlverbundbrückenbau eingesetzt werden. Ein positiver Nebeneffekt sind geringere Schweißverformungen und -spannungen durch reduzierte Nahtvolumen. Grundvoraussetzung ist jedoch eine qualitativ einwandfreie Ausführung. Einen umfassenden Überblick zur Auswahl und Anwendung von Stählen im Stahlbau geben Hubo und Schröter im Stahlbau-Kalender 2001 [57].

Stahlmengenminimierung

Stahl sparen kostet Geld. Diese etwas überspitzt gewählte Formulierung bezieht sich auf Fälle, in denen durch die rechnerische Auslastung aller Bauteile eine Vielzahl an Blechdicken, dünne Bleche sowie zusätzliche Beulsteifen und Aussteifungen entstehen. Es wird teuer für den Planer, denn die Zeichnungs- und Berechnungsumfänge vergrößern sich. Es wird teuer für die ausführende Firma, denn viele unterschiedliche Blechdicken, dünne Blechstärken und zusätzliche Beulsteifen erhöhen Materialkosten, Schweißaufwendungen und Maßnahmen zum Richten der Bleche nach dem Schweißen. Es wird teuer für den Auftraggeber, denn die Prüfung und Überwachung der „filigraneren" Konstruktion wird aufwendiger und im Ergebnis erhält er ein Bauwerk, welches sehr genau den gültigen Vorschriften entspricht, jedoch für zukünftige Verkehrsentwicklungen oder nicht betrachtete Einflüsse wie Schweißeigenspannungen geringste Reserven aufweist.

Lagerdimensionierung

Die Bearbeitungszeit für eine Ausführungsstatik, die nach Auftragsvergabe an eine ausführende Firma zur Verfügung steht, ist im Vergleich zu Entwurfszeiträumen relativ gering. Da die technische Bearbeitung für den Überbau im allgemeinen parallel mit der Planung der Lager, der Fugenübergänge und der Unterbauten erfolgen muß, werden frühzeitig die Lagerkräfte sowie die Verformungen an Lagern und Brückenenden benötigt. Diese liegen endgültig erst nach Fertigstellung der statischen Berechnung für den Überbau vor. Insofern müssen für die darauf aufbauenden Planungen Annahmen auf der sicheren Seite gemacht werden. Eine großzügige Dimensionierung der zulässigen Lagerkräfte sowie der maximalen Verschiebungen und Verdrehungen ist für die Ausführung und Nutzung des Bauwerks von besonderem Interesse.

- Die Einlagerung einer Brücke erfolgt im allgemeinen über die Bestimmung der planmäßigen Höhenordinaten der Lager. Die Lagerkräfte des Überbaus werden relativ selten beim Verguß der Lagerfugen gemessen.
- Der Lagereinbau unterliegt häufig ungewollten Toleranzen hinsichtlich Lage und Neigung.
- Die zulässigen Maßabweichungen an der Schnittstelle zwischen Stahlkonstruktion und Massivbau müssen beim Lagereinbau ausgeglichen werden.
- Die Bewehrungsanordnung der Lagersockel in Bezug auf die Ankerbolzen der Lager muß u. U. örtlich angepaßt werden.
- „Exakt" dimensionierte Lager können durch die vorgenannten Unwägbarkeiten frühzeitig verschleißen und beim Versagen erhebliche Folgeschäden hervorrufen.

Bei kurzen Stützweiten sollte zur Vermeidung unnötiger Zwängungskräfte die Möglichkeit einer schwimmenden Lagerung gemäß DS 804 [12] bzw. ARS 8/2000 [58] geprüft werden.

Rechnernachweise

Standsicherheitsnachweise an Stahlbrücken sind in großem Umfang Schweißnaht- und Betriebsfestigkeitsnachweise sowie Spannungsnachweise im Grundmaterial. Heutige Berechnungsprogramme bieten als Ergebnis neben Stützkräften, Schnittkräften und Verformungen mitunter eine spannungsmäßige Auslastung von Querschnitten in [%] bzw. im Verhältnis der Beanspruchungen

$$R_{vorh}/R_{zul} \leq 1$$

an. Diese Angaben sind nur bedingt für die eigentlichen Nachweise verwendbar, da erstens jeweils die zugehörige Berechnungsstelle im Querschnitt ermittelt werden muß und zweitens für die o.g. Nachweise unterschiedliche Bemessungsstellen mit den jeweils zugehörigen Schnittkräften maßgebend sind. Eine dimensionslose Nachweisform hat außerdem den Nachteil, daß die Information der Maßeinheit verloren gegangen ist. Eine Abschätzung z.B. für eine zusätzliche Belastung anhand einer vorhandenen Spannungsreserve ist nicht direkt möglich. Dabei ist es nebensächlich, ob die zulässigen Beanspruchungen nach dem Spannungskonzept oder nach Grenzzuständen ermittelt wurden.

Temperatureinwirkung

Berechnungsvorschriften enthalten anzusetzende Temperaturen für die statische Berechnung. Die Wirkungen aus Temperaturbeanspruchungen werden insbesondere bei Bauzuständen durch die örtlichen Verhältnisse bestimmt. Unabhängig von den „vorgeschriebenen" Werten sollte der Einfluß von Temperatureinwirkungen über den gesamten Montagezeitraum vor Bauausführung untersucht werden.

Blechdickenauswahl

Montagestöße sowie Bedarfsstöße durch begrenzte Lieferlängen der Bleche lassen sich, abgesehen von sehr kurzen Brücken, nicht vermeiden. Diese Stöße, die zwangsläufig entstehenden, sind Stellen für mögliche Blechdickenwechsel. Jeder durch die statische Berechnung bedingte zusätzliche Blechdickenwechsel bedeutet eine zusätzliche Schweißnaht, die wiederum Eigenspannungen im Tragwerk erzeugen. Dünne Bleche unter Schub- bzw. Druckbeanspruchung müssen ausreichende Sicherheit gegen Stabilitätsversagen aufweisen. Jede geschweißte Beulsteife erzeugt Kerben und Schweißeigenspannungen. Hinsichtlich der Dauerhaftigkeit der Konstruktion sollten deshalb Blechdickenwechsel und Aussteifungen auf ein notwendiges Minimum reduziert werden. Ein Steg ohne Aussteifungen ist besser als ein dünnerer Steg mit Beulsteifen. Eine Reduzierung der Stahlmenge bei gleichbleibender Blechdicke läßt sich z.B. bei Querträgern mit variablen Gurtbreiten erreichen. Bei einer konstanten Gurtbreite ist der Einsatz von LP-Blechen [59] möglich. Diese Bleche weisen in Längsrichtung eine veränderliche Dicke auf. Die Fließgrenzen von Baustahl sind von der Walzdicke abhängig. Beispielsweise sind für einen S 235 in [36] folgende Werte enthalten:

$$f_{y, t \leq 40} = 235 \text{ N/mm}^2$$
$$f_{y, 40 < t \leq 100} = 215 \text{ N/mm}^2$$

Der Dickenbereich von

$$t_{S\,235} > 40 \text{ mm bis}$$
$$t_{S\,235} \leq 235 \cdot 40/215$$
$$\approx 44 \text{ mm}$$

ist bedingt durch das rechnerisch Abfallen der Fließgrenzen an einer Grenzdicke für eine Bemessung ohne Bedeutung. Analoge Bereiche lassen sich für alle Stahlgüten mit Sprüngen in den dickenabhängigen Fließgrenzen bestimmen.

Schweißnähte

Schweißnähte sollen nur so dick ausgeführt werden, wie es rechnerisch erforderlich ist. Nahtform und -dicke sowie die Zusammenbaureihenfolge bestimmen die im Tragwerk verbleibenden Eigenspannungen sowie die Neigung der Bleche zu Terrassenbrüchen. Bei kompakten Bauteilen, wie z. B. den Bereichen über den Lagern, sollten bereits im Zuge der statischen Berechnung die Nahtformen sowie Montage- und Schweißreihenfolgen mit dem Schweißfachingenieur der ausführenden Firma abgestimmt werden.

Vogelschutz

Unter „Vogelschutz" versteht man im Brückenbau nicht den Schutz der Vögel sondern den Schutz der Brücke vor den Vögeln. Neben dem Vogeleinflugschutz läßt sich auch der „Vogelaufsetzschutz" im Stahlbrückenbau definieren: „Der Vogelaufsetzschutz soll sicherstellen, daß Vögel auf horizontalen Bauteilen (im allgemeinen Untergurte von Trägern) keine Verunreinigungen hinterlassen." Dieses wird in der Praxis teilweise durch aufgeschraubte Schrägbleche, gespannte Drähte oder ähnliche Konstruktionen erreicht. Diese Bauteile sind für die Tragfähigkeit von Bedeutung, da häufig durch die Befestigungskonstruktionen erhebliche Kerbwirkungen entstehen. Weiterhin erzeugen z. B. Lochbleche oder Drähte Bereiche, in denen sich längerfristig der Schmutz sammelt. Wenn ein Schutz vor Vögeln erforderlich ist, sollten die gleichfalls üblichen gasdicht verschweißten Schrägbleche angeordnet werden, die dann auch statisch angesetzt werden können.

Statische Berechnung

Die statische Berechnung dient in erster Linie dem Nacheis der Standsicherheit. Wenn die Ausführungsstatik im Zuge der Fertigung erstellt wird, gewinnt der

Aspekt der Wirtschaftlichkeit erheblich an Bedeutung. Da dieser Gesichtspunkt häufig die gesamte Dimensionierung der Stahlkonstruktion bestimmt, wird darauf näher eingegangen. Prinzipiell gibt es zwei Möglichkeiten:

1. Entweder: Die Bauleistung wurde zu einem Festpreis auf Grund einer funktionalen Ausschreibung oder eines Sonderangebots vergeben. Das Ziel der statischen Berechnung ist eine Minimierung der Stahlmenge bei gleichzeitig minimalen Fertigungskosten. Zur Angebotsabgabe werden die Herstellungskosten oft noch proportional zu den Stahlmengen kalkuliert. Dadurch wird der Überbau zusätzliche Blechdickenwechsel und Aussteifungen mit mehr Schweißnähten und Eigenspannungen aufweisen. Das Ergebnis ist ein Stahlüberbau, der den Vorschriften genügt. Es sind keine Reserven für Einflüsse vorhanden, die nicht in Normen geregelt sind.

2. Oder: Für die Bauleistung gilt ein Einheitspreisvertrag. Das Ziel der statischen Berechnung sind minimale Fertigungskosten im Verhältnis zur eingesetzten Stahlmenge. Ein höherer Stahlverbrauch ist dabei akzeptabel, solange nicht eine unwirtschaftliche Dimensionierung nachgewiesen werden kann. Dabei sind unter Wirtschaftlichkeit nicht nur minimale Herstellungskosten zu verstehen. Das Bauwerk wird im Verhältnis zu einer Fertigung nach Pauschalvertrag weniger Blechdickenabstufungen und Aussteifungen aufweisen. Gleichfalls wird die Spannungsauslastung nicht immer 100% betragen. Das Ergebnis ist eine Brücke, die sowohl den Vorschriften genügt als auch (nicht ausgewiesene) Reserven für unplanmäßige Einflüsse aufweist.

Im Vergleich beider Möglichkeiten entsteht bei der zweiten Variante ein Bauwerk, welches (statistisch gesehen) zukünftigen Verkehrsentwicklungen besser gewachsen ist. Da Sondervorschläge häufig gegenüber ausgeschriebenen Entwürfen bessere technische Lösungen hervorbringen, sollten diese im Hinblick auf die Langlebigkeit der Brücken mit Einheitspreisverträgen gekoppelt werden.

Vorbelastung

Schweißkonstruktionen weisen fertigungsbedingt Schweißeigenspannungen auf, die örtlich die Größenordnung der zulässigen Beanspruchungen erreichen. Die Ausführung einer einmaligen Vorbelastung mit der rechnerischen Bemessungslast analog DS 804 [12, Abs. 398A] erhöht die Lebensdauer des Bauwerks. Im Bereich von Spannungsspitzen der Schweißeigenspannungen treten durch die Überlagerung der Spannungen aus der Vorbelastung örtlich Plastifizierungen auf. Dadurch werden die Oberspannungen für die realen Verkehrslasten reduziert, was sich günstig auf die Betriebsfestigkeit auswirkt. Eine Vorbelastung von Straßen- und Eisenbahnbrücken ist deshalb generell zu empfehlen.

Zutreffen der Rechenergebnisse

Das Ziel jeder statischen Berechnung besteht darin, nachzuweisen, daß die vorhandenen Beanspruchungen kleiner sind als die zulässigen. Sobald am Ende der Nachweisführung die Ungleichung

$$\text{vorh} < \text{zul}$$

steht, wird der Gedankengang abgeschlossen. Bei einem Vergleich der Berechnungen mit Meßwerten treten immer Unterschiede auf. Das trifft auf alle Meßgrößen wie Durchbiegungen, Lagerkräfte, Eigenfrequenzen, Dämpfungswerte, Schrumpfmaße und nicht zuletzt Dehnungen zu. In [60] wurden umfangreiche Messungen an stählernen Hohlkastenbrücken vorgestellt. Die aus den gemessenen Dehnungen ermittelten Spannungen stimmten im Mittel mit den Rechenwerten überein. Die tatsächlichen Spannungen hingen stark von örtlichen Einflüssen wie Imperfektionen oder Lastexzentrizitäten bei Montagevorgängen ab. Es ist immer sinnvoll, die Berechnungen so genau wie möglich durchzuführen. Es ist jedoch auch immer zweckmäßig, davon auszugehen, daß nicht alle Einflüsse exakt erfaßt wurden.

Zweifel sind der Ansporn des Denkens.
                              Sir Peter Ustinov

Literaturverzeichnis

[1] Brown, David J.: Brücken – Kühne Konstruktionen über Flüsse, Täler, Meere, Callwey Verlag, München 1994

[2] Dupré, Judith: Brücken – Die Geschichte berühmter Brücken, Könemann Verlagsgesellschaft mbH, Köln 1998

[3] Mühs, Dietmar: Stahl – ein Konstruktionswerkstoff im Wandel der Zeit, Schweißtechnische Lehr- und Versuchsanstalt Halle GmbH (unveröffentlicht)

[4] Sibly, P.G., Walker, A.C.: Structural accidents and their causes, Proceedings of the Institution of Civil Engineers 62(1977), S. 191–208, London 1977

[5] DIN 1053-1: Mauerwerk; Berechnung und Ausführung, Deutsches Institut für Normung e.V., 1996

[6] DIN 1045: Beton und Stahlbeton; Bemessung und Ausführung, Deutsches Institut für Normung e.V., 1988

[7] DIN 1052-1: Holzbauwerke; Berechnung und Ausführung, Deutsches Institut für Normung e.V., 1988

[8] Dokumentation 570: Grobblech – Herstellung und Anwendung, Stahl-Informations-Zentrum, Düsseldorf 2001

[9] Spannungs-Dehnungs-Diagramme der Dillinger Hütte GmbH, Dillingen 2002 (unveröffentlicht)

[10] DASt Richtlinie 014: Empfehlungen zum Vermeiden von Terassenbrüchen in geschweißten Konstruktionen aus Baustahl, Deutscher Ausschuß für Stahlbau, 1981

[11] DIN 18800-1 (1990): Stahlbauten; Bemessung und Konstruktion, Deutsches Institut für Normung e.V., 1990

[12] DS 804 (B6): Vorschrift für Eisenbahnbrücken und sonstige Ingenieurbauwerke, DB Netz AG, 2000

[13] DIN 18809: Stählerne Straßen- und Wegbrücken; Bemessung, Konstruktion, Herstellung, Deutsches Institut für Normung e.V., 1987

[14] Galileo Galilei: Discorsi e dimostrazioni matematiche intorno à due nuove scienze, Elsevier, Leiden, 1638 in Galileo: Dialogues Concerning Two New Sciences, Übersetzung aus dem Italienischen und dem Lateinischen ins Englische von Henry Crew und Alfonso deSalvio, The Macmillan Company, New York 1933

[15] Schleicher, W.: Zur Modellierung von Stahlbrücken in der Baupraxis, Finite Elemente in der Baupraxis, GACM, Stuttgart 1995

[16] Freytag, K., Schleicher, W.: TM-Stahl in Brücken der DB AG, Stahlbau 72(2003), Heft 2, Verlag Ernst & Sohn, Berlin 2003

[17] Aigner, F., Brunner, H., Pardatscher, H.: Eisenbahnbrücken aus Stahlgrobblechen, Österreichische Ingenieur- und Architekten-Zeitschrift (ÖIAZ), 145. Jg., Heft 3/2000

[18] Rombach, G.: Anwendung der Finite-Elmente-Methode im Betonbau, Verlag Ernst & Sohn, Berlin 2000
[19] DIN 1072: Straßen- und Wegbrücken: Lastannahmen, Deutsches Institut für Normung e.V., 1985
[20] Schleicher, W., Schulz, K., Krebs, M.: Eine schiefe Brücke, Stahlbau 66 (1997), Heft 11, Verlag Ernst & Sohn, Berlin 1997
[21] Allgemeines Rundschreiben Straßenbau ARS 4/97: Ergänzende Bestimmungen für die Bemessung und Konstruktion schlaff bewehrter Fahrbahnplatten und der Hänger von Stabbogenbrücken, Bundesministerium für Verkehr, Verkehrsblatt Heft 3/1997
[22] DIN 18800-2: Stahlbauten; Stabilitätsfälle, Knicken von Stäben und Stabwerken, Deutsches Institut für Normung e.V., 1990
[23] Senatsverwaltung für Stadtentwicklung Berlin: Ausschreibungsunterlagen für den Neubau der Spreeuferbrücke, Berlin 2001
[24] DIN-Fachbericht 101: Einwirkungen auf Brücken, Deutsches Institut für Normung e.V., 2003
[25] ZTV-K 96, Zusätzliche Technische Vertragsbedingungen für Kunstbauten, Ausgabe 1996, Bundesministerium für Verkehr, Verkehrsblatt Heft 20/1996
[26] Schleicher, W., Stolze, L.: Eine Fachwerkbrücke in Leipzig, Stahlbau 67(1998), Heft 11, Verlag Ernst & Sohn, Berlin 1998
[27] Embert-Kreiser, F., Schulz, K., Schröder, P., Schleicher, W.: Die Brücken der Berliner Stadtbahn, Der Stahlbau 38, Verlag Ernst & Sohn, Berlin 1996
[28] Ausführungsbestimmungen zur DS 804 Vorschrift für Eisenbahnbrücken und sonstige Ingenieurbauwerke, Deutsche Reichsbahn, Drucksachenverlag Berlin, Berlin 1992
[29] Rieche, M., Schleicher, W.: Die Anwendung der computergestützten Tragwerksplanung von konstruktiven Ingenieurbauwerken im Zuge des Verkehrsprojektes Inter-City-Express 97, Internationaler Kongreß über Anwendungen der Mathematik in den Ingenieurwissenschaften, Berichte, Weimar 1997
[30] Grüger, Ch.: Meßbericht – Nr. 35/97, IFF Engineering & Consulting GmbH, Leipzig 1997
[31] Bericht 98108: Verschiebungsmessungen anläßlich der Probebelastung an der viergleisigen Eisenbahnbrücke über die Holzmarktstraße in Berlin, Deutsche Bahn AG, Geschäftsbereich Netz, NBF 4, Magdeburg 1998
[32] Schleicher, C.: Das „Blaue Wunder", die merkwürdigste Stahlbrücke der Welt? TU Dresden, Fakultät Bauingenieurwesen, Mitteilungen des Instituts für Baumechanik und Bauinformatik und des Fakultätsrechenzentrums, „Ehrenkolloquium – Frau Doz. Dr. B. Hauptenbuchner", Dresden 2001
[33] DIN 4114-1: Stahlbau; Stabilitätsfälle (Knickung, Kippung, Beulung), Fachnormenausschuß Bauwesen im Deutschen Normenausschuß, 1952/1961
[34] DIN-Fachbericht 103, Stahlbrücken, Deutsches Institut für Normung e.V., 2003

[35] DASt Richtlinie 012: Beulsicherheitsnachweise für Platten, Deutscher Ausschuß für Stahlbau, 1978
[36] ENV 1993-2: Eurocode 3: Bemessung und Konstruktion von Stahlbauten; Teil 2: Stahlbrücken, CEN Europäisches Komitee für Normung, Brüssel 1997
[37] Schleicher, W.: Die „dynamische" Statik einer Fußgängerbrücke, TU Dresden, Fakultät Bauingenieurwesen, Mitteilungen des Institutes für Baumechanik und Bauinformatik und des Fakultätsrechenzentrums, „Ehrenkolloquium – Frau Doz. Dr. B. Hauptenbuchner", Dresden 2001
[38] Deutsche Reichsbahngesellschaft: Mechanische Schwingungen der Brücken, Verlag der Verkehrswissenschaftlichen Lehrmittelgesellschaft m.b.H. bei der Deutschen Reichsbahn, Berlin 1933
[39] Bachmann, H.: Schwingungsprobleme bei Fußgängerbauwerken, Bauingenieur 63(1988), Springer-Verlag, Düsseldorf 1988
[40] Petersen, Ch.: Schwingungsdämpfer im Ingenieurbau, Mauerer Söhne, München 2001
[41] Schütz, K.G.: Wirbelerregte Querschwingungen bei Brücken, Bauingenieur 67 (1992), Springer-Verlag, Düsseldorf 1992
[42] Lüesse, G., Ruscheweyh, H., Verwiebe, c:, Günther, H.G.: Regen-Wind-induzierte Schwingungserscheinungen an der Elbebrücke Dömitz, Stahlbau 65 (1996), Heft 3, Verlag Ernst & Sohn, Berlin 1996
[43] Günther, G.H., Hortmanns, M., Schwarzkopf, D., Sedlacek, G., Bohmann, D.: Dauerhafte Ausführung von Hängeranschlüssen an stählernen Bogenbrücken, Stahlbau 69(2000) Heft 11, Verlag Ernst & Sohn, Berlin 2000
[44] Kunert, K.: Schwingungen schlanker Stützen im konstanten Luftstrom, DER BAUIGENIEUR 37 (1962) Heft 5, Springer-Verlag 1962
[45] Novák, M.: Über winderregte Querschwingungen der Ständer der Bogenbrücke über die Moldau. Stahlbau 37 (1968), Verlag Ernst & Sohn, Berlin 1968
[46] Verwiebe, C., Sedlacek, G.: Frequenz- und Dämpfungsmessungen an den Hängern von Stabbogenbrücken, Foschung Straßenbau und Straßenverkehrstechnik, Heft 777, 1999, Bundesministerium für Verkehr, Bau- und Wohnungswesen
[47] Dynamische Effekte bei Resonanzgefahr; Leitfaden für die dynamische Untersuchung, DB Netz AG, 2000
[48] Standsicherheitsnachweise für Kunstbauten; Anforderungen an den Inhalt, den Umfang und die Form, Forschung Straßenbau und Straßenverkehrstechnik, Heft 504, Bundesminister für Verkehr, Abteilung Straßenbau, Bonn-Bad Godesberg, 1987
[49] Richtlinie für die Bemessung und Ausführung von Stahlverbundträgern (VTR), März Deutsches Institut für Normung e.V., 1981
[50] Hänsch, H., Krebs, J.: Eigenspannungen und Schrumpfungen in Schweißkonstruktionen, VEB Verlag Technik, Berlin 1961

[51] Malisius, R.: Schrumpfungen, Spannungen und Risse beim Schweißen, Verlag für Schweißen und verwandte Verfahren DVS-Verlag GmbH, Düsseldorf, 2002, Nachdruck der 4. Auflage von 1977
[52] Schleicher, W.: Verschweißte Temperaturverformungen von Brücken, Stahlbau 70(2001), Heft 8, Verlag Ernst & Sohn, Berlin 2001
[53] DIN EN ISO 13920: Schweißen; Allgemeintoleranzen für Schweißkonstruktionen, Normenausschuß Schweißtechnik im DIN Deutsches Institut für Normung e.V., 1996
[54] Lehmann, E.: Bau von drei Bogenbrücken im Zuge der brandenburgischen Autobahnen, Sonderheft Brandenburgisches Autobahnamt, 2000
[55] Modul 804.9010: Brücken und sonstige Ingenieurbauwerke; Richtzeichnungen für stählerne Eisenbahnbrücken, DB Netz AG, 1997
[56] Omar, M.: Zur Wirkung der Schrumpfbehinderung auf den Schweißeigenspannungszustand und das Sprödbruchverhalten von unterpulvergeschweißten Blechen aus St E 460 N, Forschungsbericht 109, BAM Bundesanstalt für Materialprüfung, Berlin, 1985
[57] Hubo, R., Schröter, F.: Stähle für den Stahlbau – Auswahl und Anwendung in der Praxis, Stahlbau-Kalender 2001, Verlag Ernst & Sohn, Berlin 2001
[58] Allgemeines Rundschreiben Straßenbau ARS 8/2000: Richtlinie für den Einsatz bewehrter Elastomerlager zur elastischen Lagerung von Brückenüberbauten, Bundesministerium für Verkehr, Verkehrsblatt Heft 7/2000
[59] Richter, K., Schmackpfeffer, H.: Herstellung von LP-Blechen und deren Verwendung im Brückenbau, Stahlbau 57 (1988) Heft 2, Verlag Ernst & Sohn, Berlin 1988
[60] Schleicher, C.: Erkenntnisse aus der meßtechnischen Untersuchung stählerner Hohlkastenbrücken", DIE STRASSE, 17. Jahrgang, Heft 5, 1977

Bildnachweis

Steinbrücke, Dartmoor, England	Richard Schleicher
Ponte Rotte, Rom, Italien	Dr. Jutta Schleicher
Ironbridge, Coalbrookdale, England	Anne-Katrin Schleicher
Makroschliff, Bild 2-2	Tino Gurschke, Schweißtechnische Lehr- und Versuchsanstalt Halle GmbH

Stichwortverzeichnis

Anschluß   20, 31, 33, 65, 87, 91, 116, 133, 151 ff., 178
Anschlußbereich   27, 44
Anschlußblech   95, 155 ff., 171 ff.
Auflager   28, 60, 65, 175
Auflagerachse   49, 67
Auflagerhöhe   44, 55
Auflagerkraft   45, 49 ff., 55 f., 65, 125
Auflagerung   34, 35, 50, 55, 58, 144

Balken   15, 27, 39, 82 f.
Balkenelement   20 f., 26, 37, 98, 116, 141 ff.
Bauzustand   30, 34, 47, 62 ff., 72, 76, 110, 123, 144, 149, 183
Belastung   10 ff., 20, 26, 34 f., 40 ff., 55, 67 ff., 72 ff., 76, 98, 102, 105, 107, 109, 112 f., 119, 122 ff., 144, 153, 155, 175, 181, 183
Belastungsannahme   98, 129
Belastungsprobe   68
Belastungszustand   25, 110
Berechnungsergebnis   35, 57, 59, 62, 93, 113, 145, 155
Betonfahrbahn   22, 30 f., 34, 42, 48, 110, 124, 139, 141
Betriebsfestigkeit   8, 11, 64 f., 80, 121, 172 f., 182, 186
Betriebsfestigkeitsnachweis   11, 23, 27, 40, 55, 103, 121, 172 f., 182
Beulen   10, 72, 76, 137
Biegeschwingung   83, 88, 90, 92, 99
Blechdicke   7, 10, 12, 37, 47, 59, 64, 91, 113 f., 123, 129, 134, 143, 151, 153, 159, 182 f., 185
Blechdickenwechsel   21, 117, 183, 185
Bogen   3, 28, 30 ff., 53, 56, 73, 94, 154
Bogenbrücke   1, 3, 26, 28 ff., 76, 93, 150, 156, 171, 173

Bogenebene   33, 72 f., 150
Bogenhänger   96, 150, 154, 172 f.

Dämpfung   81 f., 85, 92 f., 96, 101 f., 106, 109, 123, 186
Dateneingabe   16, 179 f.
Datenverarbeitung   179
Dehnung   8 ff., 64, 110, 137, 171, 186
direkte Lasteinleitung   23 ff., 30, 39 f., 43, 46, 50, 63 f., 118 f., 121, 132
dynamische Berechnung   16, 43, 59, 80 ff., 84 f., 90 ff., 98, 103, 107, 109, 117, 122 f.

Eigenform   75, 83 f., 89 ff., 94, 96, 99 f., 102, 106, 122, 180
Eigenfrequenz   82 ff., 89 ff., 99, 102 f., 105 f., 109, 122 f., 186
Eigenspannung   81, 84, 129 f., 137 f., 157, 171 f., 174, 182 ff.
Einlagerung   52, 59, 62, 67 f., 182
elastische Lagerung   20, 27, 35 f., 98, 125
Elastomerlager   35, 73, 87, 97
Endquerträger   30, 35, 37 ff., 53, 57, 61, 64 f., 91, 96 ff., 105, 114 ff., 132
Endzustand   16, 31, 47 ff., 55, 63, 66, 68, 72, 76, 124 ff., 137, 144, 149
Ergebnis   5, 8, 12, 15 f., 21, 23, 25 f., 37, 43 f., 59, 68, 74, 83 ff., 88, 93 f., 106 f., 109, 113 ff., 129, 136, 155 ff., 171 f., 180 ff., 185
Ergebnisauswertung   17, 21, 30, 44, 113, 180
Ergebnisdarstellung   17, 179
exzentrisch   26, 34, 39, 63, 106, 143
exzentrischer Anschluß   31, 55, 105, 131
exzentrischer Stab   23 f., 39

Fachwerk   1, 8, 21 f., 26 f., 51 f., 54 f., 58, 76, 86 f., 104 f., 107 f., 115 f., 118, 122, 130 ff., 135, 137
Fachwerkbrücke   5, 20, 27, 51 f., 76, 86, 104, 114 f., 130
Fahrbahn   19, 21 ff., 30 f., 34, 37, 39, 51, 55, 62, 64, 73, 84, 86 f., 91, 97 f., 104 f., 112, 115, 130 ff., 139, 175, 180
Fahrbahnblech   19, 22 ff., 55, 63 ff., 76, 87, 105, 119, 130, 132, 137
Fahrbahnübergang   19, 28, 51, 59, 69, 72 f., 96, 101, 124 f., 130
Faser   8, 115 f., 118 ff., 152, 178
Finite Elemente   15 ff., 21 ff., 30 f., 34, 37, 39, 45, 87, 114, 141 f., 154 f., 173, 180 f.
Finite-Elemente-Modell   16, 55, 63 f., 76 f., 104, 131, 141, 150, 152, 154, 159, 175
Fußgängerbrücke   41, 85 ff., 90, 92, 122

Gelenkfachwerk   27
Genauigkeit   5, 16 f., 26, 30, 44, 62, 68, 82 ff., 94, 96, 113, 129, 155, 181
Gesamtstabilität   72, 75
Gesamttragverhalten   18, 43, 59, 84
Gesamttragwirkung   22 ff., 30 f., 39, 42 f., 46, 62, 64, 108, 118 f., 121, 132, 178
Gradiente   30, 37, 49, 56, 64, 124, 130, 148

Hänger   28, 30 f., 33, 41, 47, 73, 84 f., 93 ff., 110, 116, 150 ff., 171 ff.
Hängeranschluß   31, 93 ff., 150 ff., 171 ff.
Hohlkasten   41, 48, 77, 87, 91, 115, 139, 144, 175
Hohlkastenbrücke   5, 20 f., 37, 124, 139, 175 f., 186

ideale Verzweigungslast   72, 74 ff., 79
Imperfektion   17, 33, 41, 43, 73, 75 f., 186

Kerbe   172, 183
Kerbfall   11, 152
Kerbgruppe   11, 121, 172
Kerbwirkung   184
Kippen   10, 72, 76
Knicken   10, 33, 71 ff., 76, 118, 120, 136
Kontrolle   5, 17, 25, 55 f., 58, 69, 82, 102, 113, 123, 143, 179, 181

Lager   19, 27 f., 35 f., 41 f., 45, 52, 59, 61, 65 ff., 71, 83, 87, 97 f., 104, 124 f., 131, 175, 178, 182, 184
Lagerachse   30 f., 39, 97
Lagerdimensionierung   182
Lagerknoten   12, 117
Lagerpunkt   31, 35 f., 50, 56 ff., 65, 67 f., 97, 175
Lagerquerträger   65, 175 ff.
Lagerung   20, 27, 35 f., 51, 73, 87, 95, 125, 131, 182
Lagerungsbedingungen   17, 20, 44, 77, 126, 142, 159, 179
Lagerungssystem   19, 28, 42
Lagerwechsel   11
Längsverschub   52 ff., 125 f.
Lastannahmen   4, 15, 55, 102
Lastfallkombination   43, 72, 75, 117 ff.

Messung   51, 55 ff., 67 ff., 93, 101, 125, 137 f., 143 f., 150, 157 f., 174, 186
Modalanalyse   99, 102, 105 f.
Modellbildung   16 ff., 28, 35, 40, 83, 102, 151, 181
Modellierung   5, 15 ff., 30, 35 ff., 45, 50, 55, 64, 81 ff., 87, 98, 102, 104 ff., 111 f., 114, 116, 123, 131 f., 141 f., 151, 154 f., 175, 179

Montage 11 f., 19, 40 ff., 47 ff., 66 f., 73, 76, 87, 97, 125 f., 129 ff., 141, 144, 149 f., 180, 183 ff.
Montageaussteifung 34, 73
Montagestoß 10, 65, 132, 137, 149, 183
Montagezustand 12, 25, 29, 32, 40, 43 f., 47, 64, 72, 110 f., 149

Nachbehandlung 11, 174
Nebenspannung 27
nichtlineare Berechnung 16 f., 43, 110, 117
Niet 1, 8, 10, 18, 27 f., 60

Plattenbalken 26
Presse 54, 56, 58, 65, 76
Pressenansatzpunkt 34, 65
Pressenkraft 58, 68
Probebelastung 59, 62, 68 ff.

Querbiegesteifigkeit 25, 55, 105, 131
Querschnitt 20 ff., 29 ff., 37, 44, 64, 84, 88 ff., 108, 113 ff., 133 ff., 139 ff., 150 ff., 175 ff., 183
Querschnittsdefinition 32, 94, 115, 118, 180
Querschnittsfläche 24, 44, 64, 173
Querschott 76, 133, 175 ff.
Querträger 19 ff., 30 ff., 37 ff., 44 ff., 51, 55, 60 ff., 69, 72 f., 76, 86 f., 91, 98, 104 f., 114 ff., 131 ff.
Querverschub 52 ff.

Reserve 4, 173, 182 f., 185

Schienenspannung 111 f.
Schraube 10, 27, 65, 150, 184
Schrumpfbehinderung 8, 153, 171
Schrumpfmaß 95, 134, 153, 171, 186
Schrumpfung 11, 95, 123, 134 f., 136 f., 153 ff., 171 f.
Schweißeigenspannung *siehe* Eigenspannung

Schweißnaht 152 ff., 171 ff., 183
Schweißnahtnachweise 65, 183
Schweißnahtschrumpfung 95, 134 ff., 153 ff., 171 f.
Schweißnahtspannung 41, 45, 129 ff.
Schweißnahtverformung 41, 45, 129
Schweißreihenfolge 8, 11 f., 129, 133 ff., 153, 158, 173, 184
Schweißverbindung 10 ff., 130
schwimmende Lagerung 182
Schwinden und Kriechen 31, 34, 42, 110, 124 f., 154
Schwingbeiwert 22, 26, 40, 64, 81, 101 ff., 108, 118
Schwingungsdämpfer 92 f., 96
Spannungsarmglühen 174
Spannungsauswertung 56, 115 f., 126, 155
Spannungsfasern 37, 39
Stabanschluß 31
Stabbogenbrücke 28, 32, 41, 72, 84, 93, 110, 116, 150, 174
Stabilität 72 f., 76, 181
Stabilitätsnachweis 72, 76, 91, 120, 125
Stabilitätsuntersuchung 17, 59, 71 ff.
Stabilitätsversagen 10, 71 f., 183
Stahlfestigkeit 181
Stahlgüte 47
Stahlqualität 8
Stahlverbund 21 ff., 28, 85, 96, 110, 124, 129, 139, 144, 181
statische Berechnung 17, 20, 55, 80, 82, 85, 102, 116 f., 122, 125, 179 f., 183, 185

Temperatur 11 f., 26, 45, 66, 144, 146, 149, 153, 183
Temperaturabkühlung 95, 137, 146 f., 154
Temperaturänderung 50, 124, 144 f., 149, 175
Temperaturbeanspruchung 12, 139, 149 f., 183

Temperaturbelastung 44, 144, 147, 150
Temperaturdehnung 124
Temperaturdifferenz 125, 144, 150, 153, 156
Temperatureingabe 44
Temperaturerwärmung 146
Temperaturlasten 34, 42 f., 154
Temperaturschwankung 41, 112
Temperaturverformung 139, 147, 149 f.
Temperaturverteilung 72, 129, 145
Terassenbruch 8, 130, 184
Theorie II. Ordnung 41, 72, 74, 76, 110 f., 123 f., 145 ff., 156 ff.
Torsionsschwingung 81, 89 f., 92, 106
Trägerrost 20, 25, 44, 55, 61 ff., 87, 105, 131
Tragreserve 4, 71
Trogbrücke 18, 72

Überfahrt 69, 101, 106 f., 109
Überhöhung 42, 48 f., 56, 62, 124

Verformung 10, 21, 23, 26, 34, 36, 44, 47 ff., 59, 66, 71, 74 f., 85, 89, 93, 96 ff., 102, 106 f., 110 f., 113, 122 ff., 133 f., 136 ff., 141, 144 ff., 154 ff., 180 ff.
Verformungsberechnung 33, 66, 96, 102, 123
Verkehrsbelastung 42, 46, 72 f., 96, 102, 107 f., 112, 118, 121 f., 124, 178

Verkehrslast 4, 11, 26 f., 31, 34, 40 ff., 47, 56, 66 ff., 81, 85, 88, 94, 96, 102 f., 106, 109, 112, 115, 118, 124, 139, 185
Vernetzung 16, 21 ff., 30, 83 f., 102, 113 f., 154
Verschub 41 f., 47 ff., 54 ff., 125 f., 132
Verschubgradiente 48 f., 56 f.
Verschublager 54, 57, 76, 125
Verschubschritt 49 f., 56 f., 111, 126 f.
Verschubstation 47 ff., 54, 56 ff., 126, 137
Verschubvorgang 42, 44, 47 ff., 54, 58, 125 f., 137, 179 f.
Verschubzustand 12, 34, 40, 43, 48 f., 55, 127
Versteifungsträger 28, 30 ff., 73, 76, 94 f., 150 f., 154, 156
Vogelschutz 184
Vorbelastung 185 f.
Vormontage 12, 52, 125, 130, 132
Vorverformung 75, 124
Vorwärmen 153, 169 f

Werkstattform 48 f., 56 f., 59, 62, 66, 123 f., 129 f., 142, 145
Windbelastung 71, 81, 96
Windverband 32, 51, 55, 86, 104 ff., 115, 118, 130, 132
Wirtschaftlichkeit 185

Zug-Druck-Stab 31, 37, 39, 98
Zwangsverformung 42 f.
Zwängungskraft 42, 182